中国通信学会普及与教育工作委员会推荐教材

21世纪高职高专电子信息类规划教材

21 Shiji Gaozhi Gaozhuan Dianzi Xinxilei Guihua Jiaocai

FTTX网络建设与维护

陈小东 主编

谭东 雷弘麟 施刚 副主编

Electronic Information

人民邮电出版社

北 京

图书在版编目（C I P）数据

FTTX网络建设与维护 / 陈小东主编. -- 北京：人
民邮电出版社，2014.9
  21世纪高职高专电子信息类规划教材　中国通信学会
普及与教育工作委员会推荐教材
  ISBN 978-7-115-35112-8

  Ⅰ. ①F… Ⅱ. ①陈… Ⅲ. ①光纤通信－宽带通信系
统－高等职业教育－教材 Ⅳ. ①TN915.6

  中国版本图书馆CIP数据核字(2014)第155443号

内 容 提 要

　　本书通过4个学习情境内容的安排，按照先易后难、循序渐进的方式全面介绍FTTX网络建设与维护的全过程。学习情境一 FTTX 网络认知主要介绍了接入网基础理论、 FTTX 概念及分类、FTTX 主要设备形态、功能、EPON 技术、GPON 技术、 FTTX 典型场景应用；学习情境二 FTTX 客户端装维主要介绍了 FTTX 客户端装维流程及界面、FTTH 入户光缆施工规范、皮线光缆的接续与成端操作、FTTX 终端放装与业务开通配置、FTTX 客户端故障处理方法；学习情境三 FTTX 工程施工、网络数据规划主要介绍了 FTTX 工程设备与线路施工规范、FTTX 网络数据规划与配置；学习情境四 FTTX 工程设计主要介绍了FTTX 工程设计流程、FTTX 工程设计规范、 FTTX 工程制图方法和规范。

　　本书以企业岗位工作过程作为各岗位学习情境编写的逻辑线，以任务驱动学习过程，并以案例贯穿全程，知识结构清晰，语言简洁，易于学习和提高，非常适合初学 FTTX 网络技术的高职院校在校大学生和希望系统掌握 FTTX 网络建设与维护技能的企业在岗人员。

　　◆　主　　编　陈小东

　　　　副主编　谭　东　雷弘麟　施　刚

　　　　责任编辑　滑　玉

　　　　责任印制　彭玉环　焦志炜

　　◆　人民邮电出版社出版发行　　北京市丰台区成寿寺路 11 号
　　　　邮编　100164　电子邮件　315@ptpress.com.cn
　　　　网址　http://www.ptpress.com.cn
　　　　北京天宇星印刷厂印刷

　　◆　开本：787×1092　1/16
　　　　印张：16.25　　　　　　　　　　2014 年 9 月第 1 版
　　　　字数：405 千字　　　　　　　　2025 年 2 月北京第 11 次印刷

定价：39.80 元
读者服务热线：(010)81055256　印装质量热线：(010)81055316
反盗版热线：(010)81055315

我国通信业"十二五"规划中指出，通过实施"宽带中国"战略，到"十二五"期末，要初步建成宽带、融合、安全的下一代国家信息基础设施，重点加速推进信息网络宽带化进程，积极推进向下一代互联网演进。FTTX 网络在宽带化和光纤化的进程中扮演了十分重要的角色。本书主要讲解的就是 FTTX 网络中的关键知识和技能：FTTX 网络的设计、工程建设和客户端装维。

本书以企业岗位工作过程作为各岗位学习情境编写的逻辑线，以任务驱动学习过程，并以案例贯穿全程，知识结构清晰，语言简洁，易于学习和提高，非常适合初学 FTTX 网络技术的高职院校在校大学生和希望系统掌握 FTTX 网络建设与维护技能的企业在岗人员。

学习情境一——FTTX 网络认知的学习主要使读者了解接入网的基础理论，认识 FTTX 的基本概念，熟悉 EPON 和 GPON 两种大规模商用的 PON 网络技术，从而为后面专业岗位知识技能的学习打下理论基础。学习情境二——FTTX 客户端装维，对应于电信企业光接入网建设过程中的宽带装移维岗位，该学习情境介绍了 FTTX 客户端装维的流程，各施工操作环节的关键技能点的规范要求，以及业务开通和测试的规范要求。学习情境三——FTTX 工程施工、网络数据规划，对应于企业的 FTTX 工程施工岗位和 FTTX 网络维护岗位，该学习情境先介绍了 FTTX 网络建设的工程阶段的各项施工操作环节的关键技能和规范要求，包括 OLT、光配线架、光交接箱、光分路箱、光器件等部件以及光缆线路部分；然后介绍了 OLT 和 ONU 设备上相关业务数据的规划与配置方法和规范要求。学习情境四——FTTX 工程设计，对应于企业的 FTTX 工程设计岗位，该学习情境介绍了企业 FTTX 工程设计的流程，FTTX 工程设计现场勘测的流程、要点，FTTX 网络设备与线路规划设计规范和 FTTX 工程施工图纸的绘制规范。

通过对以上 4 个学习情景的学习和训练，读者不仅能够掌握 FTTX 网络的必备理论知识，而且能够掌握 FTTX 网络的设计、施工、维护、客户端装维等关键技能，达到光接入网设计、施工、维护人员对 FTTX 网络的知识技能要求。

本书的参考学时为 48～64 学时，建议采用理论实践一体化教学模式，各学习情境的参考学时见下面的学时分配表。

学时分配表

章　节	课 程 内 容	学　时
学习情境一	FTTX 网络认知	6～8
学习情境二	FTTX 客户端装维	16～20
学习情境三	FTTX 工程施工、网络数据规划	12～16
学习情境四	FTTX 工程设计	12～18
	课程考评	2
课时总计		48～64

本书由陈小东主编，谭东、雷弘麟、施刚任副主编，陈小东负责对全书统稿并编写了学习情境一，谭东编写了学习情境二和学习情境四，雷弘麟编写了学习情境三中的任务 12、施刚编写了学习情境三中的任务 13。

由于编者水平和经验有限，书中难免有欠妥和错误之处，恳请读者批评指正。

编　者

目 录

学习情境一 FTTX 网络认知

录　目

学习情境四　FTTX 工程设计

学习情境一
FTTX 网络认知

接入网基础理论

在因特网普及之前，网络运营商的主要工作只是提供电话链路、复用低速率业务到高速率的光纤链路等。电话公司将大量投资用于建设数量庞大的本地接入节点，使用低速率的铜线将其与各个用户驻地节点相连接，这个连接用户节点到电话交换机之间的电缆系统被称为接入网。大容量长途网络需要安装成本高昂的交换设备，通常通过扩大用户数量的方法来相对地降低每一用户线的成本。早期的终端用户可以使用到的业务只有电话、传真、调制解调器等窄带业务，使用铜双绞线从用户驻地连接到上层业务网络。随着个人计算机性能的迅速提升，这样的业务方式也逐渐发生了变化，出现了许多要求更大带宽的新应用和新业务，例如视频业务、流媒体业务、虚电路业务、高清晰图像传输、在线娱乐等。这些新的需求推动着接入网的技术进步，推动着高速率连接的出现，用以代替低速率的铜双绞线接入网。近年来，陆续出现了很多接入网技术，以满足快速增长的接入网带宽需求。

1.1 任务目标

（1）接入网的定义和界定。
（2）按照不同的传输介质，接入网可分为铜线接入、光纤接入、混合接入以及无线接入。

1.2 任务分析

FTTX 网络是电信接入网的一部分，因此了解接入网的定义以及现有的接入网技术，是理解FTTX 不可或缺的基础。拥有比较全面和深入的接入网知识和经验，无疑会有助于更加深刻地理解和掌握 FTTX 技术。本章首先介绍接入网的定义和界定，然后介绍目前接入网主要涉及的接入方式。了解和掌握了这些接入网的基础知识之后，对网络和技术的发展历程和趋势有一个大概的认识，可以更好地理解下面要阐述的 FTTXPON 技术与应用知识。

1.3 相关知识

1.3.1 接入网定义

从整个电信网的角度，可以将全网划分为公用电信网和用户驻地网（Customer Premises

Network，CPN）两大块，由于 CPN 属用户所有，所以通常电信网指公用电信网部分。公用电信网又可划分为三部分，即长途网（长途端局以上部分）、中继网（长途端局与市话局之间以及市话局之间的部分）和接入网（端局至用户之间的部分）。按照 ITU-T G.902 的定义，接入网（AN）是由业务节点接口（Service Node Interface，SNI）和相关用户网络接口（User Network Interface，UNI）之间的一系列传送实体（诸如线路设施和传输设施）所组成的，它是一个为传送电信业务提供所需传送承载能力的实施系统。

1.3.2　接入网界定

接入网所覆盖的范围可由 3 个接口来定界，即网络侧经由 SNI 与业务节点（Service Node，SN）相连，用户侧经由 UNI 与用户相连，管理方面则经 Q3 接口与电信管理网（Telecommunications Management Network，TMN）相连。 业务节点（SN）是提供业务的实体，可提供规定业务的业务节点有本地交换机、租用线业务节点或特定配置的点播电视和广播电视业务节点等。业务节点接口（SNI）是接入网（AN）和业务节点（SN）之间的接口，具体如图 1.1 所示。

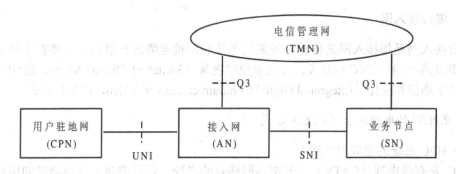

图 1.1　接入网组成结构

用户网络接口（UNI）是用户和网络之间的接口。在单个 UNI 的情况下，ITU-T 所规定的 UNI（包括各种类型的公用电话网和 ISDN 的 UNI）应该用于 AN 中，以便支持目前所提供的接入类型和业务。

接入网与用户间的 UNI 接口能够支持目前网络所能提供的各种接入类型和业务，但接入网的发展不应限制在现有的业务和接入类型。

1.3.3　接入网分类

接入网通常是按其所用传输介质的不同来进行分类的。

一、铜线接入网

端局与交接箱之间可以有远端交换模块（Remote Switching Unit，RSU）或远端（Remote Terminal，RT）。

端局本地交换机的主配线架（Main Distribution Frame，MDF）经大线径、大对数的馈线电缆（数百至数千对）连至分路点转向不同方向。

由交接箱开始经较小线径、较小对数的配线电缆（每组几十对）连至分线盒。由分线盒开始通常是若干单对或双对双绞线直接与用户终端处的网络接口（Network Interface，NI）相连，用户引入线为用户专用，NI 为网络设备和用户设备的分界点。

铜线用户环路的作用是把用户话机连接到电话局的交换机上。

二、光纤接入网

光纤接入网（或称光接入网）（Optical Access Network，OAN）是以光纤为传输介质，并利用光波作为光载波传送信号的接入网，泛指本地交换机或远端交换模块与用户之间采用光纤通信或部分采用光纤通信的系统。

OLT 的作用是为光接入网提供网络侧与本地交换机之间的接口，并经一个或多个 ODN 与用户侧的 ONU 通信。

ODN 为 OLT 与 ONU 之间提供光传输手段，其主要功能是完成光信号功率的分配任务。ONU 的作用是为光接入网提供直接的或远端的用户侧接口，处于 ODN 的用户侧。

ONU 的主要功能是终结来自 ODN 的光纤，处理光信号，并为多个小企事业用户和居民用户提供业务接口。

三、混合接入网

混合接入网是指接入网的传输介质采用光纤和同轴电缆混合组成。主要有 3 种方式，即光纤/同轴电缆混合（HFC）方式、交换型数字视像（Switched Digital Video，SDV）方式以及综合数字通信和视像（Integrated Digital Communication and Video，IDV）方式。

1. 光纤/同轴电缆混合（HFC）方式

（1）HFC 系统的组成与原理

HFC 是有线电视（CATV）网和电话网结合的产物，是目前将光纤逐渐推向用户的一种较经济的方式。

（2）HFC 技术应用中需要注意的问题

在 HFC 上实现双向传输，需要从光纤通道和同轴通道这两方面来考虑。

① 从前端到光节点这一段光纤通道中，上行回传可采用空分复用（SDM）和波分复用（WDM）这两种方式。

② 从光节点到住户这段同轴电缆通道，其上行回传信号要选择适当的频段。

2. 交换型数字视像（SDV）方式

HFC 接入网主要是为住宅用户提供视像（以模拟视像业务为主）宽带业务的一种接入网方式，特别适合于单向、模拟的有线电视传送。

3. 综合数字通信和视像（IDV）方式

从上面的讨论可知，国际上新开发的 SDV 技术是将电信、视像数字传输和视像模拟传输综合在一起，这既保持了数字传输质量高的优点，又保留了当前视像以模拟传输的现实情况，还有可能适应将来交互式数字化视像的发展，并具有交换等多种功能，是一种比较先进的、有广泛应用前景的技术。

四、无线接入网

无线接入网是以无线电技术（包括移动通信、无绳电话、微波及卫星通信等）为传输手段，连接起端局至用户间的通信网。

1. 无线接入网的一般结构

由于无线接入技术比传统的有线接入技术提供更多的自由度，因而，无线接入网结构要比传统的有线接入网结构简单得多，下面介绍无线接入网的一般结构。

移动通信网接入公用固定通信网主要有用户线接入、市话中继线接入和移动电话汇接中心接入 3 种方式，目前主要采用移动电话汇接中心方式实现移动通信网与固定通信网的连接和联网互通。

2. 有线接入和无线接入结构的比较

如果将无线接入作为代替有线接入的手段，那么根据不同情况，可以分别代替相应有线接入的任何一部分乃至全部，下面分别讨论不同的应用情况。

（1）代替引入线

最保守的应用是用无线接入代替有线接入中的引入线部分。

（2）代替配线和引入线

一种有效的应用是用无线接入代替有线接入中的配线和引入线。此时无线基站将设置在传统交接箱的位置，也就是数字环路载波（DLC）系统的远端设备所设置的位置，这种应用方案可以称之为无线 DLC。

（3）代替全部有线接入

一种更经济的应用是用无线接入代替全部有线接入，即不仅代替配线和引入线，也同样代替馈线电缆段。

（4）代替部分交换区

如果 RCSA 可以超过单个交换区，似乎没有理由限制 RCSA 只应用于单个交换区。

FTTX 概念及分类

　　FTTX 技术主要用于接入网络光纤化，范围从区域电信机房的局端设备到用户终端设备，局端设备为光线路终端（Optical Line Terminal，OLT）、用户端设备为光网络单元（Optical Network Unit，ONU）或光网络终端（Optical Network Terminal，ONT）。根据光纤到用户的距离来分类，可分成光纤到交换箱（Fiber To The Cabinet，FTTCab）、光纤到路边（Fiber To The Curb，FTTC）、光纤到大楼（Fiber To The Building，FTTB）及光纤到户（Fiber To The Home，FTTH）4 种服务形态。美国运营商 Verizon 将 FTTB 及 FTTH 合称为光纤到驻地（Fiber To The Premise，FTTP）。上述服务可统称为 FTTX。

　　FTTX PON 技术是一种点到多点的光纤接入系统技术，在光分支点不需要节点设备，只要安装一个简单的无源光分路器即可，具有节省光缆资源、实现带宽资源共享、节省机房投资、设备安全性高、建网速度快、综合建网成本低等优点。

2.1　任务目标

　　（1）FTTX 概念及其分类。

　　（2）FTTX PON 的网络拓扑结构。

　　（3）FTTX PON 的概念和基本结构以及目前实现 FTTX 的 3 种已经商用化的 PON 技术。

2.2　任务分析

　　光纤连接 ONU 主要有两种方式：一种是点对点形式拓扑（Point to Point，P2P），从中心局到每个用户都用一根光纤；另外一种是使用点对多点形式拓扑（Point to Multi-Point，P2MP）的无源光网络（Passive Optical Network，PON）。对于具有 N 个终端用户的距离为 M km 的无保护 FTTX 系统，如果采用点到点的方案，需要 $2N$ 个光收发器和 NM km 的光纤。但如果采用点到多点的方案，则需要 $N+1$ 个光收发器、一个或多个（视 N 的大小）光分路器和大约 M km 的光纤，在这一点上，采用点到多点的方案，大大地降低了光收发器的数量和光纤用量，并降低了中心局所需的机架空间，有着明显的成本优势。

　　PON 作为一种接入网技术，定位在常说的"最后一公里"，也就是在服务提供商、电信局端和商业用户或家庭用户之间的解决方案。

2.3 相关知识

2.3.1 FTTX 分类

　　FTTX 是新一代的光纤用户接入网，用于连接电信运营商和终端用户。FTTX 的网络可以是有源光纤网络，也可以是无源光纤网络，由于有源光纤网络的成本相对高昂得多，实际上在用户接入网中应用很少，所以目前所说的 FTTX 网络通常都是指无源光纤接入网。FTTX 的网络结构可以是点对点（P2P）也可以是点对多点（P2MP）。P2P 的成本较高，通常只用于 VIP 用户或有特殊需求的用户，大多数的 FTTX 网络采用的是 P2MP 的结构。

　　FTTX 宽带光接入网采用光纤媒质代替部分或者全程的传统金属线媒质，将光纤从局端位置向用户端延伸。其中，根据光网络单元（Optical Network Unit，ONU）在用户端的位置不同，"X"有多种变体，可以是光纤到大楼（FTTB）、光纤到交接箱（FTTCab）、光纤到路边（FTTC）、光纤到户（FTTH）、光纤到办公室（FTTO）等，如图 2.1 所示。FTTX 将用户从"电"的时代转入了一个全新的"光"的时代。下面是 4 种常用的 FTTX 接入网，其主要特征比较可参见表 2.1。

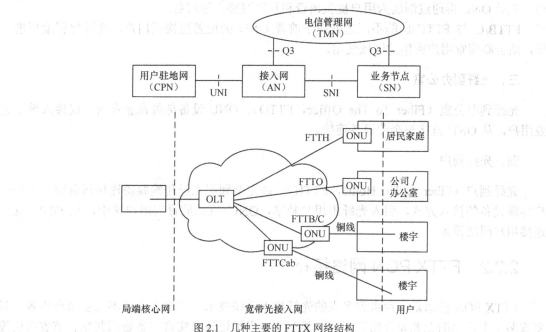

图 2.1　几种主要的 FTTX 网络结构

表 2.1　　　　　　　　　　　几种主要的 FTTX 结构的主要特征

主 要 特 征	FTTCab	FTTB	FTTH	FTTO
接入介质类型	光纤作为主干+金属线/无线作为末端	光纤作为主干+金属线/无线作为末端	全程光纤	全程光纤
光纤到达的位置	交接箱	楼宇/分线盒	居民家中	公司/办公室

续表

主要特征	FTTCab	FTTB	FTTH	FTTO
光节点距离用户设备的参考布线距离	1000~2000m	200~1000m	几米至几十米	几米至几十米
光纤段典型的物理拓扑结构	P2P、树型、总线型、环型	树型、总线型、环型	树型	P2P、树型
金属线/无线段采用的主要技术	XDSL、Wi-Fi、WiMAX	XDSL、以太网、Wi-Fi、WiMAX	无	无
现有技术条件下典型的用户接入速率最大能力	下行最大 25Mbit/s，上行最大 1.8Mbit/s	下行最大 100Mbit/s（以太网）	上下行最大可超过 100Mbit/s	上下行最大可超过 100Mbit/s

一、光纤到交接箱

光纤到交接箱（Fiber To The Cabinet，FTTCab），以光纤替代传统馈线电缆，ONU 放置在交接箱处，ONU 以下采用铜线或其他介质接入到用户。

二、光纤到大楼/路边

光纤到大楼/路边（Fiber To The Building/Curb，FTTB/C），将 ONU 放置到路边或楼道内，之后 ONU 再通过铜线为用户提供语音和互联网接入等服务。

FTTB/C 与 FTTCab 的不同之处在于前者 ONU 的位置更接近用户，光纤化程度更进一步，适合高带宽用户密集的区域使用。

三、光纤到办公室

光纤到办公室（Fiber To The Office，FTTO），ONU 设备部署在企业内，仅接入单个企业用户，从 ONU 直接与企业设备连接。

四、光纤到户

光纤到户（Fiber To The Home，FTTH），是完全利用光纤传输媒质连接运营商设备和用户终端设备的接入方式，引入光纤由用户独享，ONU 直接放置到用户家中，从 ONU 直接连接用户网络设备。

2.3.2　FTTX PON 网络拓扑

FTTX PON 技术是一种点到多点的光纤接入系统技术，在光分支点不需要节点设备，只要安装一个简单的无源光分路器即可，具有节省光缆资源、实现带宽资源共享、节省机房投资、设备安全性高、建网速度快、综合建网成本低等优点。一个典型的无源光网络系统由光线路终端（OLT）、光网络单元（ONU）/光网络终端（ONT）和光分配网络（ODN）组成。OLT 放置在中心机房，ONT/ONU 放在用户端。光分配网络包括光分路器和光纤，光分路器是无源光纤分支器，是一个连接光线路终端和光网络单元的无源设备，它的功能是分发下行数据并集中上行数据。PON 的组成结构如图 2.2 所示。

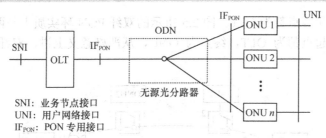

SNI：业务节点接口
UNI：用户网络接口
IF_PON：PON 专用接口

注：ODN 中的无源光分路器可以是一个或多个光分路器的级联

图 2.2　PON 组成结构

一、树形网络结构

树形网络结构又称为星形网络结构，是 FTTX PON 的一种典型结构，如图 2.3 所示。

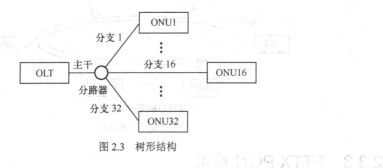

图 2.3　树形结构

二、总线型网络结构

总线型网络结构不属于 PON 国际标准中定义的网络拓扑类型，是根据实际网络需求而衍生出的网络结构，其结构示意图如图 2.4 所示。

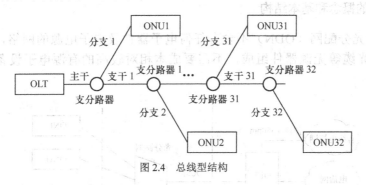

图 2.4　总线型结构

三、环形网络结构

FTTX PON 除了星形和总线型网络拓扑外，还可以构成环形拓扑，环形拓扑又可以分为单纤 PON 和双纤 PON 环，如图 2.5 所示。

这两种 PON 环除了光纤数目不同之外，连接结构上也有区别。在上图单纤 PON 环中，光纤的首端和末端均与 OLT 相连接，而双纤 PON 环则不是这样。从逻辑上和拓扑结构上分析，图 2.5 所示的单纤 PON 环实质上是总线型结构的变形，一个总线型 PON 被环回反向折叠组合构成，起点和终点都为 OLT。图 2.5 所示的双纤 PON 环实质上是两条总线型 PON 反向折叠组合构成，起点都为 OLT，终点为 ONU，从严格意义上讲，双纤 PON 环并不是真正的闭环结构。

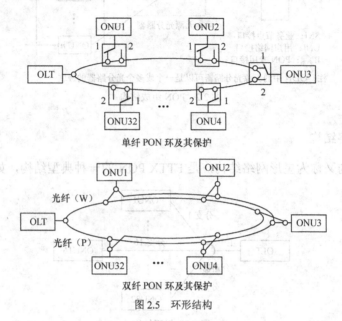

单纤 PON 环及其保护

双纤 PON 环及其保护

图 2.5 环形结构

2.3.3 FTTX PON 技术

FTTX 采用光纤接入的方式为接入网"最后一公里"提供解决方案，无源光网络（PON）技术的出现使得 FTTX 的光纤接入成为可能。

一、PON 的概念和基本结构

PON 是指光分配网（ODN）不含有任何电子器件及电子电源的网络，其 ODN 全部由光分路器和光缆等无源器件组成，不需要成本相对较高的有源电子设备，其典型结构如图 2.6 所示。

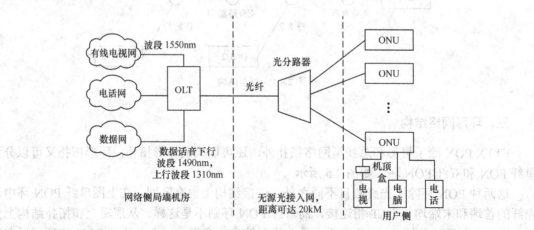

图 2.6 PON 典型结构

PON 由光线路终端（OLT）、光合/分路器（Spliter）和光网络单元（ONU）组成，采用树形拓扑结构。OLT 放置在中心局端，分配和控制信道的连接，并有实时监控、管理及维护功能。ONU 放置在用户侧，OLT 与 ONU 之间通过无源光合/分路器连接。

　　1. 光线路终端

　　光线路终端（OLT）通常放置于运营商的局端机房，传输距离通常要求达到 20km。OLT 使用 1490nm 波段在同一光纤上提供话音和数据的下行传输，而 ONU 使用 1310nm 波段提供上行传输，从而实现单纤双向传输，即在同一根光纤上无干扰双向传输。如果需要支持单独的视频传输（CATV），OLT 可以连接到 WDM 耦合器上，将通常视频使用的 1550nm 波长复用到同一光纤，提供视频、音频和数据"三网合一"服务。

　　OLT 一方面将承载各种业务的信号在局端进行汇聚，按照一定的信号格式送入接入网络以便向终端用户传输，另一方面将来自终端用户的信号按照业务类型分别送入各种业务网中。OLT 的作用是为 FTTX 提供网络侧与本地交换机及本地内容服务器（如 PSTN 程控交换机、因特网路由器、视频播放服务器等）之间的接口，并经 ODN 与用户侧的 ONU 通信。

　　2. 光配线网

　　光配线网（ODN）是 OLT 和 ONU 之间的光传输物理通道，通常由光纤、光缆、光连接器、光分路器（通常光分路比为 1:8，1:16 和 1:32）以及安装连接这些器件的配套设备（如 ODF 架、光缆接头盒、光缆交接箱、光缆分纤箱等）组成。ODN 作为 FTTX PON 技术中的重要组成部分，直接影响整个网络的综合成本、系统性能和升级潜力等指标。

　　3. 光网络单元

　　光网络单元（ONU）放置于用户侧，如果是 FTTH/O 方式，则 ONU 直接放置于用户家中或公司办公室内，直接与电话、计算机等终端连接。由于目前大部分用户的引入线仍然是双绞线和五类线，因此，ONU 大多都被放置于路边或是楼道内，经双绞线和五类线网络与用户调制解调器、计算机等设备连接。

　　ONU 在用户侧提供与用户设备端口的连接，其作用是对用户的不同业务进行复用和解复用，以便在上行方向将各种不同的家庭终端的不同业务信号复用起来，在同一传输介质中传输。在下行方向将不同的业务解复用，通过不同的接口送到相应的用户终端（如电话、电视机和计算机等）。

二、实现 FTTX 的 3 种 PON 技术

目前已经实现 FTTX 商用化的 PON 技术有 APON/BPON、EPON 和 GPON 3 种。

　　1. APON/BPON 技术

APON（ATM PON）/BPON（Broadband PON）是最早标准化并获得商用的无源光网络技术。BPON 最初称为 APON，以 ATM 作为承载协议，将各种业务封装至 ATM 信元中进行复用和交换，如话音、数据和视频等，上行速率为 155Mbit/s，下行速率可以是 155Mbit/s 和 622Mbit/s，并且提供动态的带宽分配能力，从而更适合宽带数据业务的需要。然而 APON/BPON 系统存在两大缺点：一是数据传送效率低，二是在 ATM 层上适配

和提供业务比较复杂。因而，在 EPON 和 GPON 技术商用化之后，FTTX 网络基本不再采用 APON/BPON 技术。

2. EPON 技术

EPON（Ethernet PON）技术是廉价、高效、成熟的以太网技术和 PON 网络结构的有机结合，以以太网为载体，采用点到多点结构和无源光纤传输方式，上、下行速率可达 1.25Gbit/s。

3. GPON 技术

GPON（Gigabit-Capable PON）是目前已标准化的 3 种 FTTX 技术中速率最高的，上行速率支持 155Mbit/s、622Mbit/s、1.25Gbit/s、2.5Gbit/s，下行速率支持 1.25Gbit/s 和 2.5Gbit/s，提供强大的多业务支持能力，能够高速率、高效地传送各种各样的数据类型及各种长度的数据包。

目前主流应用的 FTTX PON 技术是 EPON 和 GPON，EPON 的显著优势在于产品商用较早，设备成本较低，缺点是标准定义简单。而 GPON 的显著优势在其性能方面，如更高的速率和传输效率，更高的标准化程度等。在实际应用中，具体选择哪类技术或产品要根据多方面的因素综合考虑。

任务 3

FTTX 主要设备形态、功能

FTTX 技术主要用于接入网络光纤化，范围从区域电信机房的局端设备到用户终端设备，局端设备为光线路终端（OLT），用户端设备为光网络单元（ONU）或光网络终端（ONT）。OLT 是用于连接光纤干线网络的设备，ONT/ONU 是连接用户端或用户驻地网的设备。

3.1 任务目标

（1）光线路终端设备（OLT）的特性以及主要厂商的产品。
（2）光网络单元（ONU）的特性以及主要厂商的产品。
（3）光配线单元设备分光器、光分配箱、光分纤盒。
（4）用户端设备用户综合箱、家庭综合信息箱、光线插座。
（5）光缆类型及配件。

3.2 任务分析

OLT 是光线路终端，提供网络侧接口，并且连接一个或多个 ODN。ODN 是 OLT 和 ONT/ONU 之间的光分配网络。ONT/ONU 是光网络单元/终端，提供用户侧接口。

FTTX 技术的迅速发展和大规模推广应用极大地带动了光纤光缆技术及其行业的发展。各个光纤光缆厂商不断加强在光纤光缆基础结构、工艺和新材料应用方面的创新，使得应用于 FTTX 的光纤光缆的新概念、新技术、新产品层出不穷。

3.3 相关知识

3.3.1 OLT 设备特性

OLT（见图 3.1）位于局端，是 EPON 网络的核心，主要用于向 ONU 广播以太网数据、发起并控制与各 ONU 之间的测距过程并记录测距信息、发起功率控制命令、为 ONU 分配带宽等。目前，国内的 OLT 设备商有华为、中兴、烽火、格林威尔、瑞斯康达、长光、华三、贝尔、UT、讯风、新邮通信、摩托罗拉、龙泰、盛立亚等，它们的 OLT 产品既有共性也有很多各自的特点。

图 3.1　OLT 设备

（1）类型：分为盒式和机架式，各厂商基本上都具有这两种类型的设备。可提供的上行带宽都为 1Gbit/s，下行带宽一般为 2.5Gbit/s，有少数厂家可提供 10Gbit/s。

（2）PON 芯片：PMC、TK 和 Cortina 是主要的 PON 芯片提供商，但各自所占的市场份额有差异。

（3）板卡和接口：板卡主要包括上联板、用户板（EPON 板、GPON 板、VDSL2 板等）和主控板，且不同类型的用户板可以任意混插。接口类型有 GE 口（光/电）、FE 口（光/电）、PON 口、TDM 接口等。现阶段单 PON 板至少有 1 个 PON 口，最多 4 个。

（4）业务能力：主要有 IP 业务、语音业务、视频业务（CATV、IPTV）和 TDM 业务。对于 IP 业务各厂商 OLT 都能较好地支持，语音业务和视频业务随着用户需求的增加正逐渐兴起，而 TDM 业务由于实现较难且运用场合特殊支持的厂商较少。

（5）支持的最多 PON 口数和 ONU 数：盒式 OLT PON 口数一般为 4 个或 8 个，一般可接入 256 或 512（分光比 1:64）个 ONU，而机架式 OLT 通常有多个槽位，支持的 PON 口数至少 20 个，接入的 ONU 数量较多，每款设备根据所提供端口不同而各有差异。

（6）基本功能和性能：功能包括以太网基本功能、VLAN 功能、组播功能等，性能包括以太网吞吐量、丢包率、传输时延等。EPON 技术经过几年的发展，现阶段各厂商对功能和性能的各项指标基本都能实现。

3.3.2　ONU 设备特性

ONT 和 ONU（见图 3.2）的区别在于 ONT 是光网终端，直接位于用户端，而 ONU 是光网络单元，与用户间还可能有其他的网络，比如以太网；而在 FTTX 中，ONT 一般来说就是 ONU，ONU 位于用户端，实现用户与通信网络的连接，ONU 有选择地接收 OLT 广播的数据、响应 OLT 发出的测距和功率控制命令、对用户的以太网数据进行缓存并在 OLT 分配的发送窗口中向上行发送等功能。目前，国内的 ONU 设备商有华为、中兴、烽火、格林威尔、瑞斯康达、长光、华三、贝尔、UT、摩托罗拉、龙泰、盛立亚、荣创信达、富通等，各厂商的 ONU 有各自的特点。

图 3.2　ONU 设备

1. 类型

参照设备提供端口的数量不同，ONU 主要分为 3 种类型。

类型 1：ONU 提供 1 个、2 个或 4 个以太网接口，可选 POTS 端口、WLAN 和 E1 端口，主要用于家庭用户；

类型 2：ONU 提供 8 个、16 个或 24 个及以上的以太网接口，可选 POTS 端口和 E1 端口，主要用于企业用户或办公室；

类型 3：ONU 提供 8 个、16 个或 32 个及以上的 ADSL2+接口或 VDSL/VDSL2 接口，主要用于大楼。

类型 1 和类型 2 ONU 比较普遍，而生产类型 3 ONU 的厂商较少。ONU 也可以分为盒式和插卡式，插卡式可以混插不同类型的用户板。

2. PON 芯片

主要是 PMC、TK 和 Cortina 三家，使用情况和 OLT 设备相当，大多数厂商的 ONU 采用同种芯片，只有少数厂商不同类型 ONU 采用不同的芯片，如某厂商类型 1 ONU 采用 PMC 芯片，而类型 2 ONU 采用 TK 芯片。

3. 接口

类型 1 和类型 2 ONU 的接口主要有 FE、GE、POTS、E1。单端口 ONU 一般只提供一个 GE 口；POTS 口的实现比较少；E1 口的实现有一定难度，而且需要特定的应用场合，所以用户需求不多。类型 3 ONU 的接口还包括 ADSL2 或 VDSL 口。

4. 多业务能力

主要有 IP 业务、语音业务、视频业务和 TDM 业务，支持业务流分类、优先级标记和调度功能。对于 IP 业务各厂商 ONU 都能较好地支持，对于语音业务和视频业务支持的厂商较少，而 TDM 业务的支持厂商更是寥寥无几。

5. 功能和性能

功能包括以太网基本功能、VLAN 功能等，性能包括以太网吞吐量、组播容量等。各厂商对功能和性能的各项指标基本都能实现。

3.3.3 光配线单元

一、光分路器

光分路器是一种可以将一路光信号分成多路光信号以及完成相反过程的无源器件，简称 OBD。一般分为 4 种。

1. 托盘式光分路器

托盘式光分路器（见图 3.3）：用类似配纤盘的托盘封装并可直接安装于光配线架或光缆交接箱里的光分路器套件，有出纤式和成端式两种，一般采用成端式。

2. 机架式光分路器

机架式光分路器（见图 3.4）：简式光分路器或盒式光分路器采用盒体封装，可安装于

19"标准机柜内的光分路器套件，一般为成端型。

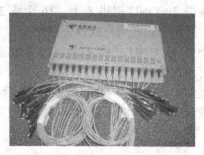

（a）托盘成端式光分路器　　　　　　　　　　　（b）托盘出纤式光分路器

图 3.3　托盘式光分路器

3. 盒式光分路器

盒式光分路器（见图 3.5）：简式光分路器采用小盒子封装，端口采用尾纤引出的小型光分路器组件，一般为出尾纤型。

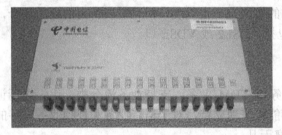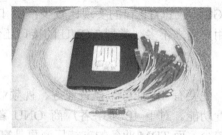

图 3.4　机架式光分路器　　　　　　　　　　　　图 3.5　盒式光分路器

4. 简式光分路器

简式光分路器（见图 3.6）：指端口用 0.9mm 尾纤引出的小型光分路器组件，主要适用于空间比较紧张的场合，如光缆接头盒、光分纤盒，也可以安装在托盘式、机框式光分路器组件盒体中，组成托盘式、机架式光分路器组件。

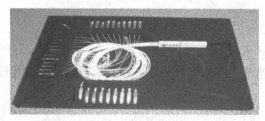

图 3.6　简式光分路器

二、光分配箱

完成配线光缆与入户线光缆在室外或室内的连接作用，提供光缆固定、光纤连接和分纤功能，光纤连接一般采用活动连接方式，并可根据 FTTX 工程的需要安装盒式光分路器。箱式可分成室内外挂墙安装式和杆上安装式。光分配箱如图 3.7 所示。

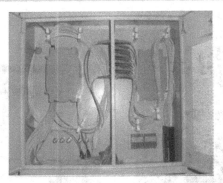

图 3.7　光分配箱

三、光分纤盒

完成配线光缆与入户线光缆在室内的连接作用，提供光缆固定、光纤连接和分纤功能。光纤连接一般采用固定连接方式，并可根据 FTTX 工程的需要安装简式光分路器，盒体设置由皮线光缆及加强芯的专用固定装置。光分纤盒如图 3.8 所示。

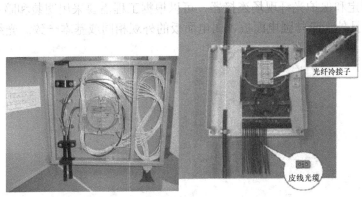

图 3.8　光分纤盒

3.3.4　用户端设备

一、用户终端箱

主要用在 FTTB 工程的楼道中，里面放置 ONU 设备、110 模块、电源插板、空气开关等器件。用户终端箱如图 3.9 所示。

二、家庭综合信息箱

完成入户皮线光缆在室内的端接，提供 ONT、ONT 电源的安装保护，以及光/电缆储存和保护功能，也可以应用户要求加装有线电视、数据、话音等模块。家庭信息箱如图 3.10 所示。

图 3.9　用户终端箱

图 3.10　家庭信息箱

三、光纤插座

主要用来固定和保护光纤现场连接器，可以根据工程需要采用明装和暗装方式。一般采用 86 型面板，且外观应与强电面板、弱电面板的外观相同或基本一致。光纤插座如图 3.11 所示。

图 3.11　光纤插座

3.3.5　光缆及配件

一、室内"8"字皮线光缆

室内"8"字皮线光缆如图 3.12 所示。

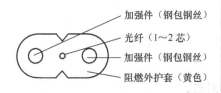

图 3.12   室内"8"字皮线光缆

室内"8"字皮线光缆性能参数，见表 3.1。

表 3.1   室内"8"字皮线光缆性能参数

光纤芯数	光缆尺寸（mm）	重量（kg/km）	允许拉力（N）	允许压力（N）	最小弯曲半径	
					光缆	光纤
1～2	2.0×3.0	8	200	2200	15	15
储存温度	−30℃～70℃					
工作温度	−30℃～70℃					

二、管道型"8"字布线光缆

管道型"8"字布线光缆（见图 3.13），是专门针对 FTTX 设计的一种光缆类型，其光缆特性兼顾了室外光缆与室内光缆的特点。它采用全干式结构，可从室外管道直接引入建筑物内终结，特别适合与快速连接器、冷接组件配合使用；也可将其中的"8"字光缆中的纤芯分离出来直熔连接。

图 3.13   管道型"8"字皮线光缆

1. 管道型"8"字皮线光缆的特点

（1）光缆为全干式结构，便于清洁施工。

（2）采用低烟无卤护套料，适合室内外两种环境。

（3）"8"字布线光缆缆芯与通信附件配合良好，便于冷接或熔接，与 ONT 形成一一对应关系。

（4）细纺纶纱不仅可增加光缆强度，还可作为撕裂绳使用。

（5）具有优越的弯曲、抗压、抗拉性能。

（6）施工开剥非常方便。

2. 管道型"8"字皮线光缆性能参数

管道型"8"字皮线光缆性能参数见表 3.2。

表 3.2   管道型"8"字皮线光缆性能参数

光纤芯数	光缆直径（mm）	重量（kg/km）	允许拉力（N）		允许压力（N）	最小弯曲半径	
			长期	短期		光缆	光纤
1～2	6.8	48	200	600	2000	20	15
储存温度	−40℃～70℃						
工作温度	−40℃～70℃						

三、自承式"8"字布线光缆

1. 自承式"8"字布线光缆特点

自承式"8"字布线光缆如图 3.14 所示。

（1）适合独立住宅架空引入，性能稳定可靠，可进行较远跨距的光缆敷设。

（2）采用小弯曲半径光纤生产，具有优良的抗弯性能。

（3）施工安全可靠，可像铜缆一样对待，不易出现施工故障。

（4）无需工具即可开剥光缆，光缆易于固定，安装成本低。

（5）室外室内两用，光缆可现场成端。

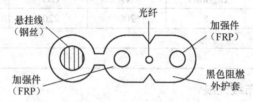

图 3.14 自承式"8"字布线光缆

2. 自承式"8"字布线光缆性能参数

自承式"8"字布线光缆性能见表 3.3。

表 3.3 　　　　　　　　　　自承式"8"字布线光缆性能参数

光纤芯数	光缆尺寸（mm）	重量（kg/km）	允许拉力（N）		允许压力（N）	最小弯曲半径	
			长期	短期		光缆	光纤
1～2	2.0×5.4	20	200	600	2200	15	15
储存温度	−30℃～70℃						
工作温度	−30℃～70℃						

四、光分路接头盒

用于两根或多根光缆之间的保护性连接、光纤分配，是用户接入点常用设备之一，主要完成配线光缆与入户线光缆在室外的连接作用，并可根据 FTTX 接入需要安装盒式或简式光分路器。光分路接头盒如图 3.15 所示。

图 3.15 光分路接头盒

五、其他配件

（1）适配器：建议采用 SC/SC 适配器。

（2）光纤快速连接器（"8"字光缆夹持型，见图 3.16）：用于现场安装的高可靠性连接器，适合"8"字光缆现场成端；无需研磨，无需繁重工具，快速和易于操作，适合"8"字布线光缆直接成端，与标准 SC 光纤连接器/适配器完全兼容。

图 3.16　光纤快速连接器

（3）冷接子（见图 3.17）：一种通过机械方式快速实现裸光纤对接的光纤接续器件。

图 3.17　冷接子

（4）L 型机械快接式光纤插座（见图 3.18）：具有快速光纤机械接续功能，适合安装在 A86 接线盒内的光纤插座。

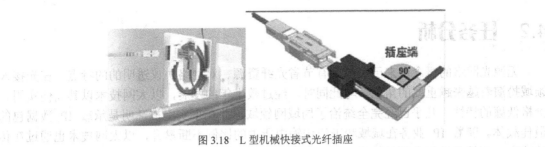

图 3.18　L 型机械快接式光纤插座

EPON 与其他 PON 技术一样，采用点对多点的树型网络拓扑结构，利用单纤双向双波长或三波长传输，实现数据、话音和视频业务在同一平台的"三网合一"。EPON 是基于以太网技术的，更适合于 IP 业务的传送。由于以太网本身的特性及其大规模普及应用，使得以太网技术从成本上来说是非常低的，因此 EPON 具有很大的成本优势，也是几种 PON 技术中最先获得大规模商业应用的无源光网络技术。电信网络的发展有一个明显的 IP 化趋势，也即 everythingoverIP，各种业务都将融合至 IP 包中，如通过 IP 传输语音业务（VoiceoverIP，VoIP）、通过 IP 传送视频（VideooverIP，VoIP）、IPTV 数字电视等。EPON 适用范围广，且与网络的发展趋势相吻合，有很广阔的发展空间，是非常具有发展潜力的 FTTX PON 技术之一。

4.1　任务目标

（1）EPON 的基础知识，包括 EPON 的基本结构、上下行传输原理和帧结构。

（2）EPON 物理层、数据链路层的层次结构。

（3）EPON 的关键技术，包括物理层和数据链路层的关键技术。

（4）EPON 的线路保护方式。

4.2　任务分析

无源光网络的概念由来已久，具有节省光纤资源、对网络协议透明的的特点，在光接入领域扮演着越来越重要的角色。与此同时，经过数十年的发展，以太网技术以其简便实用、价格低廉的特性，几乎已经完全统治了局域网领域，并在事实上被证明是承载 IP 数据包的最佳载体。随着 IP 业务在城域和干线传输中所占的比例不断攀升，以太网技术也通过在传输速率、可管理性等方面的改进，逐渐向接入网、城域网甚至骨干网上渗透。以太网技术与无源光网络技术的结合产生了 EPON，它同时具备了以太网和 PON 的优点，成为光接入网领域中的热门技术。

4.3　相关知识

EPON 采用的是点到多点结构和无源光纤传输，基于以太网技术提供多种业务，物理层采用 PON 技术，链路层使用以太网协议，利用 PON 的拓扑结构实现以太网的接入。EPON

综合了 PON 技术和以太网技术，有很多突出的优点，例如低成本、高带宽、扩展性强、灵活快速的服务重组、与现有以太网的兼容性、管理便利等。

4.3.1 EPON 基本结构

EPON 系统同其他的 PON 系统结构相似，也由 OLT、ONT/ONU 和以无源光分路器为关键器件的 ODN 网络构成，如图 4.1 所示。EPON 使用单芯光纤做多波长传输（下行波长 1490nm，上行波长 1310nm，波长 1550nm 用来传输视频业务）。

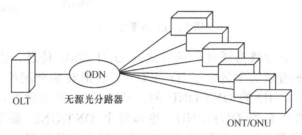

图 4.1 EPON 系统结构

EPON 的 OLT 位于运营商的中心机房，是一个多业务平台，其功能类似于交换机或路由器，向无源光接入网提供光纤接口，并将接入网与城域网或本地网相连接。根据以太网技术的发展趋势，OLT 可以通过吉比特以太网或 10 吉比特以太网接口连接上层核心网络。传统的 TDM 话音即普通电话（POTs）等业务可以复用后通过 OLT 的 PDH/SDH 附加接口连接到 PSTN。OLT 除了提供网络的接入、交换等功能外，还可以针对用户 QoS/SLA 的不同要求实现带宽分配、网络安全和管理配置。

EPON 的光分配网络（ODN）利用无源光分路器将干线光纤中的光信号分配给各个 ONT/ONU，常用的光分路器的分路比为 1:8、1:16 和 1:32。根据终端用户 ONT/ONU 的位置不同，ODN 可以采用不同分路比的光分路器多级连接而成。EPON 的 ODN 覆盖范围可达 20km，也就是说 OLT 到 ONT/ONU 之间的距离最远可以达到 20km。在下行方向，数据、语音、视频等多种业务由设置在局端机房的 OLT 采用广播方式，通过 ODN 的 1:N 无源光分路器分配到终端 ONT/ONU 处。在上行方向，来自各个 ONT/ONU 的多种业务信息互不干扰地通过 ODN 中的 1:N 无源光分路器耦合到同一根光纤，然后送达 OLT。

EPON 的 ONT/ONU 提供向 OLT 方向的 PON 接口和用户侧业务接口。ONT/ONU 网络侧的接口为 PON 接口，用户侧的接口通常包括以太网接口、POTS 电话接口和电视视频接口。根据 ONT/ONU 设置的位置不同，EPON 的应用模式可分为光纤到路边（FTTC）、光纤到大楼（FTTB）、光纤到户（FTTH）、光纤到办公室（FTTO）等多种类型。

4.3.2 EPON 的传输原理

EPON 下行采用 TDM 广播方式发送数据给各个 ONT/ONU，如图 4.2 所示。OLT 周期性地在 PON 端口上广播允许接入的时隙的信息，当 ONT/ONU 上电后，根据 OLT 广播的允许接入的信息发起注册请求。OLT 接收到请求后，分配给 ONT/ONU 一个逻辑链路标识（Logical Link ID，LLID），允许 ONT/ONU 的接入。

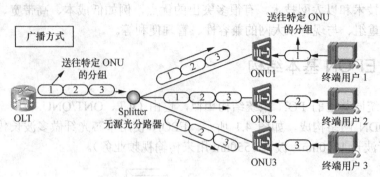

图 4.2　EPON 数据下行

如图 4.2 所示，下行数据通过广播方式向 ONT/ONU 传送。根据 IEEE802.3ah 标准的定义，每个数据的帧头中包含了 ONT/ONU 注册时所分配的 LLID，该标识标明此数据是发送给具有此 ID 的 ONT/ONU 的。从 OLT 发送的数据，经过光分路器后，以广播的形式传送给所有的 ONT/ONU，也即每个 ONT/ONU 都将收到全部的数据，但是 ONT/ONU 只根据 LLID 接收属于自己的时隙内的数据包，而丢弃其他数据。如图 4.2 所示，第 1 个 ONT/ONU 只收取属于自己时隙 1 的数据，丢弃了时隙 2 和时隙 3 的数据。

由于下行数据采用广播模式，因此必然要考虑信息的安全性问题。首先所有的 ONT/ONU 接入时，系统会对 ONT/ONU 进行认证，认证信息具有唯一性，系统只会允许接入通过认证的 ONT/ONU。其次，对于给定的 ONT/ONU 的数据帧，其他 ONT/ONU 在物理层面上也是可以接到的，但是在收到数据帧后首先会比较帧头的 LLID 信息，如果不是自己的 LLID，则将数据包直接丢弃。再次，从以太网层面上采用 VLAN 隔离，对每个 ONT/ONU 都采用不同的 VLAN ID 划分，不同 ONT/ONU 间通过 VLAN 进行隔离。此外每个 ONT/ONU 和 OLT 之间传送的数据都启用了数据加密。通过上述措施，可以说 EPON 广播模式的安全性有较充分的保证。

对于上行数据，EPON 采用 TDMA 技术，如图 4.3 所示。每个 ONT/ONU 在不同的时间段发送数据，在光分路器处以物理光能量的方式将来自不同光纤不同时隙的数据复用到同一光纤中。EPON 的这种复用方式要求所有 ONT/ONU 和 OLT 之间要保持严格的同步，每个 ONT/ONU 只能在 OLT 授权给它的时间段内发送数据，这样才能保证当不同 ONT/ONU 中的数据耦合到一根光纤时，各 ONT/ONU 的数据之间互不干扰。

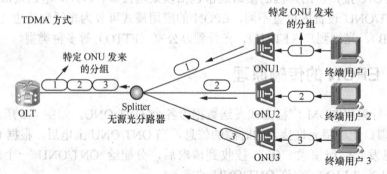

图 4.3　EPON 数据上行

4.3.3　EPON 层次模型及其功能

1998 年 IEEE 发布了吉比特以太网标准 IEEE802.3z 即 1000Base-X 之后，从 2000 年开始就启动了"第一英里以太网"（Ethemet for the First Mile，EFM）工作组的工作，开始开发 EPON 标准。EFM 制定 EPON 标准的基本原则是尽可能地利用吉比特以太网标准，最小程度地将其扩充或改变，以支持新的传输媒质。EFM 在 P2P 的基础上，定义了新的网络拓扑和相应的物理层，即点对多点（Point to Multi Point，P2MP）的无源光网络，速率 1.25Gbit/s，传输距离至少达到 10km。

对于数据链路层，EPON 只是最小程度地对以太网 MAC 协议进行了扩充。EPON 的 MAC 控制子层是以 MPCP 为基础的，MPCP 涉及的内容包括 ONT/ONU 自动发现和自动加入、ONT/ONU 时隙及动态带宽的分配。P2MP 拓扑中的每个 ONT/ONU 都包含一个 MPCP 实体，它可以和 OLT 中的 MPCP 实体进行消息交互。MPCP 在 OLT 和 ONT/ONU 之间规定了一种控制机制，来协调数据的有效发送和接收。

一、EPON 层次模型

对以太网技术而言，PON 是一个全新的介质。IEEE802.3 工作组定义了新的物理层，而对以太网 MAC 层以及 MAC 层以上则尽量做最小的改动以支持新的应用和介质。EPON 的层次模型如图 4.4 所示。

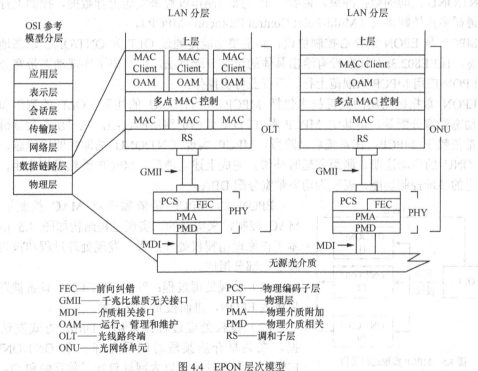

FEC——前向纠错　　　　　　　PCS——物理编码子层
GMII——千兆比媒质无关接口　　PHY——物理层
MDI——介质相关接口　　　　　PMA——物理介质附加
OAM——运行、管理和维护　　　PMD——物理介质相关
OLT——光线路终端　　　　　　RS——调和子层
ONU——光网络单元

图 4.4　EPON 层次模型

1. EPON 数据链路层

数据链路层控制物理传输介质的访问，包括 MAC 客户端、操作管理维护 OAM、多点

MAC 控制和 MAC,共 4 个子层。

2. EPON 物理层(PHY)

EPON 的物理层构成了整个网络数据传输的基础,它通过 GMII 接口与 RS 层相连,担负着为 MAC 层传送可靠数据的责任。EPON 物理层定义了物理层编码子层(PCS)、物理层介质连接子层(PMA)和物理介质相关层(PMD)和一个可选的 FEC 层。PCS 层将 GMII 发送的数据进行编码/解码,使之适合在物理介体上传送;PMA 层生成并接收线路上的信号;PMD 层提供与传输介质的物理连接;FEC 层用于发送数据前向纠错功能。

3. 各层之间的接口

PCS 层与 MAC 层的接口定义为吉比特介质无关接口(Gigabit Medium Independent Interface,GMII),是字节宽度的数据通道。PMA 层与 PCS 层的接口定义为十位接口(Ten Bit Interface,TBI),是 10 位宽度的数据通道。PMD 层与物理介质的接口为介质相关接口(Medium Dependent Interface,MDI),是串行比特物理接口。

二、EPON 数据链路层 MPCP

在各 ONT/ONU 向 OLT 发送数据时,得到授权的 ONT/ONU 在规定的时隙里发送数据包,没有得到授权的 ONT/ONU 则处于休眠状态,这种通信方式属于突发通信。为了避免不同 ONT/ONU 之间的数据冲突,需要一个特殊的操作过程来发送上行数据,控制上行数据的发送遵循多点控制协议(Multi-Point Control Protocol,MPCP)。

MPCP 是 EPON 的核心控制协议,其主要功能是通过 OLT 为 ONT/ONU 动态地分配上行带宽。IEEE802.3ad 标准没有给出具体的带宽分配算法,仅给出了实现动态带宽分配的过程,EPON 应用 MPCP 来规范上行、下行业务流操作。

EPON 数据链路层的关键技术包括 MPCP、ONT/ONU 的注册、OLT 的测距和延时补偿、动态带宽分配等,但其中 MPCP 是 EPON 数据链路层的核心,几乎所有数据链路层的功能都依赖于 MPCP。在系统启动阶段,MPCP 实现 ONT/ONU 的即插即用问题,即进行 ONT/ONU 的自动注册、测距和延时补偿。完成上述功能后,MPCP 继续发挥作用,处理上行信道的多址控制功能,表现为动态带宽分配 DBA。

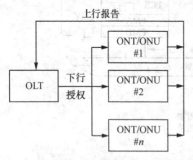

图 4.5 MPCP 实现过程结构

EPON 的 MPCP 是依靠多点 MAC 控制层产生的 MAC 控制帧来实现的,实现过程结构如图 4.5 所示,基本工作原理由授权处理过程、发现处理过程和报告处理过程 3 个部分组成。

(1)发现处理过程:新的 ONT/ONU 设备被发现注册后进入 EPON,进而被允许发送帧。

(2)授权处理过程:采用 TDMA 方式发送上行数据,在共享介质某段时间只允许一个 ONT/ONU 发送 EPON 以太网帧,此以太网帧包括了数据帧和 OAM 控制帧。OLT 处于主导地位来控制 ONT/ONU 的发送时间,ONT/ONU 处于从属地位,只有在接收到 OLT 的授权后才能进行数据发送。

(3)报告处理过程:通过反馈机制更好地利用 PON 带宽,即 ONT/ONU 上报,向 OLT

反馈带宽需求，OLT 根据收到的报告动态地给 ONT/ONU 分配带宽。

三、EPON 物理层

EPON 物理层由物理编码子层（PCS）、物理介质附属（PMA）子层、物理介质依赖（PMD）子层以及一个可选的前向纠错（FEC）子层组成，通过 GMII 与 RS 子层相连，为 MAC 层可靠地传送数据，其主要功能是将数据编成合适的线路码，完成数据的前向纠错，通过光/电、电/光转换完成数据的收发。FEC 子层是 EPON 物理层和吉比特以太网物理层的主要区别，其他各层的名称、功能、顺序没有太大的变化。前向纠错子层完成前向纠错的功能，它处在物理编码子层和物理介质附属子层中间。它的存在使用户在选择激光器、光分路器的分路比、网络覆盖范围时有了更大的自由。从宏观上讲，除了 FEC 子层和 PMD 子层以外，各子层基本上可以同吉比特以太网兼容。

1．PCS 子层

PCS 子层位于物理层的最上层，上接 GMII 接口，下接 PMA。PCS 实现 8b/10b 编码转换。由于 10b 的数据能有效地减小直流分量，便于接收端的时钟提取，降低误比特率，因此 PCS 采用把从 GMII 中收到的 8 位数据通过 8b/10b 编码变换成 10 位并行数据输出。在线路上传输的 EPON 的速率为 1.25Gbit/s，这是经过 8b/10b 编码后的数据，因此实际有效数据是 1Gbit/s。8b/10b 编码器的工作频率是 125MHz，它的编码原理是基于 3b/4b 和 5b/6b 两种编码变换而来的。

PCS 的主要功能模块分为以下几部分。

（1）发送模块：从调和子层（RS）通过 GMII 接口发往 PCS 的数据经过发送模块 8b/10b 编码，经 PMA 子层的数据请求原语把其发往 PMA 服务接口。

（2）自动协商模块：设置标识通知 PCS 发送过程是空闲码、数据，还是重新配置链路。

（3）同步模块：PCS 同步过程经 PMA 数据指示原语连续接收码流，并经同步数据单元指示原语把码流发往 PCS 接收过程。PCS 同步过程设置同步状态标志，指示 PMA 子层发送来的数据是否可靠。

（4）接收模块：从 PMA 子层经过同步数据单元指示原语连续接收码流。PCS 接收过程监督这些码流并且产生给 GMII 接口的数据信号，同时产生供载波监听和发送过程使用的内部标识、接收信号、检测包间空闲码。PCS 在自动协商的指示下完成数据收发、空闲信号的收发和链路配置功能。

2．FEC 子层

FEC 子层的位置处在 PCS 和 PMA 子层之间，是 EPON 物理层中可选的部分，其主要功能如下。

（1）发送：FEC 子层接收从 PCS 发过来的包，先进行 10b/8b 变化，然后执行 FEC 编码算法，用校验字节取代一部分扩展的包间间隔，最后再把整个包经过 8b/10b 编码并把数据发给 PMA 层。

（2）字节对齐：FEC 子层接收从 PMA 层的信号对齐帧，当选择 FEC 子层的时候，PMA 子层的字节对齐就被禁止。

（3）接收：把经字节对齐后的数据进行译码、插入空闲码后发送数据到 PCS 子层。

对 EPON 系统而言，使用前向纠错技术的好处是可以减小激光器的发射功率预算、减少功耗，增加光信号的最大传输距离增加覆盖范围，有效地减小误比特率，满足高性能光纤通信系统的要求。此外，使用 FEC 技术的话，在同样的接入距离内可以使用更大分路比的分光器，支持更多数量的接入用户。前向纠错技术的使用，使价格低廉的 FP 激光器在 EPON 系统中的应用成为可能，可以减少系统在光模块上的成本。

但是 FEC 技术的使用会增加开销，增加系统的复杂性。在传统的光网络如 SDH、DWDM 等网络中，FEC 技术仅用于高速长距传输的情况，如 10Gbit/s 以上速率、80km 以上距离。EPON 系统中传输段使用的均为无源光器件，但信号传输距离有限，因此在一些接入距离较远的地方，FEC 技术还是很重要的。

3. PMA 子层

PMA 子层与吉比特以太网的 PMA 子层技术相比没有什么变化，其主要功能是完成串并、并串转换、时钟恢复并提供环回测试功能。

4. PMD 子层

PMD 子层的功能是完成光电、电光的转换，以 1.25Gbit/s 的速率发送或接收数据。IEEE 802.3ah 要求传输链路全部采用无源光器件，EPON 采用单纤双向全双工传输，上行数据采用 1310nm 波长、下行数据采用 1490nm 波长。ONT/ONU 的光模块接收机处于连续工作状态，发送机则工作于突发模式，只有在特定的时间段里激光器才处于打开状态，其他时间段内激光器处于关闭状态，且激光器的开关速度要足够迅速。

4.3.4　EPON 关键技术

一、EPON 物理层关键技术

EPON 在物理层的关键技术主要包括两方面，一是数据的突发发送和突发接收，二是突发信号的快速同步，即突发同步。

EPON 上行方向采用时分复用接入（TDMA）技术，不同位置的 ONT/ONU 发送的数据采用间插的方式汇集在同一根光纤上。只有接收到 OLT 的授权后 ONT/ONU 才发送数据，其他时间激光器则处于关闭状态，因此 ONT/ONU 的数据发送采用的是突发模式，在 OLT 侧则相应地需要突发模式的接收机从不同的 ONT/ONU 来接收数据包。由于 OLT 和各个 ONT/ONU 之间的距离不等，因此在 EPON 链路中的光信号衰减对每个 ONT/ONU 是不同的。OLT 的接收模块在不同的时隙收到的光功率不同，在动态带宽应用中，同一时隙有可能被不同的 ONT/ONU 使用，因此甚至相同时隙的收光都有可能不一样，这种现象称为远近效应（Near-Far Problem）。

远近效应的实质是信号的突发发送和突发接收，要解决远近效应有两种方法。一种方法是"发送功率控制"，即允许 ONT/ONU 根据距离 OLT 的远近，调节自身的发送功率等级，这样最后在 OLT 处接收到的各 ONT/ONU 的功率就是一样的，OLT 的接收机和普通的接收机没有多大的差别。这种方法的缺点是会使 ONT/ONU 的硬件变得复杂，ONT/ONU 的发射机在这种情况下就不能是标准的发射机，需要特殊的信令协议来实现从 OLT 到 ONT/ONU 的反馈。这会增加 ONT/ONU 的成本和物理层协议的复杂度，而且使线路传输性能限定在离 OLT 最远的 ONT/ONU 等级，降低了 ONT/ONU 的性能。

另一种解决方法是"自适应接收"，也就是说通过对接收器接收门限的实时调整，使 ONT/ONU 可以自适应地接收数据。如果说 OLT 接收器判决阈值较高，则在接收远距离弱信号的时候，可能会错误地把"1"判决为"0"。相反如果接收器的判决阈值较低，则可能在接收近距离信号时，将"0"判决为"1"。因此为了正确检测收到的信号流，OLT 接收机必须在每个接收时隙开始时能够快速调节它的判决门限，也即 OLT 接收机支持突发接收。

EPON 物理层的另一个关键技术是突发同步，由于 OLT 接收到的信号为突发信号，OLT 必须能在很短的时间内（几个比特）实现相位的同步，进而接收数据。此外，由于上行信道采用 TDMA 方式，且在 20km 的覆盖范围内不同 ONT/ONU 的数据时延最大可以到达 0.1ms（125 个比特宽度），为了避免来自不同 ONT/ONU 的数据时隙冲突，必须实现 EPON 全网的同步，也就是说所有的 ONT/ONU 都必须同步。

为了达到整个系统的同步，系统必须具备一个共同的参考时钟，EPON 中以 OLT 的时钟作为参考时钟，各个 ONT/ONU 都以 OLT 的时钟为基准。OLT 周期性地广播发送同步信息给 ONT/ONU，使其调整自己的时钟。由于各个 ONT/ONU 到 OLT 的距离不同，所以传输延时各不相同，要达到系统同步，还需要利用测距和时延补偿的方式来实现。

二、ONT/ONU 的自动加入和注册

EPON 系统开通运行以后，随着业务发展的需要，随时可能需要增加新的 ONT/ONU，又或者是故障修复后的 ONT/ONU 需要重新加入到系统，这都不能影响其他 ONT/ONU 的正常工作，这个问题涉及 ONT/ONU 的自动发现和注册机制。当网络第一次启动或者有新的 ONT/ONU 加入网络时，自动注册机制会通知 OLT 新增 ONT/ONU 的存在及其各项参数，根据这些信息，OLT 就可以分配给 ONT/ONU 带宽。一旦系统发生问题，OLT 需要尽快地发现 ONT/ONU，以便使实时业务的碰撞最小化，自动注册实现越快，网络恢复的时间就越短，这意味着更短的服务中断和更高的有效性。

IEEE802.3ah 中定义的"发现"是指新连接或者非在线的 ONT/ONU 接入 PON 的过程。这一过程由 OLT 控制，OLT 周期性的产生发现时间窗口（Discovery Time Windows），在这段时间内，OLT 检测未接入网络的 ONT/ONU。ONT/ONU 通过 OLT 广播的 GATE 消息来得知此窗口，GATE 消息包含了发现窗口的开始时间和时间长度等信息。准备注册的 ONT/ONU 接收到该消息后将等待该周期的开始，然后向 OLT 发送注册请求消息（Register Request）。注册请求消息中包括了 ONT/ONU 的 MAC 地址以及最大等待授权的数目。OLT 接收到有效的注册消息后，将注册该 ONT/ONU，分配和指定新端口的标识 LLID，并将 LLID 和 MAC 地址绑定。在 OLT 收到并且注册了 ONT/ONU 后，OLT 将发送注册（Register）消息给 ONT/ONU，该注册消息包含了 ONT/ONU 的 LLID 和 OLT 要求的同步时间。完成 ONT/ONU 的发现和注册后，OLT 具有足够的信息用于调度 ONT/ONU 访问 PON，并发送标准的 GATE 信息，ONT/ONU 接收到 GATE 信息后回送注册确认信息（Register Acknowledge）。标准的 GATE 信息包括了对 ONT/ONU 的授权，注册确认包括对 LLID 和时间同步的回应。ONT/ONU 的自动加入和注册的过程如图 4.6 所示。

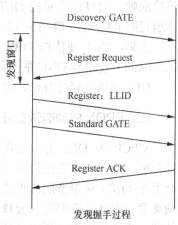

图 4.6　ONU 的自动加入和注册过程

三、测距与时延补偿

因为 EPON 中的各 ONU 接入系统是采用时分方式，所以 OLT 和 ONU 在开始通信之前必须达到同步，才能保证信息正确传输。要使整个系统达到同步，必须有一个共同的参考时钟，在 EPON 中以 OLT 时钟为参考时钟，各个 ONU 时钟和 OLT 时钟同步。OLT 周期性的广播发送同步信息（sync）给各个 ONU，使其调整自己的时钟。EPON 同步的要求是在某一 ONU 的时刻 T（ONU 时钟）发送的信息比特，OLT 必须在时刻 T（OLT 时钟）接收它。在 EPON 中，由于各个 ONU 到 OLT 的距离不同，所以传输时延各不相同，所以要达到系统同步，ONU 的时钟必须比 OLT 的时钟提前 UD（上行传输时延），也就是如果 OLT 在时刻 0 发送 1bit，ONU 必须在他的时刻 RTT（往返传输时延）接收。RTT=DD（下行传输时延）+UD，OLT 必须知道并传递给 ONU。获得 RTT 的过程即为测距（Ranging）。当 EPON 系统达到同步时，ONUi 和 ONUj 发送的信息才不会发生碰撞。

由于 EPON 的上行信道采用 TDMA 方式，多点接入导致各 ONU 的数据帧延时不同，因此必须引入测距和时延补偿技术以防止数据时域碰撞，并支持 ONU 的即插即用。准确测量各个 ONU 到 OLT 的距离，并精确调整 ONU 的发送时延，可以减小 ONU 发送窗口间的间隔，从而提高上行信道的利用率并减小时延。另外，测距过程应充分考虑整个 EPON 的配置情况，例如，若系统在工作时加入新的 ONU，此时的测距就不应对其他 ONU 有太大的影响。EPON 的测距由 OLT 通过时间标记（Timestamp）在监测 ONU 的即插即用的同时发起和完成，如图 4.7 所示。

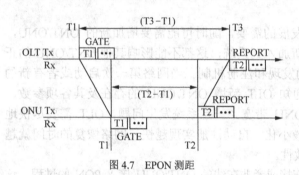

图 4.7　EPON 测距

基本过程如下：OLT 在 T1 时刻通过下行信道广播时隙同步信号和空闲时隙标记，已启动的 ONU T2 时刻监测到一个空闲时隙标记时，将本地计时器重置为 T1，然后在时刻 T3 回送一个包含 ONU 参数的（地址、服务等级等）在线响应数据帧，此时，数据帧中的本地时间戳为 T4；OLT 在 T5 时刻接收到该响应帧。通过该响应帧 OLT 不但能获得 ONU 的参数，还能计算出 OLT 与 ONU 之间的信道延时 RTT=T2−T1+T5−T3=T5−T4。

之后，OLT 便依据 DBA 协议为 ONU 分配带宽。当 ONU 离线后，由于 OLT 长时间（如 3 min）收不到 ONU 的时间戳标记，则判定其离线。

OLT 侧进行延时补偿，发送给 ONU 的授权反映出由于 RTT 补偿的到达时间。

四、EPON 的动态带宽分配

MPCP 为 OLT 仲裁上传带宽提供了一种控制机制，但它没有明确上行带宽应该如何进行分配。当然可以采用最简单的方法，那就是给每个 ONU 分配固定的上行带宽，而无需理会每个 ONU 对带宽的需求情况。这样的方法会导致资源利用效率下降，也可能降低用户的满意度。因此，需要有一套算法，来动态考虑每个 ONU 的实时带宽需求（ms/μs 量级），并按照一定的原则来进行实时的带宽分配，这样可以有效提升带宽利用效率，这样的算法就称为动态带宽分配（DBA）。

OLT 和 ONU 之间通过 MPCP 来进行 DBA 信息的传递，但是 DBA 的调度原则不在 EPON 的规定范围之内，原则上应该由运营商自己根据实际情况来制订。一般而言，对动态带宽分配算法设计的具体要求有业务透明、高带宽利用率、低时延和低时延抖动、公平分配带宽、健壮性好、实时性强。理论上，DBA 可以有 SR-DBA（状态报告型 DBA）和 NSR-DBA（非状态报告型 DBA）两种类型。

SR-DBA 采用集中控制方式，即所有的 ONU 的上行信息发送，都要向 OLT 申请带宽，OLT 根据 ONU 的请求按照一定的算法给予带宽（时隙）占用授权，ONU 根据分配的时隙发送信息。其分配准许算法的基本思想是：各 ONU 利用上行可分割时隙反映信元到达的时间分布并请求带宽，OLT 根据各 ONU 的请求公平合理地分配带宽。

NSR-DBA 也是集中控制方式，但是无需每个 ONU 上报带宽状态和申请。在这种方式下，OLT 根据对一定时间内每个 ONU 上行数据中的 Idle 帧数量和比例进行检测的结果来决定带宽分配。如果某一个时间段内，某个 ONU 上行数据中有较多的 Idle 帧，则表明分配给该 ONU 的带宽过量，可以减少分配给它的带宽；反之则说明需要增加带宽分配。

NSR-DBA 的方式实现简单，但是精细化程度不足，无法对不同业务的带宽需求进行差异化响应，而且对突发业务的适应性相对较差，因此现在实际实用的 DBA 机制基本都是 SR-DBA。

分析表明，采用 DBA 后最大的带宽利用率可达 80%，而没有 DBA 时只有 40%。平均传输时延无 DBA 时为 100ms，而采用 DBA 时为 <10ms。虽然无法查证上述分析结论的有效前提，但是能够在某种程度上说明 DBA 对于 PON 系统的重要性。

4.3.5　EPON 线路保护

由于各种 PON 技术在物理层的高度相似性，EPON 和 GPON 在自己的标准中都没有明确定义专门的保护方法，而是采用了 G.983.5 中的内容。ITU-TG.983.5 中定义了 3 种保护方式：主干光纤保护、全光纤保护和 X:N 光纤保护，其中前两种保护方式的实用价值更高。

在主干光纤保护方式中，主要针对 OLT 到分路器之间的主干光纤进行保护，若出现 OLT 设备的 PON 接口卡故障，也可以通过光路来进行保护。在实际网络中，分光器是要尽量靠近用户端的，因此主干光纤的覆盖范围较长，被损坏的概率也相应增加，针对这一段光纤的保护可以起到大幅提升 PON 可靠性的作用。主干光纤保护的示意如图 4.8 所示。

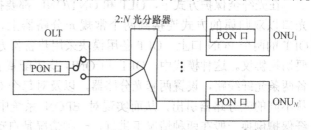

图 4.8　主干光纤保护

在主干光纤保护方式中，ONT/ONU 无需提供额外功能，如果工作的主干光纤出现故障，由 OLT 实现倒换。在 OLT 主用 PON 模块处于工作状态时，备用 PON 模块处于冷备份状态，就是说备用 PON 模块处于上电状态，但是不发送数据，激光器处于关闭状态。如果主用光纤链路出现故障或者主用 PON 模块损坏，则启用备用 PON 模块和备用 PON 光纤。在实际的应用中，一些厂家提出了主干光纤保护的优化实现方案，如图 4.9 所示。

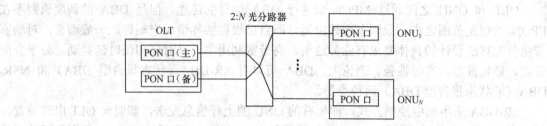

图 4.9　主干光纤保护优化方案

优化后的主干光纤保护方案仅采用了一个 PON 模块，信号进入线路之前通过一个 1:2 的光开关来实现保护。系统正常工作时，保护倒换控制模块实时监测 OLT 的 PON 模块工作状态和相关告警信息，当保护倒换模块接收到来自 OLT 的线路故障、信号劣化等报警信息时，根据预设的机制判断是否进行倒换，并触发光开关实现切换，从而实现 EPON 系统骨干光纤的主备倒换。光开关完成倒换后，由于主、备光纤的长度不可能完全相同，为避免上行业务冲突，控制模块同时触发 PON 模块重新发起发现、测距、注册等过程，从而完成系统业务的保护倒换。这种方式减少了 OLT 设备处的成本投入，可以对线路失效进行保护，但无法对 OLT 的 PON 板卡失效进行保护。主干光纤保护方式能够实现从 OLT 到光分路器之间的光纤保护，但不能防止从光分路器到 ONT/ONU 用户之间的线路故障造成的影响，因此针对更加重要的客户，可以考虑全保护方案，如图 4.10 所示。

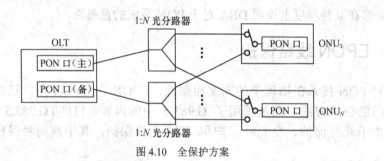

图 4.10　全保护方案

在光纤全保护方式下，OLT 和 ONT/ONU 都要提供冗余的光口，ONT/ONU 的两个上行光口以双归属的方式连接到两个常规光分路器上，两个分路器则通过不同的光纤连接到 OLT 的两个 PON 口上。OLT 备用模块采用热备份方式，切换在每个 ONT/ONU 上进行，需要切换协议。这种模式中，OLT 和 ONU 均需配置主备两个 PON 模块，骨干光纤需敷设主备两条光纤线路，设置两套光分路器，以及对每个 ONT/ONU 敷设主备两条光纤线路，分别从不同的光分路器引出，从而实现对 EPON 系统中每个网元的保护，提高系统可靠性。光纤保护倒换一般在两种情况下进行，一种情况是自动倒换，即遇到光纤链路故障或 PON 板卡故障由倒换协议自动倒换。另一种情况是强制倒换，由管理事件发出，出于管理维护的目的。值得注意的是，由于有一个 ONT/ONU 重新注册的过程，因此 PON 的保护无法实现类似 SDH 的 50ms 以内的保护能力。PON 保护功能的意义不在于提供不中断业务的可靠性，而是可以尽量缩短故障的抢修时间，提升客户满意度。例如，在没有保护的情况下，出现线路故障，维护人员最少也要几个小时才能查出问题所在并解决相应故障，若有保护功能，则仅需几分钟就可以自动恢复业务的正常使用。

吉比特无源光网络（Gigabit Capable Passive Optica lNetwork，GPON）技术是无源光网络家族中一个重要的技术分支。GPON 技术是基于 ITU.TG.984.X 标准的最新一代宽带无源光综合接入标准，具有高带宽、高效率、覆盖范围大、用户接口丰富等众多优点，近年来被大多数运营商视为实现光接入网业务宽带化和综合化改造的理想技术。

5.1 任务目标

（1）GPON 的系统结构、基本特性。
（2）OLT 和 ONT/ONU 的基本结构功能等。
（3）GPON 的关键技术。
（4）与 GPON 应用相关的增强特性，GPON 的网络保护。

5.2 任务分析

GPON 技术是正在投入规模商用的最新一代宽带无源接入网技术，具有高带宽、高效率、覆盖范围大、支持多种用户接口等众多优点，此外 GPON 天然具有对 TDM 业务的优异支持能力，因此被世界各国多数运营商和 FTTX 设备厂商视为实现接入网业务宽带化、综合化改造的理想技术。

作为一种灵活的无源光纤接入网，GPON 可以在高速率下以对称或非对称方式工作，支持多种业务，具有强大的 OAM 能力。GPON 以 ATM 信元和通用成帧协议（Generic Framing Procedure，GFP）为帧结构协议来承载各种业务，并提供相应的 QoS。GPON 支持1.244Gbit/s 和 2.488Gbit/s 的下行速率和 ITU-T 规定的 155Mbit/s、622Mbit/s、1.244Gbit/s 和2.488Gbit/s 的上行速率。GPON 的逻辑传输距离为 60km，实际传输距离可支持 20km 以上，最大光程差可达到 20km。常用的 GPON 系统的分光比为 1:16、1:32 和 1:64。

5.3 相关知识

5.3.1 GPON 系统结构

GPON 的系统结构和其他 PON 技术类似，GPON 也是一种采用点到多点拓扑结构的无源光接入技术，由局端机房侧的 OLT、用户侧的 ONT/ONU 及 ODN 组成。ODN 不含有任何有源器件及电子电源，全部由光纤和光分/合路器等无源光器件组成。

GPON 在下行方向（从 OLT 到 ONT/ONU 方向）采用 TDM 广播方式、上行方向（从 ONT/ONU 到 OLT 方向）采用 TDMA 接入方式，可以灵活地组成树型、星型、总线型等拓扑结构，其典型结构为树型结构。GPON 系统要求 OLT 和 ONT/ONU 之间的光传输线路使用符合 ITU-T G.652 标准的单模光纤，上下行一般采用波分复用技术实现单纤双向的上下行传输，上行使用 1310nm（1260～1360nm）波长，下行使用 1490nm（1480～1500nm）波长。此外，同其他 PON 系统一样，GPON 系统还可以采用第 3 个波长 1550nm（1540～1560nm 波长）实现额外业务的承载，主要是视频 CATV 业务。

GPON 主要采用无源光网络标准的树型网络拓扑结构，共享光纤传输介质，由 OLT 通过控制机制来协调不同 ONT/ONU 到 OLT 的上行数据传输，避免不同 ONT/ONU 之间上行数据的冲突。OLT 为每个 ONT/ONU 指定允许发送数据的时隙，不同的 ONT/ONU 按照 OLT 所分配的特定时隙来传输用户的数据流量，以此实现多个 ONT/ONU 共享上行信道带宽。

5.3.2 GPON 的基本特性

作为一种最新兴起的无源光网络系统，GPON 具有如下主要技术特性。

（1）业务支持能力强，具有全业务接入能力。GPON 能够同时承载 ATM 信元或基于 GFP 技术的 GEM（GPON Encapsulation Method）帧，能够提供包括数据业务、语音业务、PDH/SDH 业务、ATM 业务、视频业务等在内的全业务接入能力。

（2）较宽的带宽和较大的覆盖范围。GPON 的速率高达 2.5Gbit/s，能够提供足够大的带宽来满足用户日益增长的带宽需求。GPON 系统的网络覆盖范围理论上可达 60km，实际物理覆盖范围可高于 20km，最大光程差可以达到 20km。

（3）带宽分配灵活，有 QoS 保证。GPON 系统采用的 DBA 算法可以灵活地分配带宽，且能够保证不同类型、不同等级业务的服务质量。

（4）更有效的支持 TDM 业务。TDM 业务可映射到 GEM 帧中，由于 GPON TC 帧长也是 125μs，因此能够直接支持 TDM 业务。

（5）更高效的适配封装协议。GPON 的 GEM 提供了一种灵活的帧封装协议，支持定长和不定长的封装，对多种业务实现通用映射，不需要进行协议转换，实现过程简单、开销小、封装效率高达 94%，可以充分利用带宽资源。

（6）更强大的 OAM 能力。GPON 除了继承了 APON/BPON 的 G.983 中规定的 OAM 的相关要求外，从用户和运营商维护管理的角度出发，还开发了丰富的业务管理和电信级的网络监测能力。GPON 系统提供 3 种 OAM 通道：嵌入的 OAM 通道、PLOAM（Physical Layer OAM）和 OMCI（ONT Management and Control Interface）。

（7）技术相对复杂、设备成本较高。GPON 能够承载有 QoS 保障的多业务，具备强大的 OAM 能力等，优点很多，但这都增加了技术和设备的复杂性，因此成本相对高昂。随着技术的发展和 GPON 的规模应用，设备的成本会相应下降。

5.3.3 GPON 的 OLT 结构和功能

GPON 的 OLT 设备置于电信运营商的局端机房，处于用户与汇聚层设备之间，与终端用户 ONT/ONU 设备相连接。OLT 属于全业务接入系统，为电信运营商提供一种电信级宽窄带一体化接入方式，能够将数据网、电话网、电视网 3 种网络的接入融为一体，接入、汇聚和传送多种业务到各种宽窄带网络中。

GPON 的 OLT 设备以大容量交叉矩阵和 IP 包为内核，在用户网络接口（UNI）侧提供 GPON 接口实现话音、数据、IPTV 等业务的综合接入。加上合波器后，利用 1550nm 波长可实现 CATV 视频业务的并传。在业务节点侧（SNI）提供 PDH/SDH、以太网等不同接口，分别与 PSTN、SDH、ATM、IP 网络互联，实现业务分离。GPON 的 OLT 主要由 3 个功能模块构成：核心交换控制功能模块、上联业务接口功能模块和下联 GPON 模块，其功能框图如图 5.1 所示。

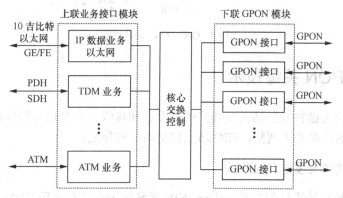

图 5.1 GPON OLT 功能框图

如图 5.1 所示，这里的上联是指与城域网方向的连接，也就是业务节点侧的接口（SNI）。下联是指同无源光接入网用户侧的连接，也就是说用户网络侧接口（UNI）。GPON 下联是指同下联 GPON 模块通过光纤与远端的 ONT/ONU 相连接，假定一端 OLT 设备可提供 N 个 GPON 接口，按照 1:64 的光分路比计算，则该 GPONOLT 设备可支持的最大用户数（ONT/ONU 的数量）可达到 N×64 个。

OLT 的三大功能模块是通过高速数据总线相连接的，设备中的管理和数据通道彼此隔离，网络管理 OAM 信息有专门的管理通道来传送，以此保证管理指令同其他业务互不干扰。下联 GPON 模块完成 G984.2 中规范的 ODN 接口功能和 G.984.3 中规范的 GPON 传输汇聚层（TC）功能。传输汇聚层功能包括了媒质接入控制、操作管理维护（OAM）、动态带宽分配（DBA）、ONT/ONU 的管理控制以及对进入核心交换的数据进行 PDU 定界。GPON 的 TC 可以选择支持 ATM 帧格式、GEM 帧格式或者双重模式中的一种。核心交换控制模块连接上联业务接口模块和下联 GPON 功能模块，完成业务数据流的汇集、交换和处理。通常网络管理系统也是通过核心交换控制模块来实现对 OLT 设备以及整个 GPON 系统的管理和控制功能的。上联业务接口模块实现无源光网络与城域网络的连接，将不同的业务进行分离传输至相应的业务网络，例如 IP 数据业务通过以太网连接至数据网络，TDM 业务通过 STM.1 接口连接至 SDH 网络。

5.3.4　GPON 的 ONT/ONU 结构和功能

GPON 的 ONT/ONU 提供用户侧的多业务接入能力，可以实现"三网合一"式的接入，同时提供以太网接入业务、电话业务、数字电视业务、IPTV 业务、CATV 业务等。各种业务通过复用映射到 GPON 帧中（1550nm 波长携带的业务除外），通过 GPON 接口和 ODN 网络连接至中心机房的 OLT 的 GPON 接口模块，其功能框图如图 5.2 所示。

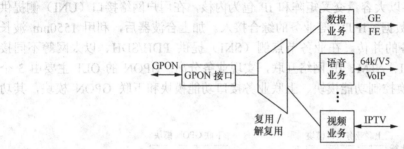

图 5.2　GPON ONU 功能框图

5.3.5　GPON 关键技术

GPON 系统的关键技术包括突发模式的光发送和接收、突发信号的快速同步、测距和时延补偿、GPON 的功率电平调整、FEC 功能和动态带宽分配。

一、突发模式的光发送和接收

本技术主要是对光器件的要求，由于 PON 系统的上行链路采用 TDMA 的接入方式，每个 ONT/ONU 只能在指定的时间内发送数据，因此 ONT/ONU 所使用的激光器要能够快速地打开和关闭。对于 OLT 接收侧而言，其收光器件需要满足突发接收的要求。

二、突发信号的快速同步

由于 OLT 接收的数据流大部分为突发性数据，OLT 必须能够在很短的时间内实现相位同步，GPON 实现突发信号的接收与快速同步与 APON/BPON 的实现过程相同。

三、测距和时延补偿

由于光纤信道传输存在时延，OLT 与 ONT/ONU 之间的距离长度将会影响上行数据链路的复用。如果能够准确地测量 OLT 与各个 ONT/ONU 的实际距离，并能准确地调整 ONT 的发送时延，则可以减小 ONT/ONU 发送时隙之间的数据冲突。

四、功率电平调整

截至目前，功率电平调整机制还是 GPON 独有的技术，GPON 在其帧结构中引入了功率电平调整相关的开销字节，可以实现对 ONT/ONU 发送光功率等级的控制，以此来解决由于 ONT/ONU 距离的不等，从不同 ONT/ONU 发出的信号光信号到达 OLT 的光功率差异较大，从而造成 OLT 接收判决困难的问题。

五、FEC 功能

相对于 APON/BPON 以及 EPON，GPON 的数据速率更高，达到 2.5Gbit/s，并且在此高速率下要求实现更广的覆盖范围，达到 20km 以上。要实现更高速率下的更广阔覆盖范围必然需要一些特定的技术来支持，在传输链路中使用 FEC 便是重要的手段之一。

六、动态带宽分配

动态带宽分配对于每一种 PON 技术都是最重要的关键技术之一，GPON 系统的动态带宽分配与 APON/BPON 中的动态带宽分配技术有许多相似之处，但 GPON 帧结构中不仅支持 ATM 信元，还需要 GPON 所特有的 GEM 帧，因此 GPON 的动态带宽调整操作也有区别于 APON/BPON 的地方。

5.3.6   GPON 的保护倒换

ITU.T 的 G.983.5 中定义了 APON/BPON 的网络生存性的保护方法，GPON 的保护倒换与 APON/BPON 类似，GPON 的标准 ITU-TG.984.1 建议也规定了面向 PON 结构的保护倒换技术。标准中要求 GPON 的保护倒换能支持自动倒换和强制倒换。自动倒换是指系统自身通过检测出的故障来触发保护倒换操作，例如系统检测到信号丢失、帧丢失、信号劣化等条件，即执行保护倒换操作。强制倒换则由网络管理者根据网络管理事件的需求来激活倒换操作，例如光纤的预选路、光链路系统维护、测试需求等条件下可以实施强制倒换。GPON 系统中的保护倒换是由 OAM 功能来实现的，通过在 PLOAM 域中传送 PON 段踪迹（PON SectionTrance，PST）信息来实现倒换。在支持 POTS 的业务节点，保护倒换时间要求小于 120ms，因为如果帧丢失时间长于 120ms，则话音业务的呼叫连接将会被断开，信号倒换以后还需要重新建立呼叫。

ITU-T 建议中提供了 4 种类型的保护倒换，其结构示意图如图 5.3～图 5.6 所示。

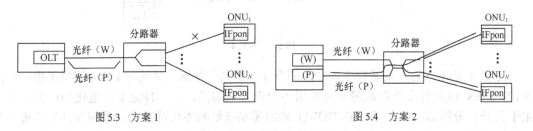

图 5.3   方案 1   图 5.4   方案 2

方案 1 只对工作主干光纤提供保护。主干光纤的故障系统影响率降为 0，系统存活率变为 100%。这类结构中，需要光开关和 PON-TC（PON 传输汇聚）协议，由 TC 层执行故障检测和控制光开关倒换。在切换过程中，信号损失是不可避免的，同时，由于保护光纤和工作光纤的物理距离不同，ONT/ONU 需重测距。

方案 2 除了对工作主干光纤提供保护外，还对 OLT 的 PON（W）工作模块提供冷备份的保护模块。如果工作光纤断裂或 PON（W）工作模块失效，启用备用的 PON（P）和光纤。主干光纤和 OLT 的故障系统影响率均降为 0，系统存活率均提升为 100%。由于冷备份的 PON（P）保护模块中的信号发射模块被激发到正常工作状态需要一段较长的时间

（>50ms），同时光网络单元需进行重测距，所以这种保护结构在系统出现故障时不能实现小于 50ms 的保护倒换时间。由于开关控制全部在 OLT 内部实现，无需与 ONT/ONU 进行协商，因此 OLT 与 ONT/ONU 之间不需要特殊的切换协议。

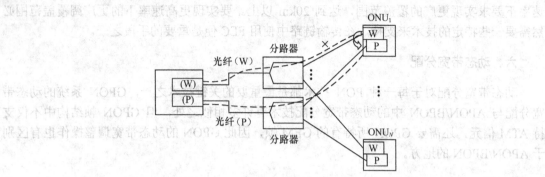

图 5.5　方案 3

　　方案 3 则是 OLT、ONT/ONU、分路器和工作光纤（包括主干和分支）都具有备份的结构，同时 OLT 保护模块采用热备份方式。主干光纤、分路器、OLT 和 ONT/ONU 的故障系统影响率均降为 0，系统存活率提升为 100%。与方案 2 相比，由于 OLT 保护模块采用热备份方式，从而在切换过程中，信号损失较小。切换在每个 ONT/ONU 的 TC 层上进行，需要切换协议支持。

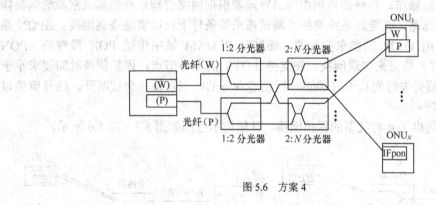

图 5.6　方案 4

　　方案 4 是在方案 3 的基础上增加了两个 1:2 的光分路器，从而对 ODN 提供了进一步的保护，PON 区间任意点的故障都可以用备份设备来切换，是一种完全双重化的保护结构。主干光纤、分路器、OLT 和 ONT/ONU 的故障系统影响率均降为 0，系统存活率均提升为100%。在这种方案中，在多个失效同时发生的情况下系统也能得到有效的恢复，与前面 3种方案相比，这种方案的自愈能力最强，然而这类防护结构所用的元器件多，成本高，同时需要切换协议和比较复杂的管理。

FTTX 典型场景应用

传统的接入网由于本身技术上的局限性，只能服务于有限范围内的用户，支持电话和因特网接入这样带宽需求不大的业务。FTTX 无源光接入网是到目前为止对"最后一公里"的最佳解决方案，不仅可以提供非常高的带宽，而且具有接入覆盖范围大、带宽分配灵活、服务有保证、成本低（包括初始设备及线路的投资、后期运营维护成本等）、维护简单、容易扩展、易于升级等优点。

6.1 任务目标

（1）FTTX 基于企业用户的场景应用。
（2）FTTX 基于住宅小区的场景应用。
（3）FTTX 光纤到户的场景应用。

6.2 任务分析

在光纤接入网建设中需要针对不同的用户群体采用不同的 FTTX 组网方案，以便最大程度地降低光纤接入网的建设成本。光纤到户 FTTH 显然是接入网发展的最终目标，但是基于成本和需求等多方面的考虑，在一段时期内还将呈现光纤到小区、光纤到大楼、光纤到楼道和光纤到户等多种 FTTX 接入方式并存的情况。综合考虑成本和用户业务需求，通常光纤接入网技术可分为两个阶段，即采用混合光纤/双绞线铜缆接入网技术的初级阶段和采用全光纤接入网技术的高级阶段。

6.3 相关知识

6.3.1 基于企业用户的应用

企业用户一般集中于写字楼或是工业园区，用户分布较散，带宽需求相对较高，业务需求多样化，除话音和互联网业务外，还有 E1 专线和视频会议等需求，因此，ONU 要求支持 E1 接口。针对企业用户一般采用 FTTB 或 FTTO 的方式接入，如果用户的引入线已经有五类线或双绞线，那么还可以用 FTTB+LAN 和 FTTB+xDSL 的方案，如图 6.1 所示。

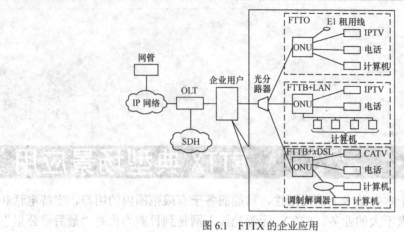

图 6.1　FTTX 的企业应用

案例分析

工业园区概况：工业园区内有 7 家公司，每家公司距离在 2km 以上，公司需求为固话业务、宽带业务、IPTV 和 E1 专线业务。

解决方案：工业园区内每家公司距离较远，且公司内需求较多，因此，考虑用 FTTO 方案覆盖工业园内用户。从局端机房 OLT 设备经 ODF 架布放主干光缆至工业园内，安装光缆交接箱 1 台，将 1:32 光分路器安装在光缆交接箱内，从该交接箱布放光缆至每家公司内，并安装 EPON 或 GPON 设备（设备需要支持 IPTV 和 E1 专线业务），再将设备各个业务端口与相应的用户设备连接即可，如图 6.2、图 6.3 所示。

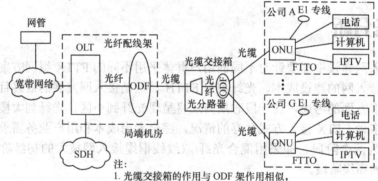

注：
1. 光缆交接箱的作用与 ODF 架作用相似，本项目中 1:32 光分路器放置于交接箱中，
2. ONU 放置于每家公司内。

图 6.2　工业区 FTTO 解决方案 1

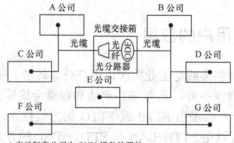

• 表示每家公司内 ONU 设备放置处

图 6.3　工业区 FTTO 解决方案 2

6.3.2　基于住宅小区的应用

对于住宅小区一般采用 FTTC/FTTB 实现光纤到小区或光纤到住宅区大楼，根据小区用户分布情况布置一个或多个 ONU，再根据用户接入资源状况，选择 xDSL 或 LAN 方式实现用户接入。

一、FTTC/FTTCab+xDSL

FTTC/FTTCab+xDSL 模式适合于已经拥有电话线资源的传统固话运营商，无需做用户引入线工程，光分路器置于小区附近交接箱中，ONU 位于小区内或附近的交接箱中，利用已有的电话双绞线共线传输话音和宽带信号，用户处需要安装调制解调器连接计算机，如图 6.4 所示。

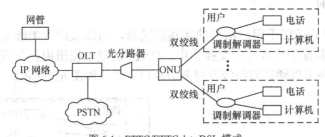

图 6.4　FTTC/FTTCab+xDSL 模式

案例分析

A 小区概况：有 4 栋住宅楼，每栋有 6 层 4 个单元，每层楼有 2 户住户，共覆盖用户 192 户，小区入住率为 98%，用户需求为宽带和固话业务，用户引入线为铜芯电话双绞线，且汇聚在每个单元的 2 楼。

解决方案：由于用户引入线（铜芯电话双绞线）为既有资源，且小区物管允许将设备安装于小区内，并提供交流电引入，因此，考虑用 FTTC+xDSL 方案覆盖小区内用户。设备方面用 EPON 或 GPON 均可，并且配置为 64 线固话和 64 线宽带，后期根据用户的发展情况再考虑扩容与否。该小区距离电信营运商局端机房较近，1:32 光分路器可直接安装于局端机房内，并将光分路器的出口光纤直接连接到光纤分配架（ODF）上，再从 ODF 架布放光缆至 A 小区 1 栋旁，连接并开通新安装的 PON 设备 1 套，再从该设备布放铜芯电缆至小区内每个单元的用户引入线汇聚点，开通有业务需求的用户即可（固话直接通过 POTS 口开通，宽带需安装调至解调器开通），如图 6.5、图 6.6 所示。

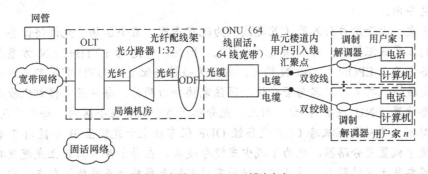

图 6.5　小区 FTTC+xDSL 解决方案 1

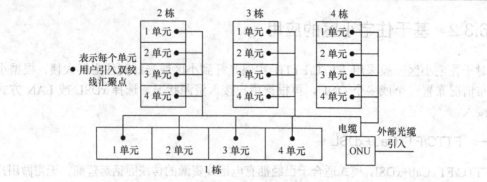

图 6.6 小区 FTTC+*x*DSL 解决方案 2

二、FTTB+LAN

FTTB+LAN 模式适用于用户密集的新建居民楼，用以太网五类线接入用户，实现高速宽带连接。光分路器置于小区附近交接箱中，ONU 放置于楼道内，用五类线连接终端用户即可。用户话音业务可以通过双绞线连接 POTS 口实现，如图 6.7 所示。

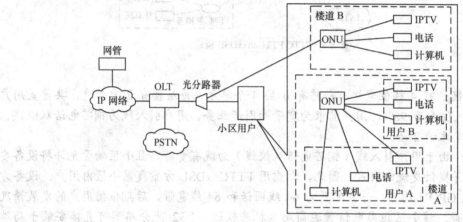

图 6.7 FTTB+LAN 模式

案例分析

B 小区概况：有 21 栋住宅楼，每栋有 7 层楼，每层楼有 2 户住户，共覆盖用户 294 户，小区入住率为 98%，用户需求仅为宽带业务，用户引入线为五类线，且汇聚在每栋楼的 3 楼弱电井内。

解决方案：由于用户引入线（五类线）为既有资源，且小区物管允许将设备安装于小区内每栋楼的五类线汇聚点，并提供交流电引入，因此，考虑用 FTTB+LAN 方案覆盖小区内用户。设备方面用 EPON 或 GPON 均可，并且为每栋楼配置的 ONU 宽带都为 8 线，后期根据用户的发展情况再考虑扩容与否。该小区住宅楼分为两片，每片住宅楼都比较集中，且每栋楼都需要放置 ONU 设备 1 台，因此，光分路器适合放置在小区内，每个片区放置 1 台 1:16 光分路器，再从局端机房 OLT 设备经 ODF 架布放主干光缆至 B 小区内 2 台光分路器处。为了便于放置光分路器，也为了减少光缆分歧头，在每个片区需新立光缆交接箱 1 台，将光分路器安装于交接箱内，再从该交接箱布放光缆至每栋楼五类线汇聚点，安装 ONU 设备，并根据用户需求开通用户宽带业务即可，如图 6.8、图 6.9 所示。

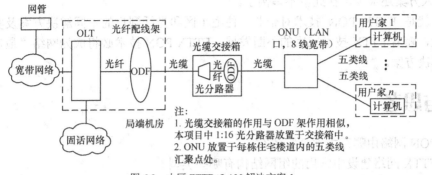

注:
1. 光缆交接箱的作用与 ODF 架作用相似，本项目中 1:16 光分路器放置于交接箱中。
2. ONU 放置于每栋住宅楼道内的五类线汇聚点处。

图 6.8　小区 FTTB+LAN 解决方案 1

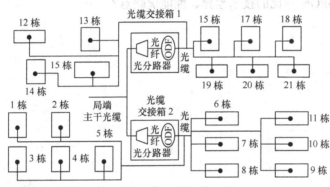

● 表示每个单元用户五类线汇聚点和 ONU 设备放置处

图 6.9　小区 FTTB+LAN 解决方案 2

6.3.3　光纤到户的应用

随着 FTTX 设备价格的不断下降，各种宽带应用的逐渐普及，用户带宽需求不断上升，在宽带用户的数量、用户密度和业务量较大的区域，可以直接采用 FTTH，彻底解决接入网问题，如图 6.10 所示。

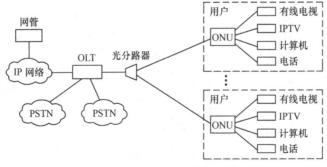

图 6.10　FTTH 模式

在这种模式中，ONU 直接放置于用户家中，每个用户独享一个 ONU，用户电话、计算机或视频设备直接与 ONU 连接。由于目前大部分用户的引入线仍然是铜芯线，因此，FTTH 接入方案还很少，在此就不举例了。

以上就是 FTTX PON 技术对企业、住宅小区和光纤到户的不同解决方案及实际应用案例，而且，随着 FTTX 技术应用的不断发展，FTTX PON 技术必将成为网络"最后一公里"的终极解决方案。

问题与思考

1. PON 网络由哪三大部分组成？
2. FTTX 网络建设中常用的组网结构有哪些类型？
3. FTTH 接入方式中，网络由哪些设备、箱体、线路和光器件构成？
4. EPON 和 GPON 对比的技术差异、性能优缺点？

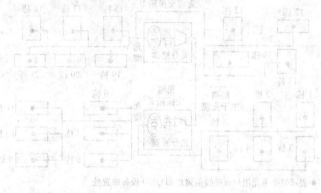

学习情境二

FTTX 客户端装维

任务 7

FTTX 客户端装维流程及界面

7.1 任务目标

（1）FTTX 客户端装维的工作流程。

（2）FTTH、FTTB/N 装维工作的职责界面：掌握 FTTH 在新建场景和改造场景两种建设方式下工作界面的起点和终点；掌握 FTTB/N 装维工作的起点和终点。

7.2 任务分析

FTTX 客户端安装与业务开通只是整个 FTTX 业务开通流程中由装维工作人员负责完成的一个环节，所以需要通过学习 FTTX 业务开通流程来了解和认识装维工作在整个业务开通中所处的位置和具体的职责。

客户端装维工作的主要内容如下。

（1）负责为用户安装并开通 FTTX 各项业务。

（2）当用户使用业务出现故障时，进行用户侧故障排查，并协同网络侧维护人员、IT 支撑系统管理人员排除故障，恢复业务正常。

在 FTTX 的安装中，分两种不同的建设场景：新建小区场景和改造小区场景。在新建小区场景下，需要掌握安装工作的界面，即从用户室内的用户智能终端盒开始，明确安装工作的职责范围，掌握具体安装流程和环节。

在改造小区场景下，FTTX 安装工作的界面，即从楼道的光分路箱开始，布放皮线光缆至用户室内，并在预先根据安装规范选定好的 86 面板盒处终结皮线光缆。

在本任务的具体实施过程中，先通过理论讲解整个 FTTX 客户端装维工作的界面及流程，然后参观实训基地，模拟介绍两种不同安装场景下的安装界面及流程，通过理论联系实际，加强对整个过程的熟悉和认识。

7.3 相关知识

7.3.1 FTTH 业务开通流程

FTTH 采用"零"配置开通流程（见图 7.1），营业员通过 CRM 系统受理用户业务。服务开通系统将电话号码、宽带账号及密码、IPTV 账号和密码及 CRM 系统生成的语音账号密码（即 SIP 账号及密码），通过工单送到激活系统或各业务平台完成相应数据配置，生成外线施工工单，装维人员领取指定规格的终端，上门录入 LOID，即自动开通用户业务。FTTH 业务中 FTTH 电话为必装产品，FTTH 宽带，FTTH 互动影视为选装产品。一张全业务 FTTH 工单会分成 3 张工单，分别为固话工单、宽带工单、IPTV 互动影视工单。

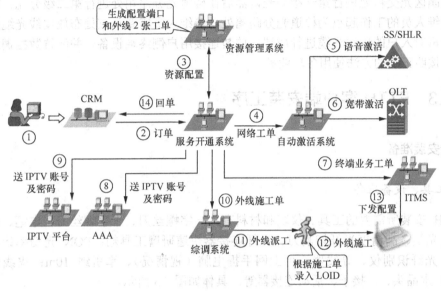

图 7.1 FTTH 业务开通流程

7.3.2 FTTH 装维工作界面

FTTH 装维工作界面如图 7.2 所示。

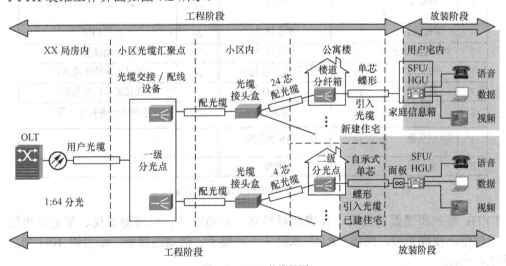

图 7.2 FTTH 装维界面

FTTH 的建设场景分为两种，一种是新建小区模式，另一种是改造小区模式。

新建小区模式：该建设模式通常采用一级分光，即通常在园区光交接箱处采用 1:64 分光器，布放皮线光缆到用户家的工作由工程施工人员完成，装维人员在该建设模式下的工作起点为用户室内的家庭信息箱（又称用户智能终端箱），在该处对皮线光缆进行成端，然后放装连接用户侧终端设备，并配置数据调通业务，指导用户按照正确的方法使用各项业务。

改造小区模式：该建设模式主要针对老旧小区实施"光进铜退"战略，通常采用二级分光，即在园区光交箱处进行第一级分光，然后在楼道光分路箱处进行第二级分光；在该建设模式下装维人员的工作起点为楼道光分路箱处，装维人员需要从该处布放皮线光缆至用户室内，然后再对入户的皮线光缆进行成端，放装连接用户侧终端设备，并配置数据调通业务，指导用户按照正确的方法使用各项业务。

7.3.3　FTTH 客户端安装工序

一、安装准备

1．工具、设备准备

FTTH 安装所需要的工具、仪表和材料有：一字螺丝刀、十字螺丝刀、电笔、压线钳、剪钳、红光笔、高精度光纤切割刀、光纤连接器快速研磨工具箱；PON 光功率计、网线测试能手、光纤识别仪、寻线器、可上网手提电脑（视情况）、牵引绳 10m；皮线光缆、网线、RJ45 水晶头、冷接子、活动连接器等。具体如图 7.3 所示。

序号	工具名称	序号	工具名称	序号	工具名称
1	梯子	11	冲击钻	21	硅胶枪
2	斜口钳	12	水泥钻头	22	电源插座拖线盘
3	尖嘴钳	13	电钻	23	米勒钳（光纤涂层剥离钳）
4	一字螺丝起子	14	木工钻头	24	光纤切割刀
5	十字螺丝起子	15	麻花钻头	25	酒精壶
6	电工刀	16	开孔/开孔钻头	26	光纤连接插头清洁器
7	美工刀	17	光缆盘托架	27	红光笔（红光光源）
8	钢锯	18	穿管器	28	手持式光源和光功率计
9	奶头锤	19	防水型头戴照明灯		
10	保安带	20	电筒		

图 7.3　FTTH 安装工具、设备准备

FTTH 维护所需要的工具、仪表和材料有：光功率计、网线测试仪、笔记本电脑、电笔、网线钳、皮线光缆、网线、RJ45 水晶头、冷接子、活动连接器、牵引绳 10m 等。具体如图 7.4 所示。

装维人员按照终端管理流程在指定地点领取 PON 上行 E8-C 终端时，应检查终端清单和状态，核对配件（包括网线，电源适配器）是否齐全。装维工程师需在上门前与用户进行

电话预约，确认用户家里是否有可以正常使用的计算机。

序号	工具名称	序号	工具名称
1	光功率计	7	网线
2	网线测试仪	8	RJ45 水晶头
3	笔记本电脑	9	冷接子
4	电笔	10	快速连接器
5	网线钳	11	穿管器
6	皮线光缆		

图 7.4　FTTH 维护工具、仪表、耗材

2. 资料准备

为用户上门安装前需要接收并掌握施工调度工单上的关键信息。

（1）宽带工单。装维工程师上门安装前需要知晓的工单关键信息：业务类型、安装地址、LOID、宽带账号和初始密码。

（2）语音工单。装维工程师上门安装前需要知晓的工单关键信息：业务类型、安装地址、LOID、本地 SIP 服务器地址及端口号、用户电话号码（物理号）和初始密码。

（3）IPTV 工单。装维工程师上门安装前需要知晓的工单关键信息：业务类型、安装地址、LOID、IPTV 拨号账号和初始密码。

二、安装流程

1. 新建小区安装流程

新建小区安装流程如图 7.5 所示。

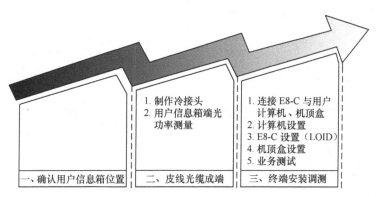

图 7.5　新建小区安装流程

新建小区场景下，装维人员的工作起点为用户室内的用户信息箱，达到用户家后，直接找到用户信息箱的位置，找到里面的皮线光缆，然后制作光纤快速连接器。制作完成后需进行光功率测量，确保测得的光功率值在−8～−27dBm 范围内，然后连接 E8-C、用户计算

机、机顶盒、电视机等。设备硬件连接完成后，通过用户计算机或者自带笔记本电脑登录到光猫 E8-C 进行数据配置，录入工单上的 LOID 完成业务的自动下发。然后使用机顶盒遥控器对用户的机顶盒进行设置，并调通业务，完成业务测试。最后，给用户介绍各项业务的功能特点及正确的使用方法和使用注意事项。

2. 改造小区安装流程

改造小区安装流程如图 7.6 所示。

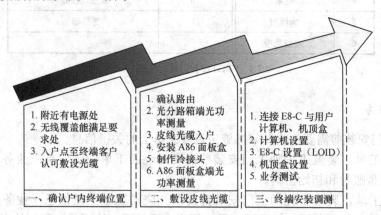

一、确认户内终端位置	二、敷设皮线光缆	三、终端安装调测
1. 附近有电源处 2. 无线覆盖能满足要求处 3. 入户点至终端客户认可敷设光缆	1. 确认路由 2. 光分路箱端光功率测量 3. 皮线光缆入户 4. 安装 A86 面板盒 5. 制作冷接头 6. A86 面板盒端光功率测量	1. 连接 E8-C 与用户计算机、机顶盒 2. 计算机设置 3. E8-C 设置（LOID） 4. 机顶盒设置 5. 业务测试

图 7.6　改造小区安装流程

改造小区场景跟新建小区的差别仅在于，工作起点变为楼道的光分路箱，所以如果是进行改造小区的 FTTH 安装，在达到用户家后，需要确定用户室内皮线光缆的终结点（86 面板盒）位置，找到楼道光分路箱的位置，然后从光分路箱处，采取正确的敷设方式和适当的入户方式，按照规范要求布放皮线光缆至用户室内的 86 面板盒处成端终结。后续的安装工作内容跟新建小区场景相同，故不再赘述。

FTTX 入户光缆施工规范

8.1　任务目标

（1）皮线光缆的性能特点和施工的总体要求。

（2）皮线光缆敷设路由、布放方式的选择方法。

（3）皮线光缆在不同场景下的布放规范以及不同入户方式的施工规范。

8.2　任务分析

入户光缆施工是 FTTH 客户端装维工作中的一个重点环节，该环节的主要任务就是从用户侧光分配点（通常是楼道的光分路箱）处将入户段光缆（通常采用蝶形皮线光缆）布放至用户室内。

本任务主要是掌握入户光缆的施工规范和施工过程中的注意事项。在入户光缆施工规范中，主要讲述在不同的布放场景下，应当选择哪一种皮线光缆的布放方式，不同的布放方式下，具体的施工过程中又需要遵循哪些规范要求，这些规范要求的制定根据是什么。在皮线光缆布放至用户室外后，如何根据用户的室内外具体的施工场景选择最合适的入户方式，不同的入户方式又应当遵循哪些施工规范要求。

以上便是在本任务中需要重点学习并掌握的内容，首先讲述 FTTH 入户光缆施工的文本规范，然后参观实训基地中各种布放场景和入户场景的施工案例，最后通过入户光缆施工实训来动手练习并掌握各种布放方式及入户方式的施工规范。

8.3　相关知识

8.3.1　入户光缆施工要求

1. 楼道光分路箱安装要求

楼道光分路箱，如图 8.1 所示。

楼道光分路箱安装要求如下。

（1）光缆进入楼道箱必须封堵进线孔，且光缆应按照统一标识进行挂牌处理。

（2）楼道箱内施工时应谨慎小心，注意不要损伤到其他原有光纤。

（3）楼道箱内的跳纤应保持顺齐，绑扎整齐，不得乱飞线。跳纤长度应适宜，以避免盘纤容量不足。走线方式参考安装箱内走线示意图走线。

（4）楼道箱内跳纤两头应做标签，注明光纤使用单位或路由走向。

（5）楼道箱内情况应填写表格，并定期更新，贴在楼道箱内门上。

图 8.1　楼道光分路箱

2. 皮线光缆布放要求

（1）光缆入户时要先与户主沟通好，跟用户说明光缆入户的要求，在获得用户同意后方可施工。

（2）在敷设蝶形光缆时，入户光缆敷设时的牵引力不宜超过光缆允许张力的 80%；瞬间最大牵引力不得超过光缆允许张力的 100%，且主要牵引力应加在光缆的加强构件上。

（3）蝶形光缆敷设的最小弯曲半径应符合下列要求：敷设过程中蝶形光缆弯曲半径不应小于 30mm；固定后蝶形光缆弯曲半径不应小于 15mm。

（4）蝶形皮线光缆施工时在信息盒内需预留 0.5m，在光合路箱内需预留 1m，如图 8.2 所示。

（5）入户光缆两端应有统一的标识，标识上宜注明两端连接的位置，标签书写应清晰、端正和正确，如图 8.3 所示。

图 8.2　皮线光缆施工案例 1

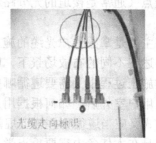

图 8.3　皮线光缆施工案例 2

（6）入户光缆布放应顺直，不应受到外力的挤压和操作损伤。转弯处应均匀圆滑，其曲度半径应大于 30mm（小弯曲半径）或 40mm（普通）楼道垂直与平行交叉处入户光缆布放，应做保护处理，如图 8.4 与图 8.5 所示。

（7）楼道内垂直部分入户光缆的布放在楼道走线槽内，应每隔 1.5m 进行捆绑固定，并采用套管保护，电源线、入户光缆及建筑物内其他弱电系统的缆线应分离布放。

图 8.4　皮线光缆施工案例 3

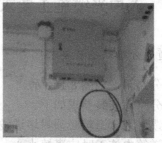

图 8.5　皮线光缆施工案例 4

（8）如图 8.6 所示，入户光缆采用钉固方式沿墙明敷时，其路由应选择不易受外力碰撞、安全的地方。采用钉固式时应每隔 30cm 用塑料卡钉固定，必须注意不碰伤光缆，穿越墙体时应套保护管，同时布放明管时应注意美观性和隐蔽性。

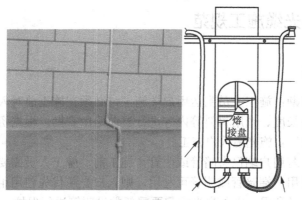

图 8.6　皮线光缆施工案例 5

（9）在暗管中敷设入户光缆时，竖向管中允许穿放多根入户光缆。水平管宜穿放一根皮线光缆，从光分纤箱到用户家庭光终端盒宜单独敷设。

（10）当分纤箱/柜等设备处于室外环境下，进出光缆要做成 U 型弯曲并进行防水堵塞，避免雨水沿光缆进入箱/柜内。

3. 86 面板盒的安装要求

86 面板盒施工案例 1 和案例 2 分别如图 8.7 和图 8.8 所示。

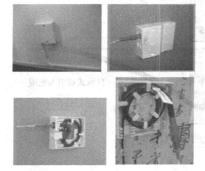

图 8.7　86 面板盒施工案例 1

（1）安装前需与用户沟通好安装位置，要充分考虑 FTTH 终端的美观及放置问题，安装步骤参考厂家提供的安装说明书。

（2）信息面板要求安装固定在墙壁上，盒底边距地坪 0.3m 左右。

（3）设置位置应选择在隐蔽便于跳接的位置，并有明显的说明标志，避免用户在二次装修时损坏，同时应考虑为 FTTH 终端提供 220V 电源。

图 8.8　86 面板盒施工案例 2

（4）入户光缆明线布放时，应采用 PVC 套管或槽保护，要注意线缆走线的隐蔽性和美观性。

（5）面板至 FTTH 终端的尾纤应整齐美观。

8.3.2　入户光缆施工规范

一、施工前准备

（1）光缆路由查勘：施工人员到达用户端施工，必须在施工前对入户光缆的路由走向、入户方式、布放光缆长度、选用材料等内容进行事前路由查勘。根据资源管理中心配置的配线资源和"就近原则"实施光缆入户施工。

（2）管线试通：若用户端已有暗管或明管，施工前，施工人员需要对原先的管道情况进行评估和试通。如果用户端暗管或明管可利用，则入户光缆优先使用用户原有的管线，如果用户端暗管或明管不可利用，则入户光缆需要重新敷设明管进行保护。

（3）施工方案确定：根据光缆路由、用户室内查勘情况和用户端管线的试通情况，确定最终的施工方案。

二、各类场景下皮线光缆布放标准

1. 杆路敷设蝶光缆

杆路敷设蝶光缆如图 8.9 和图 8.10 所示。

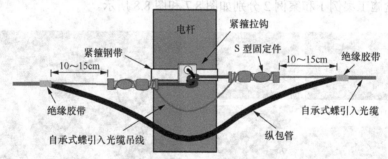

图 8.9　皮线光缆的杆路敷设 1

（1）架空方式采用自承式蝶形光缆。

（2）在原电杆杆路吊线以上部位安装钢带抱箍和紧箍拉钩，钢带抱箍安装位置为距杆稍60cm 处。

（3）根据入户光缆的路由长度，沿光缆的入户方向，在空旷处将自承式蝶光缆倒盘。

（4）开剥自承式蝶光缆，光缆开剥时要注意保护光缆纤芯，不要折压，以免损伤纤芯。

（5）将自承式蝶光缆加强芯固定在 S 型固定件上，固定方法为将加强芯在 S 型固定件上进行 S 型缠绕，并在 S 型固定件尾端的 H 槽内缠绕 1 圈后回绕，最后在钢线上自缠 6 圈做终结。

（6）光缆加强芯固定好后，将 S 型固定件连接在紧箍拉钩上。

（7）沿光缆布放路由方向，每根电杆上安装钢带抱箍，双向安装紧箍拉钩。

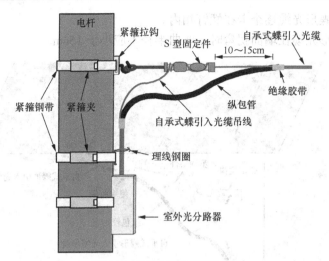

图 8.10　皮线光缆的杆路敷设 2

（8）自承式蝶光缆在杆档间敷设时，每个杆档的两端都需要做过渡终结。在杆档过渡终结制作时，必须保证蝶光缆全程纤芯和加强芯无接头。制作方法：将光缆内的加强芯与纤芯剥离，开剥长度约为 80cm。在双向紧箍拉钩上均连接 S 型固定件。首先固定来向的自承式光缆，将开剥出的加强芯一端固定在 S 型固定件上，固定时适度收紧杆档光缆。将加强芯在 S 型固定件上进行 S 型缠绕，并在 S 型固定件尾端的 H 槽内缠绕 1 圈后不再回绕和做终结。然后按以上方法固定和收紧另一端的自承式光缆加强芯。两端加强芯在电杆上固定完成后，采用纵包管将过渡部分光缆进行保护。

（9）全程杆档光缆布放完毕，将自承式光缆按上述方法在终端杆上做终结。

（10）每一处自承式光缆的开剥点与 S 型固定件间预留 5cm，施工完毕后，开剥点处用绝缘胶带缠绕 6 圈，避免自承式光缆加强芯与纤芯脱离。

（11）同一杆路上自承式光缆布放条数不得超过 4 条。

（12）架空自承式光缆与电力线交越时，交越距离保持 1m 以上。

2. 自承式蝶形光缆引下

自承式蝶形光缆引下如图 8.11 所示。

（1）当自承式蝶形光缆从杆路上引下时，需要在用户端墙面上安装 C 型拉钩。C 型拉钩安装在光缆引下方向的侧面，用 ϕ6mm 膨胀管及螺丝钉固定。

（2）S 型固定件连接 C 型拉钩，自承式光缆加强芯在 S 型固定件上适度收紧，并做终结。

（3）自承式蝶形光缆开剥点以下的光缆采用纵包管保护，自承式蝶形光缆如果遇到墙角等障碍物，均需采用纵包管保护。

3. 墙面钉固方式

自承式蝶形光缆在较平整墙面敷设时，可采用墙壁钉固方式，如图 8.12 所示。

（1）选择墙面的合适部位确定自承式蝶形光缆的路由走向，保持光缆走向横平竖直。

（2）在确定了光缆的路由走向后，沿光缆路由，在墙面上安装螺钉扣。螺钉扣用 ϕ6mm 膨胀管及螺丝钉固定，两个螺钉扣之间的间距为 60cm。

（3）将自承式蝶形光缆逐个卡在螺钉扣内。

（4）自承式蝶形光缆在墙面拐弯时，弯曲半径不应小于 15cm。

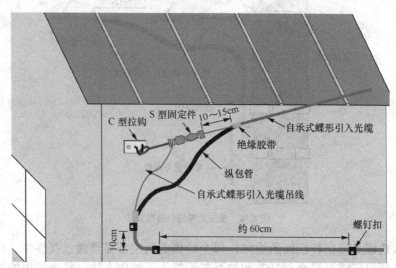

图 8.11　自承式蝶形光缆引下

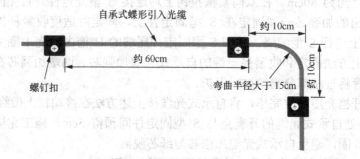

图 8.12　蝶形光缆墙面钉固

4. 墙壁卡箍（波纹管或 PVC 管保护）方式

自承式蝶形光缆在障碍物较多的墙面敷设时，可采用波纹管/PVC 管保护方式。

（1）选择墙面的合适部位确定自承式蝶形光缆的路由走向，保持光缆走向横平竖直。

（2）在确定了光缆的路由走向后，沿光缆路由，在墙面上布放波纹管/PVC 管。单根蝶形光缆保护采用 ϕ20mm 波纹管，多根蝶形光缆保护采用 ϕ30mm 波纹管。波纹管采用塑料管卡（用 ϕ6mm 膨胀管及螺丝钉固定）在墙面固定。两个塑料管卡之间的间距为 50cm。

（3）墙面波纹管/PVC 管敷设完成后，将自承式蝶形穿放在波纹管/PVC 管中。

（4）自承式蝶形光缆在墙面拐弯时，弯曲半径不应小于 15cm。

（5）墙面布放波纹管，须将波纹管两端略向下倾斜，防止波纹管内长期积水，造成光缆性能下降。

5. 蝶形光缆开孔（空调孔）入户

架空自承式、墙壁钉固式及墙壁波纹管保护等光缆直接入户，需要在用户墙面上开孔或采用空调孔入户。

（1）采用墙面开孔方式入户：选择合适的入户位置，用 ϕ8mm 电锤在用户墙面上进行过墙开孔，开孔标准为自用户室内往用户室外进行开孔，开孔方向是向下倾斜 10° 角，防止雨水倒灌至用户室内，如图 8.13 所示。

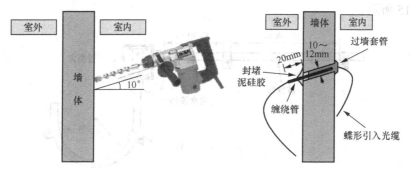

图 8.13　墙体开孔

（2）架空自承式、墙壁钉固式等光缆直接入户，在墙面孔或空调孔内外两侧安装过墙套管。蝶形光缆通过过墙套管穿放入户。入户光缆在墙体入户处留有"滴水弯"。

（3）光缆入户穿放完成后，需要用封堵填充胶泥对孔洞的空隙处进行填充封堵。封堵要平整、牢固。

（4）墙壁波纹管保护光缆入户，将外墙的墙孔适当开大，波纹管嵌入墙孔内部后用封堵填充胶泥进行填充封堵。波纹管开口处不得暴露在墙孔外。

6. 楼道内明管方式

楼道内明管方式如图 8.14 所示。

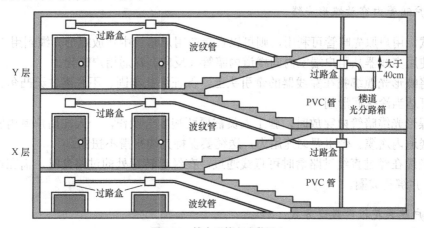

图 8.14　楼内明管方式敷设

根据目前确定的建设模式，建设阶段完成小区楼道配线光缆的接入、制作光配线盒，并完成垂直部分的明管的敷设。楼道内水平部分明管由装维人员按需上门布放，其明管及光缆的布放标准如下。

（1）楼道内敷设 ϕ20mm 的波纹管或 PVC 管，波纹管敷设全程不允许中断。

（2）波纹管或 PVC 管就近接入同层或下半楼层的楼层"过路盒"（每层一个）。水平方向必须沿楼梯或过道顶部的轮廓直线布放，竖直方向沿墙角布放。楼道井内放在强电管的对侧。波纹管或 PVC 管必须保证横平竖直，保持美观。

（3）波纹管或 PVC 管使用管卡固定，管卡间距离为 50cm。在转弯处需弯曲成ϕ50mm 的圆弧并在 2 个弯角起始处加装管卡。在跨越其他管线时，需在跨越点向外 10cm 处加装管卡，如图 8.15 所示。

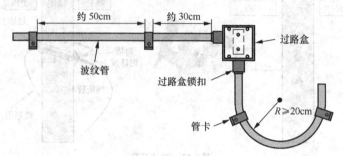

图 8.15　波纹管方式敷设

（4）波纹管或 PVC 管自垂直部分过路盒向用户方向布放，每个用户门口安装一个水平过路盒，水平过路盒安装在用户门口上方靠墙壁侧，使用ϕ6mm 膨胀管及螺丝钉固定。

（5）波纹管或 PVC 管均需采用波纹管或 PVC 管双通接入每个过路盒。

（6）水平波纹管或 PVC 管敷设全部完成后才能穿放蝶形光缆（不允许边敷设波纹管，边穿放光缆）。波纹管或 PVC 管内布放蝶形光缆，需要使用穿线器牵引。

（7）入户前蝶形光缆必须在过路盒中预留 50cm，并绑扎成圈。

（8）蝶形光缆通过墙面开孔入户，使用ϕ8mm 电锤钻孔。入户时加装过墙套管保护。施工完毕后，使用填充胶泥封堵、抹平。

7. 用户暗管内穿放蝶形光缆

经测试，用户原先暗管可利用，则可以直接在用户暗管中穿放蝶形光缆到用户终端。

（1）使用穿线器从用户端室内向楼道内暗管（反向）穿通用户暗管。

（2）将蝶形光缆绑扎在穿线器的牵引头上，保证绑扎牢固、不脱离、无凸角。接头和蝶形光缆上可适当涂抹润滑剂。

（3）蝶形光缆暗管内穿放时，施工人员需要两端配合操作，一人在用户室内回收牵引，另一人在楼道内送缆。牵引要匀速用力，送缆要保持光缆平滑不扭曲。

（4）光缆在经过直线过路盒时可直线通过。在经过转弯处的过路盒时，需在过路盒内余留 30 cm，并绑扎成圈。

8. 用户端天花板内敷设方式

（1）天花板内敷设ϕ20mm 的波纹管或 PVC 管保护蝶形光缆，全程不间断敷设。

（2）天花板内敷设波纹管或 PVC 管应选择合适的路由，防止被其他线路交叉、跨越、缠绕、压迫。如果天花板内有弱电线槽，也可将波纹管或 PVC 管穿放于弱电线槽内。

（3）波纹管或 PVC 管可根据客户的需求从用户门口垂直引下或直接从天花板上方打孔穿入用户室内。波纹管或 PVC 管从用户门口引下后，在用户门口的墙面上安装管卡，管卡使用ϕ6mm 的膨胀管及螺丝固定，间距为 50cm。在用户门口安装过路盒，波纹管或 PVC 管使用波纹管或 PVC 管双通与过路盒连接。

（4）全程波纹管敷设完成后，使用穿线器将蝶形光缆引出。

（5）蝶形光缆通过墙面开孔入户，使用φ8mm 电锤钻孔，入户时加装过墙套管保护。施工完毕后，使用填充胶泥封堵、抹平。

9. 用户垂直竖井内敷设方式

（1）在用户垂直竖井内的弱电布线架内敷设φ30mm 波纹管或 PVC 管，波纹管或 PVC 管使用小型扣带固定，固定间距为 40cm。

（2）在每层竖井内的弱电布线架内安装过路盒，用于光缆分线。

（3）楼层水平部分波纹管或 PVC 管敷设完成后，直接接入楼层过路盒。

（4）蝶形光缆使用穿管器牵引布放在波纹管或 PVC 管中。

（5）蝶形光缆在每楼层过路盒中固定一次，并预留 30cm，绑扎成圈。

10. 用户室内蝶形光缆敷设

蝶形光缆通过暗管、穿孔、空调洞等方式进入用户室内后，可根据用户的家庭装潢、用户需求等情况，将蝶形光缆布放到指定位置。

（1）对于装潢要求较高的用户可使用线槽方式在用户室内进行布线，对于装潢要求较低的用户可使用卡钉扣方式进行布线，用户原先暗管可利用的，则优先选择该方式。

（2）86 面板和网络箱安装在用户指定的 ONU 安装位置，蝶形光缆到 86 面板或网络箱部位预留 30cm，使用快速接续方式进行成端终结。

（3）线槽方式：直线槽可按照房屋轮廓水平方向沿顶部或贴脚线布放，转弯处使用阳角、阴角或弯角。跨域障碍物时使用线槽软管。各类线槽使用双面胶固定在墙面上，如果墙面不平整，线槽可使用小钢钉固定在墙面上。全程线槽均敷设到距离洞口、终端盒 10cm 处。线槽两端均采用收尾线槽。光缆入户时在入户孔中安装封洞线槽，并使用填充胶泥封堵、抹平。如图 8.16、图 8.17 所示。

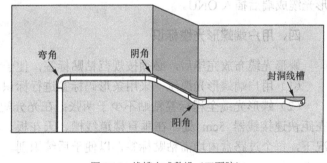

图 8.16　线槽方式敷设（双面胶）

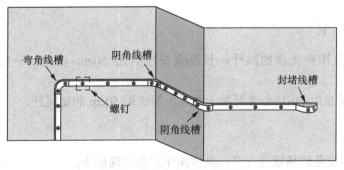

图 8.17　线槽方式敷设（钉固）

（4）卡钉扣方式：入户光缆从墙孔进入户内，入户处使用过墙套管保护。沿门框边沿和贴脚线安装卡钉扣，卡钉扣间距 50cm。待卡钉扣全部安装完成，将蝶形光缆逐个扣入卡钉扣内，切不可先将蝶形光缆扣入卡钉扣，然后再安装、敲击卡钉扣。如图 8.18 所示。

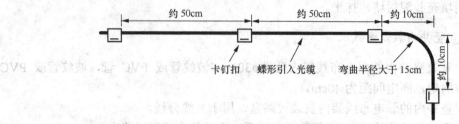

图 8.18　卡钉扣方式敷设

三、蝶形光缆成端制作

蝶形光缆穿放到位后，需采用快速接续方式在蝶形光缆的两端冷接成端。

（1）杆上光配线盒：自承式蝶形光缆在剥除加强芯后，将纤芯穿入理线钢圈后沿杆壁每隔 15cm 绑扎至光配线盒，在光配线盒下部做一个长度为 15cm，直径为 10cm 的弧圈后引入光配线盒内。纤芯在光配线盒内预留 50cm，并盘绕成圈，采用快速接续方式冷接成端。并插入资源管理系统制定的光配线盒端子位。

（2）86 光纤面板盒：蝶形光缆穿入面板盒后，预留 30cm 并沿绕线圈缠绕，采用快速接续方式冷接成端，并将冷接头插入法兰盘内。

（3）网络箱：蝶形光缆穿入网络箱后，预留 30cm 并盘绕成圈，采用快速接续方法将蝶形光缆成端后插入 ONU。

四、用户端蝶形光缆标识

蝶形光缆布放完毕后，必须按规范粘贴标签，便于识别。

（1）用户端蝶形光缆统一采用条形码标签进行标识，标签粘贴必须规范、牢固。

（2）蝶形光缆全程标签粘贴不少于两张：在光分配箱和用户终端侧分别粘贴，标签粘贴在距快速接线器 5cm 处。在垂直楼道线槽、天花板、楼道波纹管等多条光缆同管穿放的情况下，每个过路盒内均需粘贴标签，以便于后续识别。

五、跳纤规范

1. 跳纤长度控制

（1）分光器至用户光缆的跳纤，长度余长控制在 50cm 以内，一般选用 1m、2m、2.5m、3m 的尾纤。

（2）用户终端盒内 ONU 与光纤端子跳纤一般选用 50cm 的短尾纤。

2. 跳纤规范

为确保 ODF 设备现场规范有序，具体操作规范明确如下。

（1）跳纤操作必须满足架内整齐、布线美观、便于操作、少占空间的原则。

（2）跳纤长度必须掌握在 500mm 余长范围内。

（3）长度不足的跳纤不得使用，不允许使用法兰盘连接两段跳纤。

（4）架内跳纤应确保各处曲率半径大于 400mm。

（5）走纤要求

① 对于上走线的光纤，应在 ODF 架外侧下线，选择余纤量最合适的盘纤柱，并在 ODF 架内侧向上走纤，水平走于 ODM 下沿，垂直上至对应的端子。

② 一根跳纤，只允许在 ODF 架内一次下走（沿 ODF 架外侧）、一次上走（沿 ODF 架内侧），走一个盘纤柱，严禁在多个盘纤柱间缠绕、交叉、悬挂，即每个盘纤柱上沿不得有纤缠绕。

③ 根据现场具体情况，应在适当处对跳纤进行整理后绑扎固定。

④ 所有跳纤必须在 ODF 架内布放，严禁架外布放、飞线等情况发生。

⑤ 对应急使用的超长跳纤应当按照规则挂在理纤盘上，不得对以后跳纤造成影响。

3. 标签要求（以中国电信标签为例）

根据网络部要求，所有的跳纤标签必须用机打标签，不允许手写。机房、光交、楼道内，分光器至用户光缆的跳纤两端都需要粘贴标签。标签规范如图 8.19～图 8.24 所示。

（1）标签"中国电信"上沿朝尾纤根部 5cm 处，面对背胶，将标签"中"字背胶处置于尾纤，折叠标签。

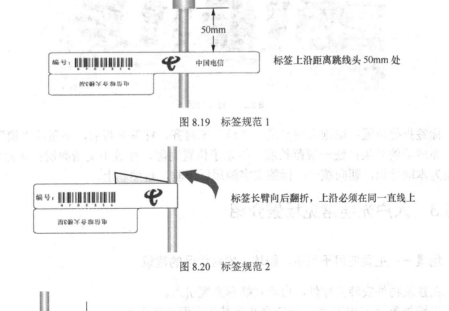

图 8.19　标签规范 1

图 8.20　标签规范 2

图 8.21　标签规范 3

图 8.22　标签规范 4

图 8.23　标签规范 5

图 8.24　标签规范 6

（2）标签折叠位置：原则上到宽沿与"信"末对齐，标签对折后，不覆盖"信"字。

（3）完成后的效果：统一规范长度，按端子位置间隙，标签不交错叠层；正面为对端标识，反面为本端标识，朝向统一；标签文字随尾纤下垂，自然朝上。

8.3.3　入户光缆常见场景介绍

一、场景一：主要使用于沿街、街坊、农村地区的建筑

（1）在建筑物外安装支撑件，自承式蝶形光缆引入。

（2）沿墙外敷设 32PVC 管，经空调孔或其他孔洞光缆引入。

（3）沿墙外钉固，墙体开孔后光缆引入。

（4）室内墙壁部分用槽板保护至用户信息接入点。

二、场景二：主要使用于沿街、街坊、农村地区的建筑

（1）在原电杆上安装光分配箱，沿光缆的布放路由的电杆上安装支撑件。

（2）架空敷设自承式蝶形光缆。

三、场景三：主要使用于集团客户、住宅客户楼道竖井内

（1）合理利用用户楼层、楼道间的管线资源（明管、暗管、槽道）敷设蝶形光缆。
（2）楼道水平部分蝶形光缆采用槽板或 PVC 管保护。
（3）入户部分开孔后蝶形光缆引入。
（4）室内墙壁部分用槽板保护至用户信息接入点。

四、场景四：主要使用于住宅客户楼道内

（1）住宅客户楼道内管线资源不可利用（明管、暗管、槽道）。
（2）在楼道内布放垂直和水平明管，楼层间安装检修盒。
（3）蝶形光缆穿放于明管中，在用户门口开孔入户。
（4）室内墙壁部分用槽板保护至用户信息接入点。

五、场景五：主要使用于商务楼宇内水平隐蔽部分

（1）在多层或高层商务楼宇楼层天花板内预埋暗管。
（2）蝶形光缆穿放于暗管中。
（3）蝶形光缆到达用户端后，从天花板内打孔引出。
（4）室内墙壁部分用槽板保护至用户信息接入点。

六、场景六：主要使用于可利用原先管线的用户室内

（1）用户入户管线资源可利用（明管、暗管、槽道）。
（2）蝶形光缆通过原先的管线资源入户，将蝶形光缆布放到终端位置。

七、场景七：主要使用于对内部装潢要求不高的用户室内

（1）通过空调洞或门口墙体开孔，将蝶形光缆引入用户室内。
（2）蝶形光缆进入用户室内后，通过卡钉扣沿墙面钉固至终端位置。

八、场景八：主要使用于对内部装潢要求较高的用户室内

（1）通过空调洞或门口墙体开孔，将蝶形光缆引入用户室内。
（2）在用户布放线槽至用户终端位置。
（3）蝶形光缆通过穿放线槽至终端位置。

8.3.4 FTTH 入户光缆施工材料

1. 直线槽

直线槽如图 8.25 所示。在采用线槽方式直线路由敷设蝶形引入光缆时使用。

图 8.25　直线槽

2. 收尾线槽

收尾线槽如图 8.26 所示。在线槽末端处使用，起保护光缆的作用。

图 8.26　收尾线槽

3. 螺钉扣

螺钉扣如图 8.27 所示。塑料夹扣，在户外采用螺丝钉固方式敷设自承式蝶形引入光缆。

图 8.27　螺钉扣

4. 弯角

弯角线槽如图 8.28 所示。弯角线槽在平面转弯处使用。

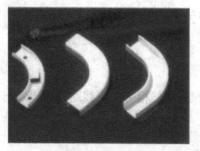

图 8.28　弯角线槽

5. 封洞线槽

封洞线槽如图 8.29 所示。以线槽方式敷设蝶形引入光缆时，在光缆穿越墙洞处使用。

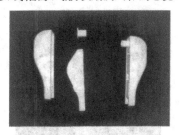

图 8.29　封洞线槽

6. S 型固定件

S 型固定件如图 8.30 所示。用于绑扎自承式引入光缆吊线，并将光缆拉挂在支持器件上。

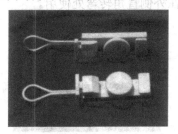

图 8.30　S 型固定件

7. 阴角线槽

阴角线槽如图 8.31 所示，在内侧直角转弯处使用。

图 8.31　阴角线槽

8. 光缆固定槽

光缆固定槽如图 8.32 所示，用于线槽内蝶形引入光缆的固定。

图 8.32　光缆固定槽

9. 抱箍拉钩

抱箍拉钩如图 8.33 所示。采用螺丝紧箍安装在电杆上，用于将 S 型固定件连接固定的器件。

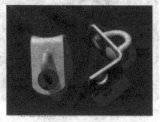

图 8.33　抱箍拉钩

10. 阳角线槽

阳角线槽如图 8.34 所示，在外侧直角转弯处使用。

图 8.34　阳角线槽

11. 过墙套管

过墙套管如图 8.35 所示。蝶形引入光缆在用户室内洞口处穿越墙洞时使用，起到美观与保护的作用。

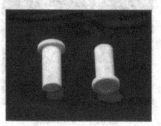

图 8.35　过墙套管

12. 紧箍拉钩

紧箍拉钩如图 8.36 所示。采用紧箍钢带安装在电杆上，用于将 S 型固定件连接固定的器件。

图 8.36　紧箍拉钩

13. 线槽软管

线槽软管如图 8.37，在跨越电力线或在墙面弯曲、凹凸处使用。

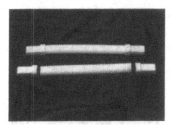

图 8.37 线槽软管

14. 卡钉扣

卡钉扣如图 8.38 所示。塑料夹扣，在户内采用直接敲击的钉固方式敷设蝶形引入光缆。

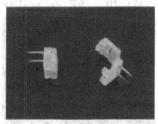

图 8.38 卡钉扣

15. C 型拉钩

C 型拉钩如图 8.39 所示。采用螺丝安装在建筑物的外墙，用于将 S 型固定件连接固定。

图 8.39 C 型拉钩

16. 夹板拉钩

夹板拉钩如图 8.40 所示。紧固在钢绞线上，用于将 S 型固定件连接固定在钢绞线上的器件。

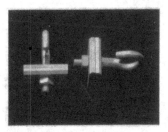

图 8.40 夹板拉钩

17. 过路盒

过路盒如图 8.41 所示，用于波纹管分支处或管内蝶形引入光缆引出处。

图 8.41 过路盒

18. 纵包管

纵包管如图 8.42 所示。开口丝管，用于保护引入光缆。

图 8.42 纵包管

19. 理线钢圈

理线钢圈如图 8.43 所示，用于电杆上蝶形引入光缆的垂直走线。

图 8.43 理线钢圈

20. 波纹管双通

波纹管双通如图 8.44 所示，用于波纹管的连接。

图 8.44 波纹管双通

21．双面胶

双面胶如图 8.45 所示，用于线槽的固定。

图 8.45　双面胶

22．钢带抱箍

钢带抱箍如图 8.46 所示，用于将器件锁紧固定在电杆上。

图 8.46　钢带抱箍

23．波纹管管卡

波纹管管卡如图 8.47 所示，用于波纹管的固定。

图 8.47　波纹管管卡

24．润滑剂

润滑剂如图 8.48 所示，用于穿管时润滑线缆，起保护作用。

图 8.48　润滑剂

25. 86 光纤面板盒

86 光纤面板盒如图 8.49 所示，用于连接户内光纤接头。

图 8.49　86 光纤面板盒

26. 穿线器

穿线器如图 8.50 所示，用于蝶形引入光缆穿管。

图 8.50　穿线器

27. 双壁波纹管

双壁波纹管如图 8.51 所示，用于楼道光分箱到用户间穿线，保护引入光缆。

图 8.51　双壁波纹管

28. 封堵填充胶泥

封堵填充胶泥如图 8.52 所示，用于封堵墙洞，防止漏水。

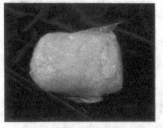

图 8.52　封堵填充胶泥

皮线光缆的接续与成端操作

9.1　任务目标

（1）光缆冷接技术的要领、规范要求及操作方法。

（2）皮线光缆熔接的规范要求和操作方法。

9.2　任务分析

皮线光缆的接续与成端是 FTTH 客户端安装过程中的又一重点环节，在新建小区场景下，需要在用户智能终端盒处对皮线光缆进行成端；在改造小区场景下，在楼道光分路箱处需要对皮线光缆进行成端，布放皮线光缆入户后，在用户室内的 86 面板盒处也需要对皮线光缆进行成端。因此，皮线光缆的成端贯穿于整个 FTTH 的安装过程。皮线光缆的接续主要是指当皮线光缆意外损坏时，在损坏处需要对其进行接续处理以降低皮线光缆损坏对整个光路造成的光功率损耗。

皮线光缆的接续主要分为两种方式，即热熔和冷接，两种方式各有自己的优缺点。在本任务中，首先讲述皮线光缆接续的概念和原理，然后通过实操练习来强化对原理的认识和理解，通过反复的动手练习来掌握皮线光缆的冷接和热熔技能。

9.3　相关知识

9.3.1　光纤接续、终结、端接

一、光纤接续

1.　热熔接

光纤接续是两根光纤的对接，是一种固定连接方式。传统的光缆接续采用光纤熔接机，利用热缩套管对光纤进行保护，接续损耗小，这种接续方式也称为热熔接，多年来户外光纤接续作业都是采用的这种方式。热熔接采用的光纤熔接机核心技术至今都被国外几家公司所垄断（世界范围可生产光纤熔接机的厂家仅有日本藤仓、日本古河、日本住友、美国康宁、

韩国日新等），国产熔接机的稳定度和可靠性还不是很高（南京吉隆、南京迪威普）。热熔方式的缺陷在于仪器价格昂贵、接续需要用电、操作需要培训、维护费用较高、操作场地受限。这种接续方式或习惯在 FTTH 建设中仍然可以延续应用到户外施工段，但如果在狭小的室内环境中施工，其效率和便利性大大降低。

2．冷接续

在 FTTH 建设过程中，光纤机械接续技术再次被大家关注。顾名思义，光纤机械接续无需特殊的仪器，采用机械压接夹持方法，利用 V 型槽导轨原理将两根切割好的光纤对接在一起，无需用电，且制作工具小巧。光纤机械接续方式也称为"冷接续"。这种方式有两个关键点：一是光纤切割端面的平整性；二是光纤夹持固定的可靠性。光纤机械接续的概念并不新鲜，最早的接续子可以追溯到 2001 年，当时用来做光纤链路抢修时的临时连接，指标相对也差，接续损耗在 2dB 左右。近年来，随着 FTTH 的开启，产品几经更新换代，接续指标也已经大大提高，实际应用于 FTTH 的冷接续子不同于早期的简易产品，接续损耗小于 0.1dB，且体积更小，重量更轻，在初期的 FTTH 试点中，这类产品一度被大家追捧。冷接续子原理示意如图 9.1 所示。

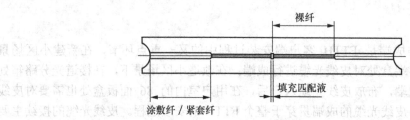

图 9.1　冷接续子原理示意

二、光缆终结

对于光缆的终结定义如下：一根光缆到达某个节点后，对全部芯数进行处理（直熔或跳接），使这根光缆不再延伸。直熔为光纤与另外一根光缆直接进行熔接对接（见图 9.2），传统节点多为光缆接头盒处。

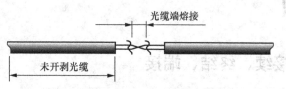

图 9.2　光缆直熔终结示意

跳接则是采用光缆光纤与尾纤熔接的方法（见图 9.3），处理完毕后终端活动接头可以进行灵活的配置，传统节点多为光缆配线箱、光纤配线架。

FTTH 建设中局端及室外光缆终结时的处理方式与原来并无差别，FTTB 建设模式光缆入楼后入采用区域专用光缆交接箱，因此可采用传统的方法进行主节点的处理。FTTH 施工光缆终结的特点主要体现在楼内布放光缆与入户分支光缆对接节点的处理。FTTH 楼内布放光缆终结多在同层多户分布模式下存在，如图 9.4 所示。同层多户光缆垂直频繁分歧（每楼层都要分）不合理，适合引多根光缆至每楼层并做终结处理。

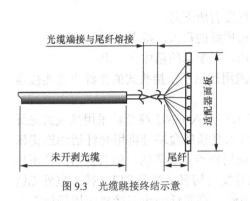

图 9.3   光缆跳接终结示意

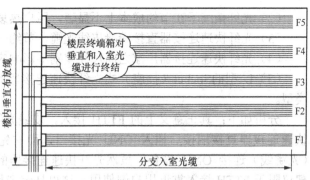

图 9.4   同层多户模式光缆终结示意

三、光缆端接

光缆端接指对某光缆全部或某些芯数进行端接处理，比光缆终结的范围要窄。光缆端接意味着光缆的所有芯数有可能存在多种处理方式：一部分直通不处理、一部分分歧出来后进行光纤的端接处理（传统理解为加尾纤熔接方式），端接完后形式为存在光连接器活动接头，这根光缆有可能不再延伸或部分延伸；在室外如光缆交接箱内引入光缆部分直接熔接终结、部分跳接终结，跳接终结的部分的处理方式称为光缆端接处理。传统的处理方式都是采用热熔加尾纤。对于高层建筑，FTTH 楼内布线需对垂直缆进行分歧，此时，分歧出的芯数处理方式同样包括直熔和端接两种方式（见图 9.5），未分歧芯数通常采取直熔的方式以减少熔接节点，降低链路损耗。根据网络规划设计，分歧出的光纤进行端接处理或直熔处理。如果在分纤箱或（配线箱）内安装小分光比分路器或上一级分光点较远时采用活动端接方式。如果不安装光分路器或集中分光点距离较近时则采用直接熔接方式。

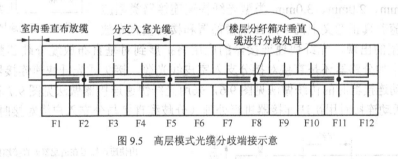

图 9.5   高层模式光缆分歧端接示意

9.3.2   光纤快速连接器 VS 光纤接续子

光纤快速连接器与光线接续子产品的开发理念是一致的，即在狭小的空间内可以方便地实现光纤链路的开通。因此，光纤快速连接器与光纤接续子都旨在简化 FTTH 接入室内施工。这种理念比较符合 FTTH 大规模部署应用，FTTH 施工具有阶段性和分散性的特点，因此，大量的配备光纤熔接机是不现实的，主要局限有投入成本大、携带不方便、操作空间受限。

通过上面的分析，光纤快速连接器和光纤接续子的应用各有所长。光链路节点处直熔固定连接时，可以采用光纤接续子进行冷接续；节点处活动连接时，可以采用光纤快速连接器进行直接端接。通过分析近两年的应用情况得出如下概括：

（1）光纤接续子尺寸不统一，传统熔纤盘槽位卡放不匹配；

（2）光纤接续子在节约成本上不显著，用户热衷程度有所下降；

（3）光纤快速连接器直接端接皮线光缆，节约一根尾纤的投入，特点显著；

（4）光纤快速连接器厂家之间尺寸差别不影响应用，对配套的箱体无要求；

（5）L 型的Socket（插座）式光纤快速连接器的应用远远小于接头式的光纤快速连接器类型。

分析如下：真正意义上的 FTTH 接入，皮线光缆入室进入 ONU 终端箱采用接头式光纤快速连接器直接端接后插入 ONU 光接口，而非先引入光插座盒端接再用光纤活动连接器（光跳线）连接 ONU 设备。虽然光纤快速连接器的应用特点是显著的，但其应用的场所仍建议限于 FTTH 接入靠近用户侧使用，这也是该产品开发的初衷。对于 FTTH 接入室外光链路节点处理，应该仍采用传统的热熔接方式处理。因此，将光纤快速连接器应用场所定义为：FTTH 接入楼内分支入室光缆（皮线光缆）两头端接使用。

9.3.3 光纤快速连接器的分类应用及实现原理

一、光纤快速连接器的分类

接头式和 L 型插座式的应用上面已经介绍过，下面分析按不同缆型在实际应用的情况以及干式和预埋式结构光纤快速连接器实现原理。皮线光缆是 FTTH 接入室内最重要的一种缆型，极大的提高了施工效率，因此在 FTTH 接入中，除特种场合外，分支入室缆都采用这种结构的缆型，因此 2.0×3.0mm 类型的光纤快速连接器是当前运营商最常采购的类型，对于 250μm、0.9mm、2.0mm、3.0mm 类型光纤快速连接器类型应用则较少。随着真正意义上的 FTTH 规模部署和楼内垂直布放

按实现原理	干式
	预埋式
按端接缆类型	250μm 涂覆纤
	0.9mm 紧套纤
	2.0mm 缆
	3.0mm 缆
	2.0×3.0mm 缆
按外观	接头式
	L 型插座式

图 9.6 活动连接传统处理方法

光缆新型缆型的出现，光纤快速连接器的应用将扩展到对垂直布放缆分歧芯数的端接应用上，无论是增加分路器还是直接对接分支入室皮线光缆，接头式光纤快速连接器都有它的独特之处。活动连接器时的传统做法见图 9.6，采用光纤快速连接器做法见图 9.7 和图 9.8。

图 9.7 活动连接时用快速连接器进行处理（分歧缆直接与分支入户缆对接时情景）。

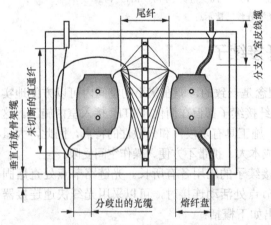

图 9.7 活动连接时用快速连接器进行处理（1）

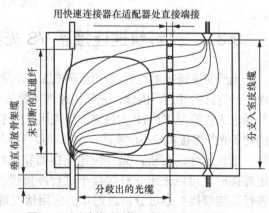

图 9.8 活动连接时用快速连接器进行处理（2）

通过比较可以看出，采用光纤快速连接器可以不需要熔纤盘，无需尾纤，且可使配套箱体简单化，成本可显著降低。

二、光纤快速连接器原理结构

1. 干式结构

这种结构非常简单，优势在于实现较为容易，造价低廉，但劣势很多，例如对光纤直径要求严格、对切割端面和切割长度要求严格、对加持强度要求更加严格，任何一处与产品不匹配都将引起参数的波动。另外，由于回波损耗指标完全依赖于光纤切割端面的情况，因此产品的回波损耗指标比较差，对操作者的熟练度要求很高。产品结构原理如图 9.9 所示。

该类产品结构可以应用于临时光纤链路抢修，但不适宜用于 FTTH 接入链路规模使用。

2. 预埋纤结构

预埋纤结构采用的是在工厂将一段裸纤预先置入陶瓷插芯内，并将顶端进行研磨，操作者在现场只需要将另一端光纤切割好后插入即可。由于预埋纤工厂研磨且对接处填充匹配液，不过分依赖光纤端面切割的平整度，大大降低了对操作者熟练程度的要求。由于接头的端面采用的是预先研磨的工艺，因此回波损耗指标好。产品结构原理如图 9.10 所示。

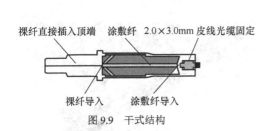

图 9.9　干式结构

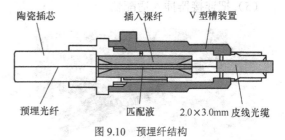

图 9.10　预埋纤结构

该产品结构可以实现更好的插入损耗（0.5dB 以下）和回波损耗（45dB 以上）指标，可靠性与稳定性比较高，因此适用于 FTTH 接入链路室内节点。

9.3.4　光纤冷接技术要点

光纤冷接实际上就是将两端独立的光纤通过一定的接续工艺（非熔接方式）连接起来，即两段光纤的端面通过固定的对接轨道，整齐地对接起来，且要求端面与端面之间对接要紧，端面需要通过切割刀来进行处理，使其平整。冷接要点可以概括为以下 4 点：

（1）端面切割要平整，必须使用光纤专用切割刀按照切割的规范进行处理。

（2）切割好的端面需要保持清洁，不可随意沾染。

（3）端面与端面需要借助轨道进行整齐对接，通常轨道由相应的器件提供（如冷接子、快速连接器等）。

（4）端面的对接必须紧密，这就是为什么要求光纤对接时需要产生微弯的原因。

9.3.5　光纤快速连接器的制作步骤

（1）准备好工具，整齐摆放。快速接续连接器包括外壳、连接器、开启工具，如图 9.11 所示。

（2）用纸巾蘸取少量酒精。

（3）用纸巾清洁阻挡器表面，连接阻挡器与适配器，如图 9.12 所示。

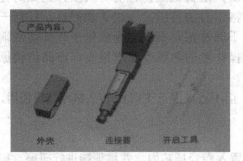

图 9.11　快速接续连接器

图 9.12　连接阻挡器与适配器

注意：不要旋紧螺帽。

（4）取下开启工具，拔下防尘帽。

（5）把连接器插入适配器。

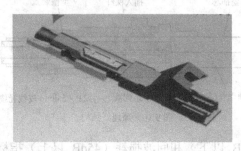

图 9.13　取下开启工具、防尘帽

图 9.14　连接快速接续连接器连接器与适配器

（6）把光缆插进皮线剥离器，穿过光缆长度不短于标杆端头，握压钳柄拉出光缆。

（7）小心把纤芯穿进光纤开剥器，光缆外皮切口贴紧挡面，下压刀片，拉出光缆。

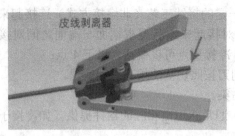

图 9.15　皮线剥离器

图 9.16　光纤开剥器

（8）把光纤放入切割长度器中，光缆外皮切口贴紧挡面，把切割长度器放于切割刀槽中，切割刀刀片置于外侧，盖上切割刀盖，将切割刀刀片由外往里推，完成切割。用纸巾擦

拭裸纤。（注意把切割掉的裸纤放到垃圾袋中，以免割伤）

（9）小心地把光纤穿入快速接续连接器连接器中，光缆外皮紧贴挡块，压下连接器后盖。

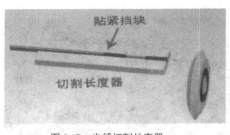

图9.17 光纤切割长度器

图9.18 穿入光纤

（10）旋紧阻挡器螺母，可从连接器孔中看到纤芯逐渐弯曲，压下压盖，固定裸纤。

（11）90°旋转并拔出连接器。

图9.19 固定纤芯

图9.20 旋转拔出连接器

（12）用纸巾清洁连接器端面，安装外壳和防尘帽，完成光纤接头制作。

图9.21 安装外壳和防尘帽

（13）快速接续连接器可重复使用，退出光缆步骤为顶住防尘帽，退下外壳，按合开启工具，推开压盖，取出光缆。

9.3.6 皮线光缆熔接

一、常用器材

（1）日新 Swift-F1 熔接机：用于皮线光缆、尾纤的熔接接续，并提供皮线光缆/尾纤的切割、清洁功能，如图 9.22 所示。

（2）护套开剥钳：用于剥除蝶形引入光缆的护套和剪断加强件，如图 9.23 所示。

图 9.22 日新 Swift-F1 熔接机

图 9.23 皮线光缆开剥钳

（3）米勒钳：用于剥离光纤表面的涂覆层、剥离尾纤的外护套，如图 9.24 所示。

（4）尾纤：用于成端皮线光缆，带 SC 型接头，如图 9.25 所示。

图 9.24 米勒钳

图 9.25 尾纤

（5）热缩管：用于保护皮线光缆与尾纤的熔接点，如图 9.26 所示。

（6）热缩管保护壳：用于保护熔接点及热缩管，如图 9.27 所示。

图 9.26 热缩管

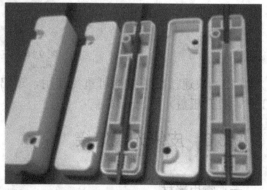

图 9.27 熔接保护外壳

二、日新 Swift-F1 熔接机简介

1. F1 熔接机部件说明（见图 9.28）

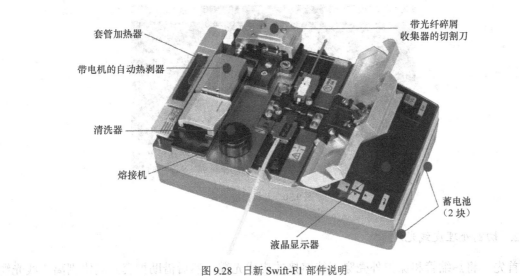

图 9.28　日新 Swift-F1 部件说明

2. F1 熔接机各部件图示（见图 9.29）

图 9.29　F1 部件说明

根据日新 Swift-F1 熔接机机盖上的顺序提示操作，无需专业培训，简单方便，快捷实用。

一杠热剥，二杠切割，三杠熔接，四杠热缩。

三、皮线光缆与尾纤熔接操作步骤

1. 开机自检（见图 9.30）

图 9.30　开机自检

2. 切割处理皮线光缆

首先，将热缩管和保护外壳穿入待熔接的皮线光缆，然后借助护套开剥钳剥离皮线光缆的外护套，然后通过 HF-IN 的夹具将其置于一杠的轨道上进行涂覆层剥离，然后在二杠的切割刀上进行切割，切割完成后用酒精进行清洁，最后将处理好的皮线光缆放置在三杠的熔接轨道上待熔接。

3. 切割处理尾纤

首先，借助米勒钳剥离尾纤的黄色外护套，然后将尾纤中填充的丝线剪掉，再通过 HF-2.5 的夹具将其放置于一杠的轨道上进行白色束管和涂覆层的剥离，然后在二杠上进行切割，切割完成后使用酒精进行清洁，最后将处理好的尾纤放置在三杠的熔接轨道上待熔接。

4. 皮线光缆与尾纤熔接

放下防风罩，观察液晶显示屏上皮线光缆与尾纤端面的对准图像，再确保端面完整平齐且正对准确的前提下，按下熔接键完成熔接。

5. 熔接点套热缩管加热

打开防风罩，小心翼翼的打开两边的夹具盖，然后将热缩管从皮线光缆一侧轻滑至熔接点，使得熔接点处于热缩管的中点位置，然后将光缆带热缩管放置于四杠的加热槽内，盖上加热盖，按下加热按键；待加热完成后，将热缩管放于冷却支架上进行冷却。

6. 安装热缩管保护外壳

待冷却完成后，将热缩管保护盖拨至热缩管处固定，完成熔接操作。

FTTX 终端放装与业务开通配置

10.1 任务目标

（1）FTTH、FTTB/N 客户端终端设备的形态、功能特点及连接方法。
（2）FTTH、FTTB/N 终端的业务开通的配置方法。

10.2 任务分析

当皮线光缆布放至用户室内并完成成端，接下来需要完成的工作就是用户侧终端的放装和终端的业务开通配置。

用户侧终端设备主要有 E8-C、E8-B、机顶盒、路由器以及用户的计算机、电视机和电话机。其中 E8-C 是用于 FTTH 接入方式下的用户侧 ONU 设备，E8-B 是用于 FTTB/N 接入方式下的用户侧 model 设备，机顶盒是用于通过宽带接收电视信号的设备。

在本任务中，需要掌握各种用户侧终端设备的形态功能，以及设备指示灯的运行意义；掌握用户侧终端设备的连接方法；掌握 E8-C/B 和机顶盒的数据配置方法。

在本任务的学习过程中，主要以实训操作为主，理论方面的学习也是为实训打基础的。请大家在学习的过程中多注意观察并记录各种终端设备的形态及指示灯特点，对于设备的放装连接请结合理论知识掌握，务必掌握每一条线缆的连接方式及意义。在进行终端数据配置时请务必跟对应的业务结合起来，理解每一条数据配置的意义，切忌死记硬背。

10.3 相关知识

10.3.1 用户侧终端设备简介

一、用户侧 ONU 设备（又称光猫或 E8-C）

1. 华为 HG8245

华为 HG8245（见图 10.1、图 10.2），终端提供 2 个 POTS 口、4 个以太口。在用户只受理开通一个电话号码的情况下，默认话机接在 TEL1 口。默认情况下，用户宽带上网 PC 连接在 LAN1 口、ITV 机顶盒连接在 LAN2 口。

图 10.1 HG8245 正面

图 10.2 HG8245 背面

华为 EPON 终端 HG8245，额定电压为 12V，额定电流为 2.0A。各指示灯含义见表 10.1。

表 10.1 HG8245 指示灯说明

指示灯名称	颜色	通用标识文字	通用中文标识文字	显 示 功 能
电源状态灯	绿色	POWER	电源	熄灭：表示系统未上电
				常亮：表示系统正常上电
PON 状态灯	绿色	PON	网络 E	熄灭：表示 ONU 未开始注册流程
				常亮：表示 ONU 已经注册
				闪烁：表示 ONU 正在进行注册
光信号状态灯	红色	LOS	光信号	熄灭：表示 ONU 接收光功率正常
				常亮：表示 ONU PON 口光模块电源关断
				闪烁：表示 ONU 接收光功率低于光接收机灵敏度
告警灯	绿色	ALARM	设备告警	熄灭：设备运行正常
				常亮：设备存在故障
				闪烁：设备软件下载或升级过程中

指示灯名称	颜色	通用标识文字	通用中文标识文字	显 示 功 能
以太网口状态灯	绿色	LAN1	网口 1	熄灭：表示系统未上电或网口未连接网络设备
		iTV	iTV 口	常亮：表示网口已连接，但无数据传输
		LAN3	网口 3	闪烁：表示有数据传输
		LAN4	网口 4	
语音状态灯	绿色	POTS1	语音口 1	熄灭：表示系统未上电或者无法注册到软交换/IMS
		POTS2	语音口 2	常亮：表示已经成功注册到软交换/IMS，但无业务流
				闪烁：表示有业务流传输
USB 口状态灯	绿色	USB	USB	熄灭：表示系统未上电或 USB 口未连接
				常亮：表示 USB 口已连接且工作于 Host 方式，但无数据传输
				闪烁：表示有数据传输
WLAN 口状态灯	绿色	WLAN	无线	熄灭：表示系统未上电或无线接口被禁用
				常亮：表示无线接口已启用
				闪烁：表示有数据传输
WPS 状态灯	绿色或多色	WPS	无线对码	黄色闪烁：进行中
				红色闪烁：错误、检测到会话重叠
				绿色常亮：成功

2.　中兴 F460（见图 10.3、图 10.4）

图 10.3　F460 正面

图 10.4　F460 背面

终端提供 2 个 POTS 口、4 个以太口。在用户只受理开通一个电话号码的情况下，默认话机接在 TEL1 口。默认情况下，用户宽带上网 PC 连接在 LAN1 口、ITV 机顶盒连接在 LAN2 口。

中兴 EPON 终端 F460，额定电压为 12V，额定电流为 2.0A。各指示灯含义见表 10.2。

表 10.2   F460 指示灯说明

指示灯名称	颜色	通用标识文字	通用中文标识文字	显 示 功 能
电源状态灯	绿色	POWER	电源	熄灭：表示系统未上电
				常亮：表示系统正常上电
PON 状态灯	绿色	PON	网络 E	熄灭：表示 ONU 未开始注册流程
				常亮：表示 ONU 已经注册
				闪烁：表示 ONU 正在进行注册
光信号状态灯	红色	LOS	光信号	熄灭：表示 ONU 接收光功率正常
				常亮：表示 ONU PON 口光模块电源关断
				闪烁：表示 ONU 接收光功率低于光接收机灵敏度
告警灯	绿色	ALARM	设备告警	熄灭：设备运行正常
				常亮：设备存在故障
				闪烁：设备软件下载或升级过程中
以太网口状态灯	绿色	LAN1～LAN4	网口 1	熄灭：表示系统未上电或者网口未连接网络设备
			iTV	常亮：表示网口已连接，但无数据传输
			网口 3	闪烁：表示有数据传输
			网口 4	闪烁：表示有数据传输
语音状态灯	绿色	POTS1、	语音 1	熄灭：表示系统未上电或无法注册到软交换/IMS
			语音 2	常亮：表示已经成功注册到软交换/IMS，但无业务流
				闪烁：表示有业务流传输
USB 口状态灯	绿色	USB	USB	熄灭：表示系统未上电或者 USB 口未连接
				常亮：表示 USB 口已连接且工作于 Host 方式，但无数据传输
				闪烁：表示有数据传输
WLAN 口状态灯	绿色	WLAN	无线	熄灭：表示系统未上电或者无线接口被禁用
				常亮：表示无线接口已启动
				闪烁：表示有数据传输
WPS 状态灯	绿色或多色	WPS	无线对码	黄色闪烁：进行中
				红色闪烁：错误、检测到会话重叠
				绿色常亮：成功

3. 烽火 HG220（见图 10.5、图 10.6）

图 10.5   HG220 正面

图 10.6   HG220 背面

终端提供 2 个 POTS 口、4 个以太口。在用户只受理开通一个电话号码的情况下，默认话机接在 TEL1 口。默认情况下，用户宽带上网 PC 连接在 LAN1 口、ITV 机顶盒连接在 LAN2 口。

烽火 EPON 终端 HG220，额定电压为 12V，额定电流为 1.5A。各指示灯含义见表 10.3。

表 10.3   HG220 指示灯说明

指示灯名称	颜色	通用标识文字	通用中文标识文字	显示功能
电源状态灯	绿色	POWER	电源	熄灭：表示系统未上电
				常亮：表示系统正常上电
PON 状态灯	绿色	PON	网络 E	熄灭：表示 ONU 未开始注册流程
				常亮：表示 ONU 已经注册
				闪烁：表示 ONU 正在进行注册
光信号状态灯	红色	LOS	光信号	熄灭：表示 ONU 接收光功率正常
				常亮：表示 ONU PON 口光模块电源关断
				闪烁：表示 ONU 接收光功率低于光接收机灵敏度
告警灯	绿色	ALARM		熄灭：设备运行正常
				常亮：设备存在故障
				闪烁：设备软件下载或升级过程中
以太网口状态灯	绿色	LAN1～LAN4	网口 1	熄灭：表示系统未上电或者网口未连接网络设备

续表

指示灯名称	颜色	通用标识文字	通用中文标识文字	显 示 功 能
以太网口状态灯	绿色	LAN1～LAN4	iTV	常亮：表示网口已连接，但无数据传输
			网口 3	闪烁：表示有数据传输
			网口 4	
语音状态灯	绿色	POTS1	语音 1	熄灭：表示系统未上电或者无法注册到软交换/IMS
			语音 2	常亮：表示已经成功注册到软交换/IMS，但无业务流
				闪烁：表示有业务流传输
USB 口状态灯	绿色	USB	USB	熄灭：表示系统未上电或者 USB 口未连接
				常亮：表示 USB 口已连接且工作于 Host 方式，但无数据传输
				闪烁：表示有数据传输
WLAN 口状态灯	绿色	WLAN	无线	熄灭：表示系统未上电或者无线接口被禁用
				常亮：表示无线接口已启动
				闪烁：表示有数据传输
WPS 状态灯	绿色或多色	WPS	无线对码	黄色闪烁：进行中
				红色闪烁：错误、检测到会话重叠
				绿色常亮：成功

4. 贝尔（见图 10.7、图 10.8）

图 10.7　RG2000-CA 正面

图 10.8　RG2000-CA 背面

终端提供 2 个 POTS 口、4 个以太口。在用户只受理开通一个电话号码的情况下，默认话机接在 TEL1 口。默认情况下，用户宽带上网 PC 连接在 LAN1 口、ITV 机顶盒连接在 LAN2 口。

贝尔 EPON 终端 RG200O-CA，额定电压为 12V，额定电流为 1.5A。各指示灯含义见表 10.4。

表 10.4　　　　　　　　　　　　　RG2000-CA 指示灯说明

指示灯名称	颜色	通用标识文字	通用中文标识文字	显 示 功 能
电源状态灯	绿色	POWER	电源	熄灭：表示系统未上电
				常亮：表示系统正常上电
PON 状态灯	绿色	PON	网络 E	熄灭：表示 ONU 未开始注册流程
				常亮：表示 ONU 已经注册
				闪烁：表示 ONU 正在进行注册
光信号状态灯	红色	LOS	光信号	熄灭：表示 ONU 接收光功率正常
				常亮：表示 ONU PON 口光模块电源关断
				闪烁：表示 ONU 接收光功率低于光接收机灵敏度
告警灯	绿色	ALARM		熄灭：设备运行正常
				常亮：设备存在故障
				闪烁：设备软件下载或升级过程中
以太网口状态灯	绿色	LAN1～LAN4	网口 1	熄灭：表示系统未上电或者网口未连接网络设备
			iTV	常亮：表示网口已连接，但无数据传输
			网口 3	闪烁：表示有数据传输
			网口 4	闪烁：表示有数据传输
语音状态灯	绿色	POTS1	语音 1	熄灭：表示系统未上电或者无法注册到软交换/IMS
			语音 2	常亮：表示已经成功注册到软交换/IMS，但无业务流
				闪烁：表示有业务流传输。
USB 口状态灯	绿色	USB	USB	熄灭：表示系统未上电或者 USB 口未连接
				常亮：表示 USB 口已连接且工作于 Host 方式，但无数据传输
				闪烁：表示有数据传输
WLAN 口状态灯	绿色	WLAN	无线	熄灭：表示系统未上电或者无线接口被禁用
				常亮：表示无线接口已启动
				闪烁：表示有数据传输
WPS 状态灯	绿色或多色	WPS	无线对码	黄色闪烁：进行中
				红色闪烁：错误、检测到会话重叠
				绿色常亮：成功

二、机顶盒 STB

1. 中兴 B700（见图 10.9、图 10.10）

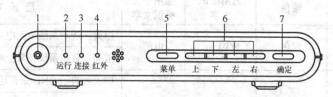

序号	说明
1	机顶盒待机键
2	运行状态指示灯：红色表示待机；绿色表示正常工作；黄色表示机顶盒故障；熄灭表示未上电
3	连接状态指示灯：绿色。指示灯亮表示网络正常；熄灭表示网络未连接或者网络故障
4	红外信号的指示灯：绿色。当机顶盒接收到有效的遥控器信息时，指示灯闪烁
5	菜单按钮，和遥控器上菜单键功能相同
6	上 / 下 / 左 / 右方向按钮，和遥控器上方向键的功能相同
7	确定按钮，和遥控器上 OK 键的功能相同

图 10.9　B700 正面及指示灯说明

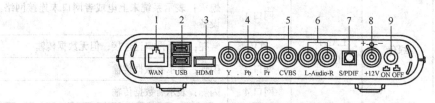

序号	说明
1	以太网接口，连接外网
2	USB 接口
3	HDMI 输出接口
4	分量视频输出接口
5	复合视频输出接口
6	音频输出接口：L 左声道、R 右声道
7	数字音频输出接口

图 10.10　B700 背面

2. 华为 EC1308（见图 10.11、图 10.12）

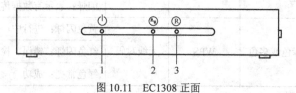

图 10.11　EC1308 正面

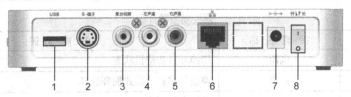

图 10.12　EC1308 背面

EC1308 正面指示灯的功能说明见表 10.5。

表 10.5　　　　　　　　　　　　EC1308 指示灯说明

编　号	名　称	功　能　描　述
1	POWER 指示灯	正常工作为绿色，待机为红色
2	LINK 指示灯	数据指示灯，连接网线后灯亮，未连接网线灯灭
3	IR 指示灯	红外指示灯，灯闪烁表示机顶盒接收到遥控信号

EC1308 背面接口的功能说明见表 10.6。

表 10.6　　　　　　　　　　　　EC1308 接口说明

编　号	名　称	功　能　描　述
1	USB 接口	USB2.0 端口，可以根据运营需求增加特定功能
2	S-端子	S 端子输出端口，接电视机的 S 端子输入端口
3	复合视频	复合视频信号输出口
4	左声道	模拟音频输出口 L-左声道
5	右声道	模拟音频输出口 R-右声道
6	网络	10/100M Base-T，连接室内已开通的以太网端口或者 ADSL Modem 的以太网端口
7	电源端口	DC 12V 1A 直流电源输入端口
8	开关	电源开/关

机顶盒的遥控器及其按键功能如图 10.13、表 10.7 所示。

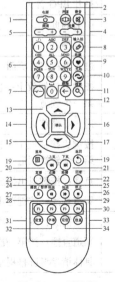

图 10.13　遥控器

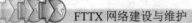

表 10.7   遥控器按键介绍

序　号	按键名称	功　能　简　述
1	电源	切换开机和待机状态
2	声道	声道与多音轨模式循环选择
3	静音	关闭和打开声音
4	音量	控制音量的加减
5	频道	顺序切换频道
6	数字键	用于输入数字和字符
7	-/--	在频道播放状态下支持数位切换
8	输入法	切换输入法
9	收藏	进入收藏夹页面，收藏用户喜爱节目，具体请参考屏幕提示
10	互动	扩展类按键，可进入信息互动页面，包括信息浏览以及网络游戏等
11	搜索	进入搜索页面，具体请参考屏幕提示
12	←	删除已输入的字符
13	上	焦点上移 / 直播播放频道加
14	左	焦点左移 / 播放节目状态下音量减小
15	下	焦点下移 / 频道直播播放频道减
16	右	焦点右移 / 播放节目状态下音量增加
17	确认	确认本次操作
18	返回	返回上一级菜单 EPG 浏览：返回上级页面 点播节目：返回到选择界面 频道直播：返回到直播频道选择页面 频道时移：返回直播状态
19	菜单	打开 EPG 首页
20	上页	向上翻页
21	下页	向下翻页
22	回看	进入电视回看页面 （nPVR）
23	直播	按键直接播放上一次播放的直播频道，如果上次无操作，播放第一个频道
24	点播	进入点播首页
25	轮播	按键直接播放上一次播放的轮播频道，如果上次无操作，播放第一个轮播频道
26	停止	点播：按键退出播放 频道直播：按键退出频道，返回到主菜单或频道节目选择界面
27	播放/暂停	点播播放：按第一次键暂停，再按一次开始播放 频道直播：按第一次键暂停，再按一次进入时移播放 具体请参考屏幕提示

续表

序　号	按 键 名 称	功 能 简 述
28	快退	点播节目快退 直播频道进入时移状态 时移节目快退
29	快进	点播节目快进 时移节目快进
30	快捷键	支持功能扩展，具体请参考屏幕提示
31	设置	进入本地配置页面
32	字幕	用于对白字幕的切换，如从中文切换至英文
33	信息	显示当前节目信息
34	定位	显示进度条，用于定位节目播放进度，具体请参考屏幕提示

三、E8-2/E8-B（FTTB/N 型终端，见图 10.14～图 10.16）

图 10.14　E8-2

前面板

指示灯名称	状态	含义
USB	常亮	USB 设备连接正常但没有数据传输
	闪烁	USB 设备连接正常并且有数据传输
	不亮	HG522-a 与 USB 设备的连接未建立
LAN 1～4	常亮	局域网连接正常
	闪烁	局域网有数据传输
	不亮	局域网连接未建立
WLAN	常亮	无线局域网连接正常但没有数据传输
	闪烁	无线局域网连接正常并且有数据传输
	不亮	无线功能被禁用，或者无线局域网模块故障
ADSL	常亮	ADSL 连接已经建立并且激活
	闪烁	ADSL 链路有数据流量或是链路正在激活
	不亮	ADSL 连接未建立
WPS	常亮	HG522-a 与无线终端的无线连接成功
	闪烁	HG522-a 与无线终端正在建立连接
	不亮	HG522-a 与无线终端的无线连接未建立
POWER	常亮	HG522-a 通电
	不亮	HG522-a 未通电

图 10.15　E8-2 指示灯说明

后面板

端口/按钮	功能
天线	用于和 WLAN 终端进行无线连接
WPS	用于简便、安全地建立 HG522-a 与无线终端的无线连接
RESET	按下RESET按钮并保持 3 秒以上，使设备恢复到出厂缺省设置 注意：此操作会使您自定义的数据丢失，请慎重使用
POWER	连接电源适配器
ON/OFF	接通或者断开 HG522-a 的电源
USB	连接 USB 存储设备，如 U 盘等
LAN 1~4	连接计算机或者交换机等设备。LAN2 即 iTV 接口，通过连接机 顶盒实现 IPTV 视频点播功能
WLAN	快速启用或者禁用无线局域网功能
ADSL	连接分离器的 Modem 接口

图 10.16　E8-2 接口说明

10.3.2　用户侧终端设备连接

在 FTTX 中，用户侧的主要终端设备有 Modem、机顶盒、计算机、电话、电视机。在进行终端放装时需要注意以下几方面。

（1）正确选取 Modem 放置的位置，要求附近有电源、无线能覆盖用户计算机的使用范围。

（2）正确连接 Modem 与机顶盒、计算机、电话机，使用网线连接计算机、机顶盒，网线的制作必须符合规范，Modem 的网线口连接正确。对于 Modem 的网口，通常 LAN2 口用于连接 iTV 的机顶盒，其他的网口用于连接计算机。对于存在多个语音电话线口的 Modem，通常用电话线连接语音口 1 至电话机。如图 10.17 所示。

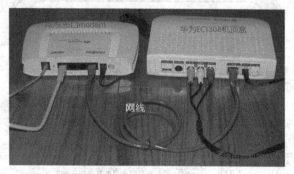

图 10.17　用户侧设备连接

（3）正确连接机顶盒与用户的电视机。机顶盒与电视机的连接主要有两种方式：标清和高清，其中标清方式的连接只有一种方案，即把红色、白色音频线和黄色视频线跟对应颜色的接口进行连接。高清方式连接可以选择两种方案，优先选择使用 HDMI 高清线进行对应接口的连接，次选使用分量视频线和音频线进行连接。采用分量视频线时，将三根分量视频线连接至对应颜色的接口即可，然后把红色、白色的音频线连接至分量线接口模块对应颜色的音频线接口即可。如图 10.18、图 10.19 所示。

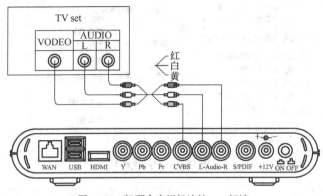

图 10.18　机顶盒电视机连接——标清

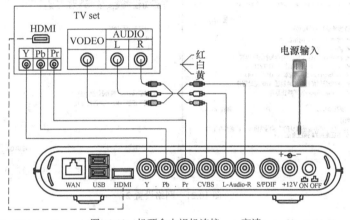

图 10.19　机顶盒电视机连接——高清

10.3.3　用户侧终端设备数据配置

一、配置计算机 IP 地址

完成硬件连接后，使用 IE 浏览器登录终端进行配置。登录终端前，必须保证计算机的 IP 地址为 192.168.1.0 网段。获取 IP 地址的方法有两种，一种是让计算机连接到终端后通过 DHCP 的方式自动获取 IP 地址，另一种是手动配置计算机的 IP 地址。

1. 自动获取 IP 地址操作

在"网上邻居"中打开网络连接页面，找到本地连接，单击鼠标右键选择"属性"，如图 10.20 所示。

进入"属性"后双击"INTERNET 协议"，在弹出的对话框中选择"自动获取 IP 地址"，如图 10.21 所示。

图 10.20　网络设置 1

图 10.21　网络设置 2

逐层确定后，系统会通过 DHCP 方式向终端请求 IP 地址，完成交互后，计算机会获得一个 IP 地址，如图 10.22 所示。

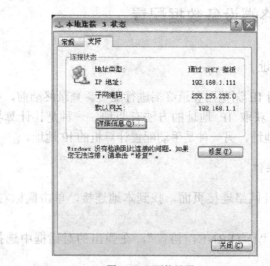

图 10.22　网络设置 3

检查该地址是否在 192.168.1.2～192.168.1.254 范围内，网关是否为 192.168.1.1。如无法通过自动获取方式获取 IP 地址或获取到的 IP 地址不在该范围，则采用手动配置方式指定计算机的 IP 地址。

　　2. 手动指定 IP 地址操作

　　在"网上邻居"中打开网络连接页面，找到本地连接，单击鼠标右键选择"属性"，如图 10.23 所示。

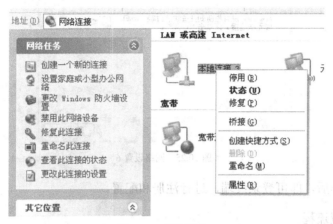

图 10.23　网络设置 4

　　进入属性后双击"INTERNET 协议"，在弹出的对话框中输入 IP 地址：192.168.1.2；子网掩码：255.255.255.0；默认网关：192.168.1.1，如图 10.24 所示。

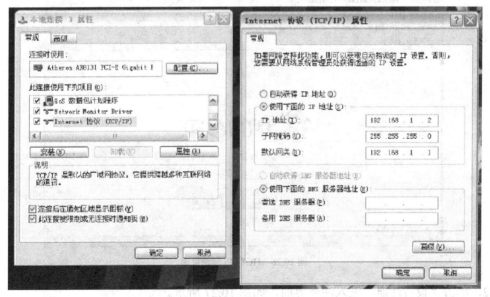

图 10.24　网络设置 5

　　逐层确定后，系统会指定 IP 地址为 192.168.1.2，如图 10.25 所示。

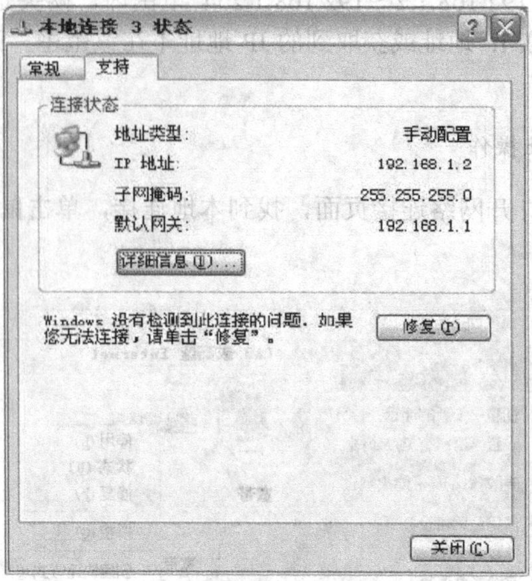

图 10.25　网络设置 6

完成上述操作后，即可登录终端，进行注册和配置。

二、自动配置流程

下面主要介绍华为 HG8245 的数据配置，其他品牌型号的 ONU 操作方法类似。

1. 打开浏览器，在地址栏中输入 http://192.168.1.1，如图 10.26 所示。

图 10.26　HG8245 登录页面

2. 单击"设备注册"进入注册界面，如图 10.27 所示。

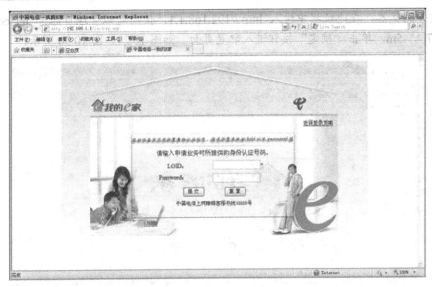

图 10.27   HG8245 注册页面

3．在 LOID 中输入该用户的 LOID，PASSWORD 默认为空，不用填。点击提交触发注册过程，如图 10.28 所示。

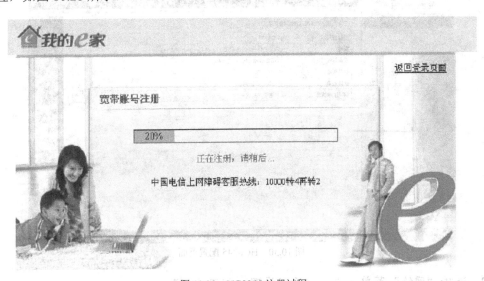

图 10.28   HG8245 注册过程

一般情况下，进度到达 30%时终端和 OLT 注册成功，50%表示终端和 ITMS 平台注册成功，100%表示业务下发成功。

业务下发成功后，装维人员应对用户业务进行验证。业务正常则由用户签字，确认完成本次装机，如业务不通则应登录终端进行故障排查。

三、ONU 数据手动配置

如果自动下发不成功需人为干预，进行手动数据配置，才能开通相关业务。这里主要介绍华为的定制终端设备，其他设备也一样。

1. 打开浏览器，在地址栏中输入 http://192.168.1.1，使用超级管理员账号 telecomadmin，密码为 nE7jA%5m，单击"确定"按钮进入配置页面，如图 10.29、图 10.30 所示。

图 10.29　HG8245 登录页面

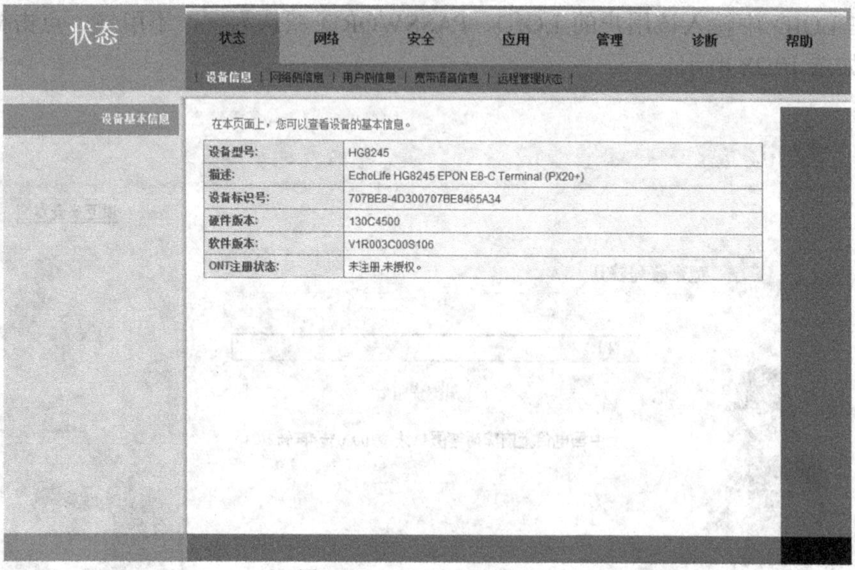

图 10.30　HG8245 配置页面

2. 选择"网络"菜单，进入"远程管理→OLT 认证"

在"LOID"处输入该用户的 LOID，点击认证后完成 LOID 的输入，如图 10.31 所示。

3. 宽带上网业务配置

说明：配置宽带业务时，如果装维人员不知道宽带 VLAN，可以不输入，设备则认为透传，OLT 可以下发给 ONU，宽带业务可以用。

（1）普通路由模式上网业务的配置要点有：启用 VLAN，设置 VLAN ID 为 1001，选择路由模式，使用 PPPoE 方式，启用 NAT，服务模式选用"INTERNET"，填入用户的账号和密码。进入"网络"菜单，选择"宽带设置"。如果已经存在 VLAN 1001 的连接，则查看该连接是否符合规范，如果不符合应删除该连接后进行新建。详细配置如图 10.32 所示。

注：此配置数据仅作示例，具体操作时，请更改为当地所规划的 VLAN 值。

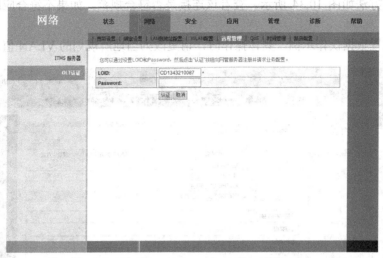

图 10.31   LOID 录入页面

图 10.32   上网数据配置（路由模式）

（2）桥接模式配置方式：进入"网络"菜单，选择"宽带设置"。如果已经存在 VLAN 1001 的连接，则查看该连接是否符合规范，如果不符合，应删除该连接后进行新建。详细配置如图 10.33 所示。

注：此配置数据仅作示例，具体操作时，请更改为当地所规划的 VLAN 值。

4. 语音业务配置

（1）语音业务的配置分两部分，连接配置和服务器账号配置。连接配置的要点有：启用 VLAN，设置 VLAN ID 为 45，选择路由模式，使用 DHCP 方式，服务模式选用"VoIP"。

服务器账号配置要点有：选择正确的连接，填入当地的 SIP 服务器 IP 地址和端口号，启用线路并填入用户的物理号和对应密码。

连接配置方法如图 10.34 所示。查看该连接是否符合规范，如果不符合应删除该连接后进行新建。

注：此配置数据仅作示例，具体操作时，请更改为当地所规划的 VLAN 值。

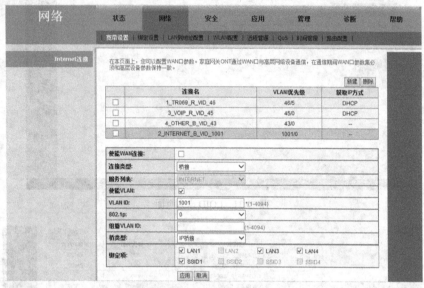

图 10.33　上网数据配置（桥接模式）

图 10.34　语音通道数据配置

（2）服务器账号配置方法如下：进入"应用"菜单，选择"宽带电话设置"进行配置。详细配置方法如图 10.35 所示：注意：各地市使用的 SIP 服务器 IP 不同，在手动配置时请根据本地实际情况填入对应的 SIP 服务器地址，不可生硬照抄参考图片的配置。

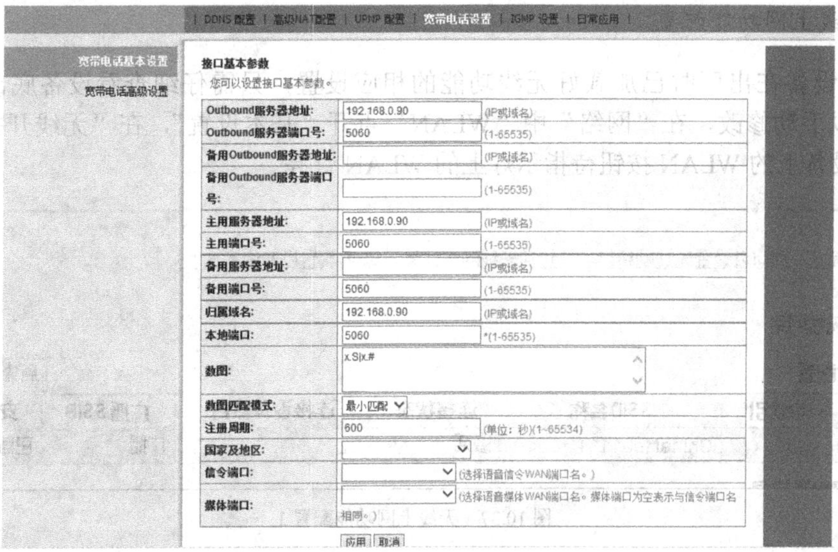

图 10.35　宽带电话认证数据配置

注：此配置数据仅作示例，具体操作时，请更改为当地所规划的 SIP 地址及端口。

5. IPTV 业务配置

FTTH 终端上的 IPTV 业务的配置要点有：①启用 VLAN，设置 VLAN ID 为 43，选择桥接模式，服务模式选用"OTHER"，选择绑定 LAN2 口。②进入"网络"菜单，选择"宽带设置"。如果已经存在 VLAN 43 的连接，则查看该连接是否符合规范，如果不符合应删除该连接后进行新建。详细配置如图 10.36 所示。

图 10.36　IPTV 数据配置

注：此配置数据仅作示例，具体操作时，请更改为当地所规划的 VLAN 值。

6. 无线上网功能配置

E8-C 设备在出厂时已加载好无线功能的相应设置，只需仔细查看设备底部的相关信息。也可以手动修改，在"网络"中"WLAN"点开"基本设置"，在"无线开关"处打上勾或按下设备上的 WLAN 按钮待指示灯上的 WLAN 灯亮。

在本页面上，您可以设置无线网络参数，包括无线网络开关，SSID配置以及信道选项。

☑ 开启无线网络

基本参数配置   新建 | 删除

	SSID索引	SSID名称	连接状态	连接设备数目	广播SSID	安全配置
☐	1	ChinaNet-1111	激活	32	广播	已配置

SSID详细配置信息

图 10.37　无线上网功能配置 1

设置无线网络名称，点开"SSID 设置"，在"SSID 名称"处修改无线名称。

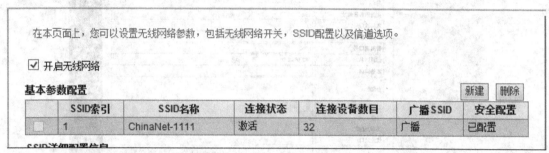

图 10.38　无线上网功能配置 2

设置无线密码，点开"安全设置"，在"WAP 预共享密钥"处修改无线密码。

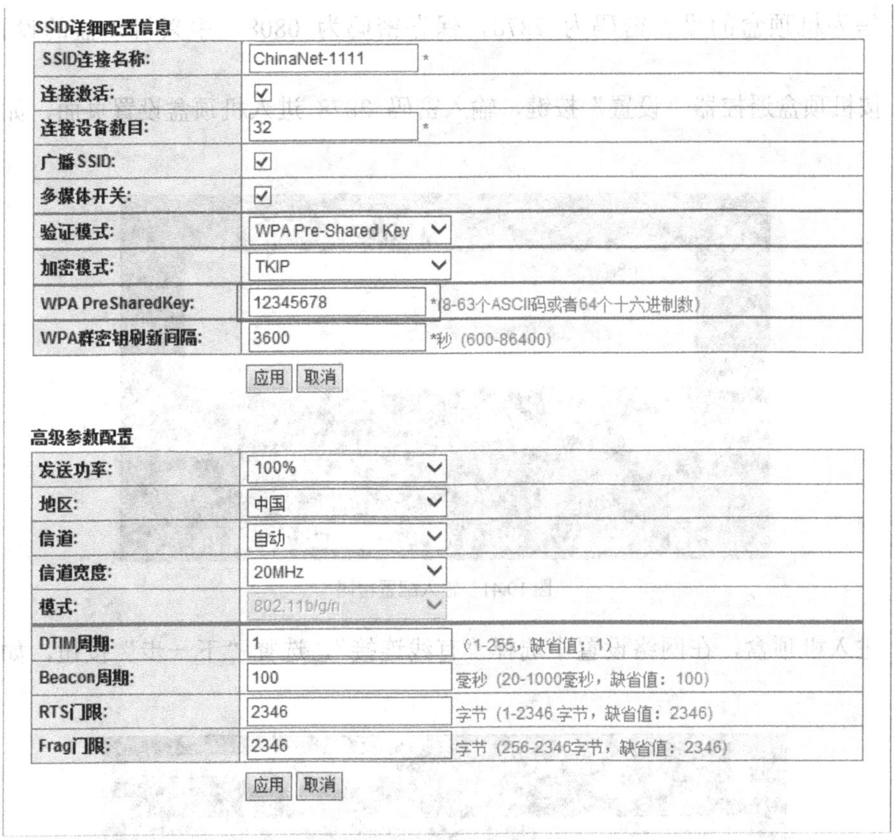

SSID详细配置信息		
SSID连接名称:	ChinaNet-1111	*
连接激活:	☑	
连接设备数目:	32	*
广播SSID:	☑	
多媒体开关:	☑	
验证模式:	WPA Pre-Shared Key ∨	
加密模式:	TKIP ∨	
WPA PreSharedKey:	12345678	*(8-63个ASCII码或者64个十六进制数)
WPA群密钥刷新间隔:	3600	*秒 (600-86400)

应用　取消

高级参数配置		
发送功率:	100% ∨	
地区:	中国 ∨	
信道:	自动 ∨	
信道宽度:	20MHz ∨	
模式:	802.11b/g/n ∨	
DTIM周期:	1	(1-255，缺省值：1)
Beacon周期:	100	毫秒 (20-1000毫秒，缺省值：100)
RTS门限:	2346	字节 (1-2346 字节，缺省值：2346)
Frag门限:	2346	字节 (256-2346字节，缺省值：2346)

应用　取消

图 10.39　无线上网功能配置 3

四、机顶盒数据配置

IPTV 机顶盒数据配置，由于在机顶盒出厂时厂家固化了大部分的固定数据，所以装维人员仅需要配置用户网络接入账号密码和用户平台认证账号密码即可，如果厂家固化的内容与当地的数据不匹配时，则需要做相应的数据更改。具体的配置步骤如图 10.40 所示。

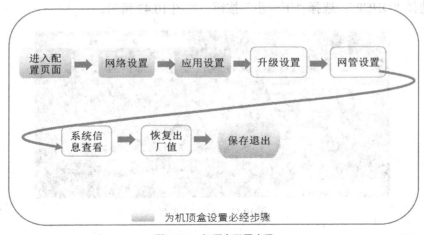

为机顶盒设置必经步骤

图 10.40　机顶盒配置步骤

注：华为机顶盒的设置密码为 2878，保存密码为 0808；中兴机顶盒的设置密码为 6321。

（1）按机顶盒遥控器"设置"按键，输入密码 2878 进入机顶盒设置页面，如图 10.41 所示。

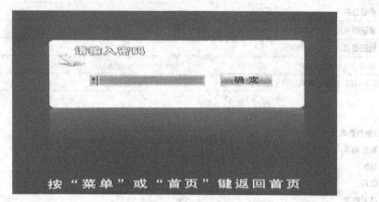

图 10.41　输入配置密码

（2）进入机顶盒，在网络设置中选择"有线连接"，选择"下一步"按钮，如图 10.42 所示。

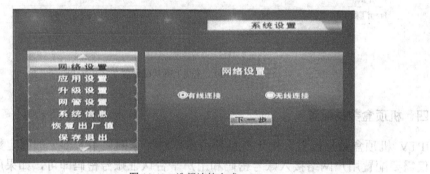

图 10.42　选择连接方式

（3）选择"DHCP"，选择"下一步"按钮，如图 10.43 所示。

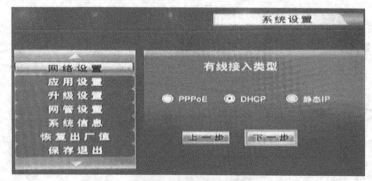

图 10.43　选择接入类型

（4）输入用户 iTV 的 DHCP 认证账号密码，如图 10.44 所示。

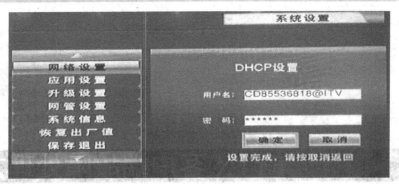

图 10.44　输入 DHCP 账号密码

（5）在应用设置中输入用户的 iTV 业务认证账号密码，如图 10.45 所示。

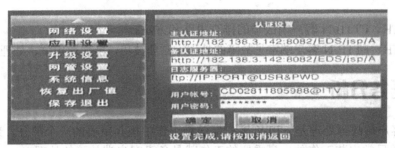

图 10.45　输入业务账号密码

（6）选择"确认"按钮，网络设置完成，此时按照页面提示信息，选择"取消"键返回。保存配置后退出配置界面。

FTTX 客户端故障处理方法

11.1 任务目标

（1）FTTH、FTTB/N 客户端故障的排查思路和方法。

（2）FTTH、FTTB/N 客户端常见故障的处理方法和技巧，能快速定位、处理常规故障。

11.2 任务分析

FTTX 客户端故障处理是 FTTX 客户端装维工作中极其重要的一个部分，装维人员除了进行 FTTX 的日常安装工作外，最重要的工作就是负责客户端故障的处理。

客户端故障处理是一个十分繁琐的过程，要想成为 FTTX 客户端故障处理的能手，必须要掌握 FTTX 现网所承载的各项业务的实现原理，各项业务启动的数据交互流程，并对日常工作中常见的一些故障案例进行总结归类，形成自己的故障经验库。

FTTX 业务故障的原因很多，而根据网络分段来看，装维人员只需要负责自己工作界面内的故障排查，并且协助其他网络段的相关维护人员进行排障。所以，明确排障的工作职责很重要，在客户申报故障时，必须做好自己排障职责范围内的工作，并且配合网络端交接板块的维护人员共同完成全网的故障处理，使业务恢复正常。

要想快速地进行故障的排除，必须要掌握一种科学的排障思路和流程，提高排障的工作效率。对排障过程中所遇到的一些新型的故障案例，一定要勤于记录，并且分类进行整理，让自己的故障处理经验库越来越丰富，这样随着工作时间的积累，排障的能力也会快速提高。

在本任务中，首先通过理论讲解 FTTX 故障处理的思路和流程，然后分享常见的 FTTX 各种类型故障的处理方法，分享常见的现网故障案例，最后通过模拟排障实操练习来巩固对排障思路、流程、方法的掌握程度。

11.3　相关知识

11.3.1　FTTX 故障处理流程、思路

一、FTTX 客户端故障来源分析

FTTX 客户端故障的来源如图 11.1 所示，大致可以分为以下几个方面。

（1）设备连接错误：主要表现为 E8-C/B 与机顶盒、电视机、用户计算机，机顶盒与电视机的连接出错，特别是多端口的 E8-C，由于用户在使用过程中随意更改连接线缆，导致业务不能正常使用。例如，多端口 E8-C/B 的 LAN2 口固定用于连接 iTV 的机顶盒，如果机顶盒连接到其他端口则会导致 iTV 业务不能正常使用；有些 E8-C 有两

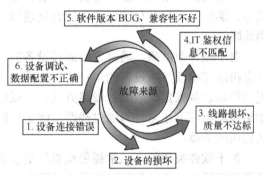

图 11.1　FTTH 客户端故障来源

个语音口，但是通常做数据配置时，绑定的是语音口 1，如果连接电话时，连接的不是语音口 1 则会导致电话故障。

（2）设备硬件故障：主要表现为 E8-C/B、机顶盒等硬件损坏。鉴定方法为，在确保设备数据配置正确的情况下，业务不能正常使用，但是更换一个相应的设备，做相同的数据配置，业务能够恢复正常。

（3）用户侧线路故障：用户侧线路主要指从楼道的光分路箱/光分纤箱处到用户家的皮线光缆终结点的光缆线路、用户室内的网线、电话线及视音频线等，也包括用户侧的无线线路，如 USB 无线网卡、电力猫等。

（4）用户鉴权信息错误：用户鉴权信息主要包括用户的宽带上网账号密码、宽带电话账号密码、iTV 网络接入账号密码、iTV 平台认证账号密码；以上用户鉴权信息必须做到鉴权平台跟用户终端的信息一致，且绑定关系一致，用户方可正常接入网络使用各项业务。

（5）用户侧终端设备系统软件版本 BUG：由于用户的 E8-C/B、机顶盒的系统软件版本过低或者系统软件 BUG 导致业务不能正常使用，在升级系统软件后即可使业务恢复正常。

（6）用户侧终端设备数据配置错误：此类故障在 FTTX 客户端故障中占比较大，主要指 E8-C/B 和机顶盒中需要装维人员配置部分的数据错误导致业务不能正常使用。对于 E8-C 终端，通常是采用远程数据自动下发的形式完成数据配置，装维人员通常只需要录入用户工单上的 LOID 号即可完成 E8-C 的注册和数据的自动下发，但是如果遇到数据下发失败，则需要装维人员手动配置数据，E8-B 和机顶盒数据也只能通过装维人员手动配置完成。

二、FTTX 故障分类

根据 FTTX 客户端的故障来源，故障可分为如图 11.2 所示的三大类别。通过识别故障的类别，便于对故障进行定位和排除，快速找到故障的处理方法。

对于 IT 鉴权类故障，通常表现为出现错误信息，提示用户的账号密码错误，装维人员针对此类故障的正确处理方法就是：第一，再次核对工单上的用户账号密码，重新输入，确保输入正确；第二，如果确保输入无误后，故障依然存在，那么就可以联系综调，查询用户的账号密码信息与资源管理系统所产生的密码是否匹配，检查用户的在线状态、绑定关系等，与综调协调配合处理该类故障。

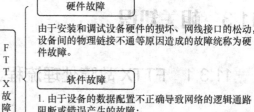

硬件故障

由于安装和调试设备硬件的损坏、网线接口的松动、设备间的物理链接不通等原因造成的故障统称为硬件故障。

软件故障

1. 由于设备的数据配置不正确导致网络的逻辑通路阻断或错误产生的故障；
2. 由于设备软件安装不正确、版本过低、软件自带的 BUG 问题等原因造成的故障统称为软件故障。

IT 鉴权故障

由于用户用于鉴权业务使用权限的账号货认证信息不正确，或者是用户的账号跟设备绑定关系不正确导致鉴权失败而产生的故障。

图 11.2　FTTX 故障分类

对于硬件类故障，通常需要通过设备的状态指示灯检查终端设备的运行情况，通过更换终端设备来定位故障。线路方面，可以借助相关的测试仪器检查线路的定量数据指标，如果线路指标不正常，再通过线路故障定位的仪器定位故障，通过更换线缆，修复线缆来解决相应的故障。

对于软件类故障，通常需要检查终端设备的软件版本、检查数据配置，确保软件版本更新到最新版本，确保数据配置正确进而完成故障的排除。

三、FTTX 故障处理思路（见图 11.3）

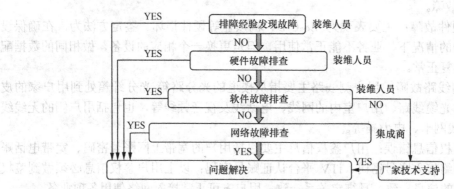

图 11.3　故障处理思路

对于 FTTX 客户端故障，装维人员在收到故障处理任务后，通常根据故障现象和个人的故障排查经验快速定位故障，找到故障产生的根本原因，再根据相应的故障处理方法排除故障，使业务恢复正常。

如果从个人的故障经验库中找不到相应故障现象的处理办法，那么装维人员就需要通过正确的故障排查流程来进行故障定位。首先，根据故障现象可以大致了解故障的情况，例如，如果是一个片区内出现大面积故障，那么通常不会去排查单个用户的用户侧，而是要考虑主干光缆线路、分光器、汇接设备、局端设备的问题；如果是单个用户的故障现象，那么优先考虑的就是去用户侧进行故障排查。在了解到具体的故障情况之后，需要按照先硬件后软件的流程进行故障排查，因为硬件故障往往是比较直观、简单的，可以直接通过设备指示灯快速定位，而软件故障通常是比较复杂、抽象的，需要登录相应设备去检查大量的配置数据；故障排查要做到快速精准，同时也需要遵守先易后难的原则。

如果用户侧排查完成后依然没有找到故障的根源，那么就需要考虑故障点是否不在用户侧而在网络侧，具体的定位方法需要借助相应的故障定位软硬件工具才能完成。装维人员的职责就是确保排除用户侧故障，如果故障产生在网络侧，则需要协调网络侧的维护人员进行故障处理，但在故障处理的过程中需要把用户侧的信息提供给网络侧维护人员。

四、FTTX 故障处理流程

FTTX 用户侧故障的具体排查流程如图 11.4 所示。

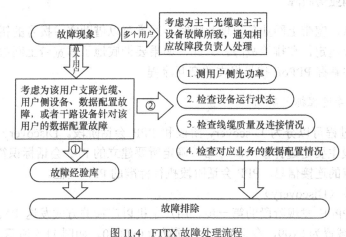

图 11.4 FTTX 故障处理流程

11.3.2 常见 FTTX 故障处理经验总结

一、总体业务故障

总体业务故障指用户的宽带上网、语音业务及 iTV 业务均不能正常使用的故障现象。导致该种故障现象的主要原因大致可以分为以下几个方面。

1. E8-C 未完成到 OLT 的注册

这种情况下，可以明显观察到 E8-C 的 PON 灯不亮或闪烁，通常是由于 E8-C 的 LOID 输入错误、OLT 的 PON 口数据未做、用户的 LOID 号跟所在的 PON 口不匹配等原因导致。装维人员通过跟综调协调，查询到正确的用户 LOID 号，正确录入到 E8-C 上即可解决该类故障。

2. 用户侧或该用户对应的 ODN 线路故障

通过观察用户侧 E8-C 的 LOS 指示灯的状态可以基本断定光信号是否达到 E8-C 的接收要求，使用光功率计测试用户侧光功率，如果不在 $-8 \sim -27\text{dBm}$ 范围内，那么可以断定是线路故障，可以通过排查找到 ODN 通道中具体的非正常光损耗点，来完成线路修复，使用户侧光功率恢复正常。

109

3. 宽带上网、语音、iTV 数据配置未做

登录 E8-C 配置页面，检查三项业务对应的数据配置数据是否正确，如果对应数据配置错误，进行改正后即可使业务恢复正常。

4. PON 口或者 MDU 数据遗漏或错误

通过联系接入网维护人员协调解决此类原因造成的业务故障。

二、宽带上网业务故障

其他业务正常，宽带上网业务出现故障时，通常可以借助宽带拨号的错误代码来确定故障的原因，并且快速定位和排除故障。为此，如果要彻底地了解宽带上网故障提示代码的含义，必须要熟悉并掌握 PPPoE 拨号报文的交互流程。

1. PPPoE 拨号过程抓包解析

PPPoE 建立过程可以分为 Discovery 阶段和 PPP 会话阶段。Discovery 阶段是一个无状态的阶段，该阶段主要是选择接入服务器，确定所要建立的 PPP 会话标识符 Session ID，同时获得对方点到点的连接信息。PPP 会话阶段执行标准的 PPP 过程。

（1）发现阶段（Discovery）

① PADI：PPPoE 发现阶段的第一步。用户主机以广播的方式发送 PADI 数报包，请求建立链路。Code 域置为 0x09，会话 ID 域必须置为 0x0000。如图 11.5 所示。

图 11.5　发现阶段 1

② PADO：PPPoE 发现阶段的第二步。访问集中器（AC）以单播的方式发送一个 PADO 数据包对主机的请求做出应答。目的地址为主机的 MAC 地址，Code 域置为 0x07，会话 ID 域必须置为 0x0000。PADO 数据包必须包含一个类型为 AC-Name 的 Tag（包含了访问集中器的名字）。如图 11.6 所示。

③ PADR：PPPoE 发现阶段的第三步。因为 PADI 数据包是广播的，所以主机可能收到不止一个的 PADO 报文。主机在收到报文后，会根据 AC-Name 或者 PADO 所提供的服务来选择一个 AC，然后主机向选中的 AC 单播一个 PADR 数据包。目的地址域为 AC 的 MAC 地址，Code 域置为 0x19，会话 ID 域必须置为 0x0000。PADR 报文必须且只能包含一个

Tag_Type 为 Service-Name 的 Tag，表明主机请求的服务。如图 11.7 所示。

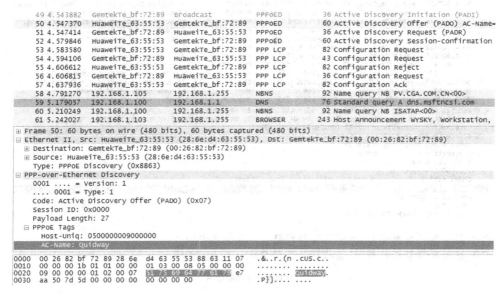

图 11.6　发现阶段 2

图 11.7　发现阶段 3

④ PADS：PPPoE 发现阶段最后一步。当 AC 在收到 PADR 报文时，就准备开始一个 PPP 的会话了。它为 PPPoE 会话创建一个唯一的会话 ID 并用单播一个 PADS 数据包来给主机做出响应。目的地址域为主机的 MAC 地址，Code 域置为 0x65，会话 ID 必须设置为所创建好的会话 ID。如图 11.8 所示。

（2）会话阶段（PPP）

PPP 会话的建立，需要两端的设备都发送 LCP（Link Control Protocol）数据包来配置和测试数据通信链路。

```
49 4.543882   GemtekTe_bf:72:89   Broadcast          PPPoED    36 Active Discovery Initiation (PADI)
50 4.547370   HuaweiTe_63:55:53   GemtekTe_bf:72:89  PPPoED    60 Active Discovery Offer (PADO) AC-Name=
51 4.547414   GemtekTe_bf:72:89   HuaweiTe_63:55:53  PPPoED    36 Active Discovery Request (PADR)
52 4.579846   HuaweiTe_63:55:53   GemtekTe_bf:72:89  PPPoED    60 Active Discovery Session-confirmation
53 4.583580   HuaweiTe_63:55:53   GemtekTe_bf:72:89  PPP LCP   82 Configuration Request
54 4.594106   GemtekTe_bf:72:89   HuaweiTe_63:55:53  PPP LCP   43 Configuration Request
55 4.606612   HuaweiTe_63:55:53   GemtekTe_bf:72:89  PPP LCP   82 Configuration Reject
56 4.606815   GemtekTe_bf:72:89   HuaweiTe_63:55:53  PPP LCP   36 Configuration Request
57 4.637936   HuaweiTe_63:55:53   GemtekTe_bf:72:89  PPP LCP   82 Configuration Ack
58 4.791270   192.168.1.105       192.168.1.255      NBNS      92 Name query NB PV.CGA.COM.CN<00>
59 5.179057   192.168.1.100       192.168.1.1        DNS       76 Standard query A dns.msftncsi.com
60 5.210249   192.168.1.100       192.168.1.255      NBNS      92 Name query NB ISATAP<00>
61 5.242027   192.168.1.103       192.168.1.255      BROWSER  243 Host Announcement WYSKY, Workstation,
```

```
⊞ Frame 52: 60 bytes on wire (480 bits), 60 bytes captured (480 bits)
⊟ Ethernet II, Src: HuaweiTe_63:55:53 (28:6e:d4:63:55:53), Dst: GemtekTe_bf:72:89 (00:26:82:bf:72:89)
  ⊞ Destination: GemtekTe_bf:72:89 (00:26:82:bf:72:89)
  ⊞ Source: HuaweiTe_63:55:53 (28:6e:d4:63:55:53)
    Type: PPPoE Discovery (0x8863)
⊟ PPP-over-Ethernet Discovery
    0001 .... = Version: 1
    .... 0001 = Type: 1
    Code: Active Discovery Session-confirmation (PADS) (0x65)
    Session ID: 0x5af2
    Payload Length: 16
  ⊟ PPPoE Tags
      Host-Uniq: 050000000a000000
```

```
0000  00 26 82 bf 72 89 28 6e  d4 63 55 53 88 63 11 65   .&..r.(n .cUS.c.e
0010  5a f2 00 10 01 01 00 00  01 03 00 08 05 00 00 00   ................
0020  0a 00 00 00 68 02 fc 6c  00 93 36 94 82 07 32 3d   ...h..l ..6...2=
0030  82 3d 00 00 00 00 06 74  00 00 00 00               .=.....t ....
```

图 11.8　发现阶段 4

① 协商阶段

LCP 的 Request 主机和 AC 都要给对方发送，LCP 协商阶段完成最大传输单元、是否进行认证和采用何种认证方式的协商。如图 11.9 所示。

```
53 4.583580   HuaweiTe_63:55:53   GemtekTe_bf:72:89  PPP LCP   82 Configuration Request
54 4.594106   GemtekTe_bf:72:89   HuaweiTe_63:55:53  PPP LCP   43 Configuration Request
55 4.606612   HuaweiTe_63:55:53   GemtekTe_bf:72:89  PPP LCP   82 Configuration Reject
56 4.606815   GemtekTe_bf:72:89   HuaweiTe_63:55:53  PPP LCP   36 Configuration Request
57 4.637936   HuaweiTe_63:55:53   GemtekTe_bf:72:89  PPP LCP   82 Configuration Ack
58 4.791270   192.168.1.105       192.168.1.255      NBNS      92 Name query NB PV.CGA.COM.CN<00>
59 5.179057   192.168.1.100       192.168.1.1        DNS       76 Standard query A dns.msftncsi.com
60 5.210249   192.168.1.100       192.168.1.255      NBNS      92 Name query NB ISATAP<00>
61 5.242027   192.168.1.103       192.168.1.255      BROWSER  243 Host Announcement WYSKY, Workstation,
```

```
    0001 .... = Version: 1
    .... 0001 = Type: 1
    Code: Session Data (0x00)
    Session ID: 0x5af2
    Payload Length: 62
⊟ Point-to-Point Protocol
    Protocol: Link Control Protocol (0xc021)
⊟ PPP Link Control Protocol
    Code: Configuration Ack (0x02)
    Identifier: 0x01
    Length: 14
  ⊟ Options: (10 bytes)
      Maximum Receive Unit: 1480
      Magic number: 0x3b170814
```

```
0000  00 26 82 bf 72 89 28 6e  d4 63 55 53 88 64 11 00   .&..r.(n .cUS.d..
0010  5a f2 00 3e c0 21 02 01  00 0e 01 04 05 c8 05 06   Z..>.!.. ........
0020  3b 17 08 14 00 00 00 00  00 00 00 00 00 00 00 00   ;....... ........
0030  00 00 00 00 00 00 00 00  00 00 00 00 00 00 00 00   ........ ........
0040  00 00 00 00 00 00 00 00  00 00 00 00 00 00 00 00   ........ ........
0050  00 00                                              ..
```

图 11.9　协商阶段

② 认证阶段

会话双方通过 LCP 协商好的认证方法进行认证，如果认证通过了，才可以进行下面的网络层的协商。认证过程在链路协商结束后就进行。

```
75 7.551266   HuaweiTe_63:55:53   GemtekTe_bf:72:89   PPP LCP     82 Configuration Request
76 7.551424   GemtekTe_bf:72:89   HuaweiTe_63:55:53   PPP LCP     40 Configuration Ack
77 7.551553   GemtekTe_bf:72:89   HuaweiTe_63:55:53   PPP LCP     40 Identification
78 7.551612   GemtekTe_bf:72:89   HuaweiTe_63:55:53   PPP LCP     45 Identification
79 7.551664   GemtekTe_bf:72:89   HuaweiTe_63:55:53   PPP LCP     46 Identification
80 7.554434   GemtekTe_bf:72:89   HuaweiTe_63:55:53   PPP PAP     54 Authenticate-Request (Peer-ID='gy08205050121', Password=
81 7.606929   HuaweiTe_63:55:53   GemtekTe_bf:72:89   PPP PAP     82 Authenticate-Ack (Message='Authentication success,Welcom
82 7.607197   HuaweiTe_63:55:53   GemtekTe_bf:72:89   PPP IPCP    82 Configuration Request
83 7.607660   GemtekTe_bf:72:89   HuaweiTe_63:55:53   PPP IPV6CP  36 Configuration Request
84 7.607744   GemtekTe_bf:72:89   HuaweiTe_63:55:53   PPP IPCP    56 Configuration Request
85 7.607812   GemtekTe_bf:72:89   HuaweiTe_63:55:53   PPP IPCP    32 Configuration Ack
86 7.609390   HuaweiTe_63:55:53   GemtekTe_bf:72:89   PPP LCP     82 Protocol Reject
87 7.609679   HuaweiTe_63:55:53   GemtekTe_bf:72:89   PPP IPCP    82 Configuration Reject
88 7.609893   GemtekTe_bf:72:89   HuaweiTe_63:55:53   PPP IPCP    44 Configuration Request
89 7.633645   HuaweiTe_63:55:53   GemtekTe_bf:72:89   PPP IPCP    82 Configuration Nak
```

```
  0001 .... = Version: 1
  .... 0001 = Type: 1
  Code: Session Data (0x00)
  Session ID: 0x5af2
  Payload Length: 34
⊟ Point-to-Point Protocol
  Protocol: Password Authentication Protocol (0xc023)
⊟ PPP Password Authentication Protocol
  Code: Authenticate-Request (1)
  Identifier: 4
  Length: 32
⊟ Data
    Peer-ID-Length: 13
    Peer-ID: gy08205050121
```

```
0000  28 6e d4 63 55 53 00 26  82 bf 72 89 88 64 11 00   (n.cUS.&  ..r..d..
0010  5a f2 00 22 c0 23 01 04  00 20 0d 67 79 30 38 32   Z..".#.. . .gy082
```

图 11.10　认证阶段

如图 11.10 所示，可以抓到 PPPoE 拨号的用户名和密码（明文显示）还有主机名等相关信息。

③ IPCP 协商阶段

用户和接入设备对 IP 服务阶段的一些要求进行多次协商，以决定双方都能够接收的约定。例如 IP 业务阶段使用的 IP 压缩协议等。双方的协议是通过报文中包含的 Option 项进行协商的，每一个 Option 都是一个需要协商的问题。最后双方都需要对方答复 Configure_Ack 的同意报文。

```
82 7.607197   HuaweiTe_63:55:53   GemtekTe_bf:72:89   PPP IPCP    82 Configuration Request
83 7.607660   GemtekTe_bf:72:89   HuaweiTe_63:55:53   PPP IPV6CP  36 Configuration Request
84 7.607744   GemtekTe_bf:72:89   HuaweiTe_63:55:53   PPP IPCP    56 Configuration Request
85 7.607812   GemtekTe_bf:72:89   HuaweiTe_63:55:53   PPP IPCP    32 Configuration Ack
86 7.609390   HuaweiTe_63:55:53   GemtekTe_bf:72:89   PPP LCP     82 Protocol Reject
87 7.609679   HuaweiTe_63:55:53   GemtekTe_bf:72:89   PPP IPCP    82 Configuration Reject
88 7.609893   GemtekTe_bf:72:89   HuaweiTe_63:55:53   PPP IPCP    44 Configuration Request
89 7.633645   HuaweiTe_63:55:53   GemtekTe_bf:72:89   PPP IPCP    82 Configuration Nak
90 7.633927   GemtekTe_bf:72:89   HuaweiTe_63:55:53   PPP IPCP    44 Configuration Request
91 7.635830   HuaweiTe_63:55:53   GemtekTe_bf:72:89   PPP IPCP    82 Configuration Ack
92 7.673625   fe80::598d:f626:2f7 ff02::16               ICMPv6      90 Multicast Listener Report Message
93 7.673725   192.168.1.100       224.0.0.2             IGMP        46 V2 Leave Group 224.0.0.252
94 7.706614   fe80::598d:f626:2f7 ff02::16               ICMPv6      90 Multicast Listener Report Message
```

```
  Session ID: 0x5af2
  Payload Length: 36
⊟ Point-to-Point Protocol
  Protocol: IP Control Protocol (0x8021)
⊟ PPP IP Control Protocol
  Code: Configuration Request (0x01)
  Identifier: 0x06
  Length: 34
⊟ Options: (30 bytes)
    IP address: 0.0.0.0
    Primary DNS server IP address: 0.0.0.0
    Primary WINS server IP address: 0.0.0.0
    Secondary DNS server IP address: 0.0.0.0
    Secondary WINS server IP address: 0.0.0.0
```

```
0000  28 6e d4 63 55 53 00 26  82 bf 72 89 88 64 11 00   (n.cUS.&  ..r..d..
0010  5a f2 00 24 80 21 01 06  00 22 03 06 00 00 00 00   Z..$.!.. ."......
0020  81 06 00 00 00 00 82 06  00 00 00 00 83 06 00 00   ........  ........
0030  00 00 84 06 00 00 00 00                            ........
```

图 11.11　IPCP 协商阶段 1

从图 11.11 中可以看到用户申请 IPv6 地址、IPv4 地址、DNS 和 WINS server IP。

```
82 7.607197    HuaweiTe_63:55:53    GemtekTe_bf:72:89    PPP IPCP     82 Configuration Request
83 7.607660    GemtekTe_bf:72:89    HuaweiTe_63:55:53    PPP IPV6CP   36 Configuration Request
84 7.607744    GemtekTe_bf:72:89    HuaweiTe_63:55:53    PPP IPCP     56 Configuration Request
85 7.607812    GemtekTe_bf:72:89    HuaweiTe_63:55:53    PPP IPCP     32 Configuration Ack
86 7.609390    HuaweiTe_63:55:53    GemtekTe_bf:72:89    PPP LCP      82 Protocol Reject
87 7.609679    HuaweiTe_63:55:53    GemtekTe_bf:72:89    PPP IPCP     82 Configuration Reject
88 7.609893    GemtekTe_bf:72:89    HuaweiTe_63:55:53    PPP IPCP     44 Configuration Request
89 7.633645    HuaweiTe_63:55:53    GemtekTe_bf:72:89    PPP IPCP     82 Configuration Nak
90 7.633927    GemtekTe_bf:72:89    HuaweiTe_63:55:53    PPP IPCP     44 Configuration Request
91 7.635830    HuaweiTe_63:55:53    GemtekTe_bf:72:89    PPP IPCP     82 Configuration Ack
92 7.673625    fe80::598d:f626:2f7ff02::16               ICMPv6       90 Multicast Listener Report Me
93 7.673725    192.168.1.100        224.0.0.2            IGMP         46 V2 Leave Group 224.0.0.252
94 7.706614    fe80::598d:f626:2f7ff02::16               ICMPv6       90 Multicast Listener Report Me
95 7.706869    10.4.12.100          224.0.0.22           IGMP         62 V3 Membership Report / Join
96 7.707029    192.168.1.100        224.0.0.252          IGMP         46 V2 Membership Report / Join
```

```
   0001 .... = Version: 1
   .... 0001 = Type: 1
   Code: Session Data (0x00)
   Session ID: 0x5af2
   Payload Length: 62
⊟ Point-to-Point Protocol
   Protocol: IP Control Protocol (0x8021)
⊟ PPP IP Control Protocol
   Code: Configuration Reject (0x04)
   Identifier: 0x06
   Length: 16
  ⊟ Options: (12 bytes)
     Primary WINS server IP address: 0.0.0.0
     Secondary WINS server IP address: 0.0.0.0
```

```
0000  00 26 82 bf 72 89 28 6e  d4 63 55 53 88 64 11 00   .&..r.(n .cUS.d..
0010  5a f2 00 3e 80 21 04 06  00 10 82 06 00 00 00 00   Z..>.!.. ........
0020  84 06 00 00 00 00 82 06  00 00 00 00 83 06 3d 84   ........ ......=.
0030  a3 44 84 06 00 00 00 00  00 00 00 00 00 00 00 00   .D...... ........
0040  00 00 00 00 00 00 00 00  00 00 00 00 00 00         ........ ......
```

图 11.12　IPCP 协商阶段 2

如图 11.12 所示，接入设备不提供 IPv6 协议支持，不提供 WINS server IP。

```
82 7.607197    HuaweiTe_63:55:53    GemtekTe_bf:72:89    PPP IPCP     82 Configuration Request
83 7.607660    GemtekTe_bf:72:89    HuaweiTe_63:55:53    PPP IPV6CP   36 Configuration Request
84 7.607744    GemtekTe_bf:72:89    HuaweiTe_63:55:53    PPP IPCP     56 Configuration Request
85 7.607812    GemtekTe_bf:72:89    HuaweiTe_63:55:53    PPP IPCP     32 Configuration Ack
86 7.609390    HuaweiTe_63:55:53    GemtekTe_bf:72:89    PPP LCP      82 Protocol Reject
87 7.609679    HuaweiTe_63:55:53    GemtekTe_bf:72:89    PPP IPCP     82 Configuration Reject
88 7.609893    GemtekTe_bf:72:89    HuaweiTe_63:55:53    PPP IPCP     44 Configuration Request
89 7.633645    HuaweiTe_63:55:53    GemtekTe_bf:72:89    PPP IPCP     82 Configuration Nak
90 7.633927    GemtekTe_bf:72:89    HuaweiTe_63:55:53    PPP IPCP     44 Configuration Request
91 7.635830    HuaweiTe_63:55:53    GemtekTe_bf:72:89    PPP IPCP     82 Configuration Ack
92 7.673625    fe80::598d:f626:2f7ff02::16               ICMPv6       90 Multicast Listener Report Me
93 7.673725    192.168.1.100        224.0.0.2            IGMP         46 V2 Leave Group 224.0.0.252
94 7.706614    fe80::598d:f626:2f7ff02::16               ICMPv6       90 Multicast Listener Report Me
95 7.706869    10.4.12.100          224.0.0.22           IGMP         62 V3 Membership Report / Join
96 7.707029    192.168.1.100        224.0.0.252          IGMP         46 V2 Membership Report / Join
```

```
   .... 0001 = Type: 1
   Code: Session Data (0x00)
   Session ID: 0x5af2
   Payload Length: 24
⊟ Point-to-Point Protocol
   Protocol: IP Control Protocol (0x8021)
⊟ PPP IP Control Protocol
   Code: Configuration Request (0x01)
   Identifier: 0x07
   Length: 22
  ⊟ Options: (18 bytes)
     IP address: 0.0.0.0
     Primary DNS server IP address: 0.0.0.0
     Secondary DNS server IP address: 0.0.0.0
```

```
0000  28 6e d4 63 55 53 00 26  82 bf 72 89 88 64 11 00   (n.cUS.& ..r..d..
0010  5a f2 00 18 80 21 01 07  00 16 03 06 00 00 00 00   Z....!.. ........
0020  81 06 00 00 00 00 83 06  00 00 00 00               ........ ....
```

图 11.13　IPCP 协商阶段 3

如图 11.13 所示，用户重新申请。

```
82 7.607197   Huaweite_63:55:53   Gemtekte_bf:72:89   PPP IPCP    82 Configuration Request
83 7.607660   Gemtekte_bf:72:89   Huaweite_63:55:53   PPP IPV6CP  36 Configuration Request
84 7.607744   Gemtekte_bf:72:89   Huaweite_63:55:53   PPP IPCP    56 Configuration Request
85 7.607812   Gemtekte_bf:72:89   Huaweite_63:55:53   PPP IPCP    32 Configuration Ack
86 7.609390   Huaweite_63:55:53   Gemtekte_bf:72:89   PPP LCP     82 Protocol Reject
87 7.609679   Huaweite_63:55:53   Gemtekte_bf:72:89   PPP IPCP    82 Configuration Reject
88 7.609893   Gemtekte_bf:72:89   Huaweite_63:55:53   PPP IPCP    44 Configuration Request
89 7.633645   Huaweite_63:55:53   Gemtekte_bf:72:89   PPP IPCP    82 Configuration Nak
90 7.633927   Gemtekte_bf:72:89   Huaweite_63:55:53   PPP IPCP    44 Configuration Request
91 7.633830   Huaweite_63:55:53   Gemtekte_bf:72:89   PPP IPCP    82 Configuration Ack
92 7.673625   fe80::598d:f626:2f7f  ff02::16           ICMPv6      90 Multicast Listener Report Mes
93 7.673725   192.168.1.100       224.0.0.2           IGMP        46 V2 Leave Group 224.0.0.252
94 7.706614   fe80::598d:f626:2f7f  ff02::16           ICMPv6      90 Multicast Listener Report Mes
95 7.706869   10.4.12.100         224.0.0.22          IGMP        62 V3 Membership Report / Join g
96 7.707029   192.168.1.100       224.0.0.252         IGMP        46 V2 Membership Report / Join g
```

```
.... 0001 = Type: 1
   Code: Session Data (0x00)
   Session ID: 0x5af2
   Payload Length: 24
⊟ Point-to-Point Protocol
   Protocol: IP Control Protocol (0x8021)
⊟ PPP IP Control Protocol
   Code: Configuration Request (0x01)
   Identifier: 0x08
   Length: 22
   ⊟ Options: (18 bytes)
     IP address: 10.4.12.100
     Primary DNS server IP address: 202.102.192.68
     Secondary DNS server IP address: 61.132.163.68
```

```
0000  28 6e d4 63 55 53 00 26  82 bf 72 89 88 64 11 00   (n.cUS.& ..r..d..
0010  5a f2 00 18 80 21 01 08  00 16 03 06 0a 04 0c 64   Z....!.. .......d
0020  81 06 ca 66 c0 44 83 06  3d 84 a3 44               ...f.D. =..D
```

图 11.14 IPCP 协商阶段 4

如图 11.14 所示，用户获得 IP：10.4.12.100，DNS server IP：202.102.192.68 和 61.132.163.68，用户确认收到，PPPoE 拨号成功。

2. 宽带上网常见故障代码解析

（1）"错误 678"：原因是链路不通，即终端 PC 机到 BAS 的链路不通，一般可能是数据未配置或错误、端口环路或是其他原因，导致 PC 数据不能送到 BAS，或 BAS 收到报文不作响应。

（2）"错误 676"：PADI 报文是广播报文，该报文能够到达 BAS；PADR 报文是单播报文，该报文不能到达 BAS。出现该问题的原因一般是由于设备上行端口 mac 地址漂移，或是其他原因导致 PADR 报文不能到达 BAS。

（3）"错误 619"：该问题一般是由于用户认证异常引起，原因可能是 Radius 用户的绑定信息更改了。一般是将用户信息初始化来解决此问题。

（4）"错误 691"：用户名密码错误，一般采用将用户信息初始化，或是重新设置口令等方法来解决。

（5）"错误 718"：原因是 BAS 把 CODE=1 报文送给 RADIUS，但 RADIUS 没有回应。

三、语音业务故障

1. 语音故障排查步骤

（1）电话线是否正确连接 POTS 口，电话各项功能是否正常。

（2）挂机情况下，查看 POTS 指示灯是否长亮（摘机情况下，POTS 灯闪烁）。如果不亮，说明设备未正常注册到软交换。登录 ONU 的 Web 页面，PING 软交换是否可通，PING 语音 IP 网关是否可通，如果不通，联系上层设备负责人检查相关 VLAN 及路由数据。

（3）PING 软交换可通，语音注册仍不正常的情况下，核对语音相关数据（语音 IP、掩码、网关、VLAN、软交换服务器地址端口等）配置是否正确，联系软交换核对配置数据是否正确，与设备配置是否一致。

（4）核对数据无问题，注册仍不通。升级设备到最新版本，看语音是否能够正常。

（5）使用最新版本，语音业务仍不正常，抓包语音相关数据后分析原因。

2．常见语音故障总结

（1）摘机无音

故障现象：用户摘机后没有听到任何声音或听到很微弱的电流声。

原因分析及处理如下。

① ONU 上没有加载语音文件。

② ONU 上 POTS 端口硬件故障口。

③ ONU 外部线路或电话故障。

④ 语音网关未注册或正在注册中。

（2）摘机忙音

故障现象：用户摘机后忙音。

原因分析及处理如下。

① MG 上报的号码与 MGC 下发的数据不匹配。

② MGC 未配置用户数据。

（3）通话时出现单通、断话

故障现象：用户可以正常拨号，也能正常听到振铃，但在通话过程中只能听到一方用户声音。用户在通话过程中出现瞬断或者中断。

原因分析及处理如下。

① 话机故障。

② 网络丢包，语音包丢失，导致通话单通或断话。从 BRAS 上 ping 包查看是否存在丢包或者时延等网络不正常现象。

（4）部分号码无法拨打

故障现象：用户拨打部分电话号码正常，但是部分号码无法拨打或者通话号码与实际拨打的号码不一致。

原因分析及处理如下。

① 数图不匹配，使用抓包工具抓取信令报文，分析报文中的匹配方式。

② 网络丢包，部分号码被丢弃，导致软交换收到错误的号码。从 BRAS 上 ping 包查看是否存在丢包或者时延打等网络不正常现象。

四、iTV 业务故障

1. iTV 故障处理原理

（1）iTV 开机流程

iTV 业务从开机到展示出用户电子节目菜单 EPG 总共需要经历两个流程：网络接入认证和用户平台认证。如图 11.15 所示。

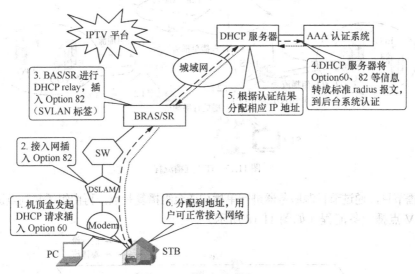

图 11.15　iTV 开机流程

网络接入认证过程，机顶盒通过该过程从 DHCP 服务器获取一个合法的 IP 地址，如图 11.16 所示。

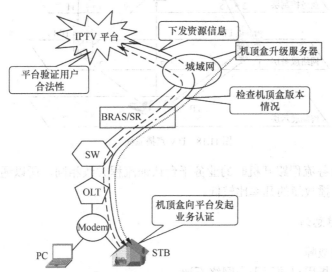

图 11.16　网络接入认证过程

业务平台认证，机顶盒通过该认证流程，得到收看 iTV 订购节目的权限。

（2）iTV 直播业务流程（如图 11.17 所示）

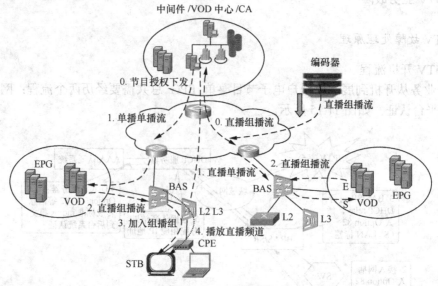

图 11.17　iTV 直播流程

iTV 直播节目，通过节目源服务器进行单播传送至组播复制点，再由组播复制点进行组播。

（3）iTV 点播业务流程（如图 11.18 所示）

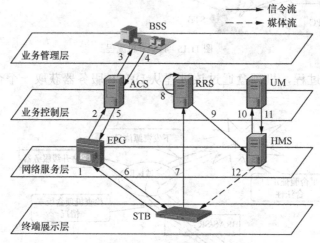

图 11.18　iTV 点播流程

iTV 收看点播业务流程跟开机时的业务平台认证流程大致相同，所以通常当开机过程正常完成以后，出现点播故障的几率比较低。

2. iTV 常见故障总结

（1）网络接入类故障
网络接入类故障指用户端至平台网络不通。
① 华为机顶盒接入类故障
故障现象一：提示 8%网络无连接，如图 11.19、图 11.20 所示。

图 11.19 华为 8%网络无连接 1　　　　　　　图 11.20 华为 8%网络无连接 2

原因：机顶盒和 Modem 之间的网线连接问题，有可能是网线、Modem LAN 口、机顶盒网口问题。

处理方法：

- 逐步更换网线、Modem 端口、机顶盒进行测试。
- 检查 Modem 配置。
- 检查网线。
- 检查机顶盒数据配置。

注：此时机顶盒未到 Raduis 认证阶段，网络不通。若采取上述方法仍有问题，可联系网管中心协助检查。

故障现象二：提示 36%认证出错

处理方法：

- 检查机顶盒设置的业务账号是否与工单一致，密码是否正确。
- 检查机顶盒中业务账号设置后是否生效。

设置 Modem 时，每个端口所配 PVC 必须与该端口进行绑定，以免可能出现其他 MAC 地址窜入 8/43 的 PVC，那么机顶盒的 MAC 地址就没法在 8/43 中学习到，造成 DHCP 认证失败。

注：如果检查上述数据均无问题，可联系客户服务调度中心协助检查。

故障现象三：提示 85% 账号不存在

检查机顶盒设置的业务账号是否输入正确，与工单上是否一致，密码是否正确。

注：如果检查上述数据均无问题，可联系网管中心协助检查账号是否在平台正常生成等。

② 中兴机顶盒接入类故障

故障现象一：提示 1305 错误

开机后电视显示机顶盒状态如图 11.21 所示。

图 11.21　错误 1305

处理方法：

确认DHCP 配置是否正确，也可以通过查询目前机顶盒地址看是否获取到二平面地址。

首先，在设置界面进入"系统信息"，如图 11.22 所示。

其次，进入后界面如图 11.23 所示。

然后进入"网络信息"，看到当前 IP 信息（正常的二平面 IP 地址以 182 开头），如图 11.24 所示。

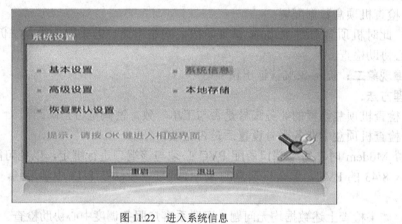

图 11.22　进入系统信息

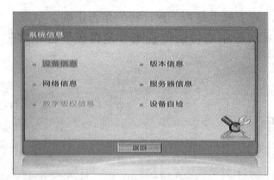

图 11.23　查看网络信息

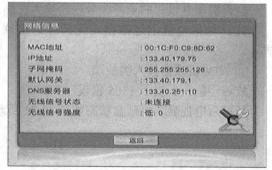

图 11.24　网络信息

可能原因：

- Modem 设置错误。
- 网线问题。
- 机顶盒设置问题。
- 局端数据遗漏。

故障现象二：提示服务器连接失败（错误：1302）

网络连接正常，能获取到正确的 IP 地址，如图 11.25 所示。

图 11.25　错误 1302

原因：

- 业务账号被绑定到其他机顶盒。
- 业务账号密码输入错误。
- 业务账号在华为 BSS 系统未正常生成。

（2）业务账号类故障

当故障现象显示为认证类故障时，说明用户端至平台网络正常，需检查业务账号信息及相关配置。

故障现象一：提示 85%"您的账号不存在"或"用户账号/密码错误"

原因：机顶盒业务认证账号密码鉴权失败。

处理方法：检查账号密码是否输入正确，如果检查上述数据均无问题，可联系网管中心协助检查账号是否在平台正常生成等。

故障现象二：提示机顶盒认证失败

原因：可能业务账号曾与其他机顶盒捆绑。

处理方法：网管中心解绑。

故障现象三：提示该机顶盒已被其他用户使用

原因：机顶盒与其他业务账号捆绑了。

处理方法：网管中心解绑。

（3）播放质量类故障

故障现象一：观看所有节目都卡顿

原因：没有升速或者线路质量不达标。

处理方法：

① 检查端口速率，看是否做了 4M 以上（带宽不足会造成观看直播节目卡顿、经常出现"EPG 错误，请稍候试"等类似的现象）。

② 查看线路质量，先判断室内是否接分机，撤除分机后，再检查带宽情况；如果是线路问题，尝试更换主干解决。

③ 断开宽带上网，只使用 IPTV，看是否卡顿，如果不卡顿，则为用户端原因；如果还卡顿，再跟换一下 Modem 到机顶盒之间的网线测试一下，看是否还卡顿（请观察是直播、点播卡顿，还是某一个节目卡顿）。

注：如果前面检查均正常，上报网管中心协调处理。

故障现象二： 点播某节目提示"网络繁忙"或者"你所点播的节目不存在"

原因 1：媒体文件不存在。

原因 2：HMS 服务器问题。

处理方法： 网管中心协调处理。

故障现象三： 节目图像模糊或者黑白

原因：电视机制式问题，或者电视机自身问题，或者机顶盒问题（机顶盒与电视连线错误）。

处理方法：

重新设置电视机制式，机顶盒默认输出是 PAL（电视机一般设成 Auto 则可）。

如果无法解决，更换视频线、电视、机顶盒试试。如果前面检查均正常，建议用电视盒+笔记本来判断用户电视终端好坏。

故障现象四： 节目有图像没声音

原因 1：可能是左右声道引起。

处理方法： 尝试切换左右声道。

原因 2：音频线问题或者电视机音频接口问题或者机顶盒音频接口问题。

处理方法： 更换音频线、电视机接口、机顶盒。

原因 3：如果前面检查均正常，问题仍没有解决。

处理方法： 建议用电视盒+笔记本来判断用户电视终端好坏。

11.3.3　FTTX 客户端故障案例

一、宽带上网故障案例

1.　PPPoE 拨号 678 错误

【问题现象】

用户使用 PPPoE 拨号上网不成功，出现"678"错误。

【原因分析】

错误码说明：不能连接到 PPPoE 接入服务器。正常接入过程为先由用户主机广播一个发起分组（PADI），之后接入集中器发送单播的给予分组（PADO）。用户和 BRAS 链路中任何一个环节有问题，都可能导致 678 故障，原因主要有以下几方面。

（1）用户侧

① 网络线路连接错误。

② 网卡工作不正常，包括网卡驱动问题、网卡损坏，或者网卡未插紧等。

③ 拨号软件问题。

（2）接入设备段

① ONU 设备未配置数据或配置数据未下发。

② ONU 设备问题。

③ 对广播包的抑制。

（3）上游设备

① BAS 故障。

② 上联口上联交换设备未能透传广播包。

【解决方法】

出现 PPPoE 拨号"678"错误可以按照以下的方法进行排查。

（1）检查用户侧网络连接情况和网卡状况

① 网卡状况可以采用 ping 同一网段的其他设备验证。

② 观察 Modem 状态，可采用重启 Modem 检验。

③ 重新安装拨号软件或重新创建拨号连接。如果上述方法不能解决问题，可转入步骤 2。

（2）查看 ONU 状况

① 查看 ONU 状态灯的情况，包括检查电源状况、注册情况。如果 REG 灯不亮，表明 ONU 未注册，此时可以检查光功率是否达到要求。

② 检查 ONU 是否得到配置，如果 ONU 没有得到配置，需要通过网管重新下发配置；如果配置正常，可以采用从 ONU ping OLT 验证 ONU 至 OLT 的链路状况。

（3）检查上游设备运行情况

① 包括上联交换设备是否拦截了广播包，以及 BAS 的运行情况。

② BAS 设置 PPPoE 账号绑定也可能造成此错误。

总结：

出现"678"错误的关键问题是从用户端到上联服务器整个链路中的某一个环节连接不通。可能引发问题的原因比较复杂，需要检查从用户至 BAS 的链路，可采用抓包法进行定位。

【现网案例】

某 FTTH 工程 AN5116-02 设备下有 ADSL 用户 PPPoE 拨号上网出现"678"错误。现场检查话机与 ADSL Modem 还有计算机之间的连接线路正常，没发现有松动与接触不良的现象，可以先排除线路的故障。检查计算机网卡，驱动正常没有显示黄色叹号。检查网卡的运行情况，使用另外一台 PC 与用户 PC 直连，手动配置为同一网段 IP 地址，互 ping 不通。确认用户网卡原因。打开机箱仔细查看网卡与主板的接口是否存在接触不良或未插紧的情况，拔下网卡，重装驱动，重新创建拨号连接后，可以正常拨号。

总结：此案例中，由于用户网卡接触不良使用户 PC 无法连接至 PPPoE 服务器，导致拨号时出现"678"错误。

2. PPPoE 拨号 691 错误

【问题现象】

用户使用 PPPoE 拨号上网不成功，出现"691"错误。

【原因分析】

错误代码说明：输入的用户名和密码不对，无法建立连接。主要原因有以下几方面。

（1）账号和密码输入不正确：比如"0"和"o"、"z"和"2"没有正确区分。

（2）欠费：账号被运营商停机也会出现"691"错误。

（3）用户数限制：当一个账号在已登录状态时不能再使用此账户拨号。

（4）绑定较验错误：运营商一般会将用户的账号与设备端口或 MAC 地址做绑定，更换位置或 PC 后无法使用，会出现"691"错误。

【解决方法】

出现 PPPoE 拨号"691"错误可以按照以下的方法进行排查。

（1）首先确认是否为用户个人原因，例如用户名、密码输入错误等与密码本身无关的行为导致拨号不成功。

（2）如果仍然报告"691"错误，需要局方提供此账号的详细信息，包括是否欠费，是否有绑定，在错误发生时是否为未登录状态。

总结：认证系统对账户的限制可能会造成拨号失败，上报"691"错误。另外此问题一般与设备无关。

【现网案例】

某 FTTH 工程 AN5116-02 设备下有 ADSL 用户反映计算机更换网卡之后 PPPoE 拨号上网出现"691"错误。现场确认用户用户名、密码输入正确，拨号仍然不成功。联系局方确认此账户已经做了 MAC 地址绑定。用户更换网卡之后 MAC 地址改变，导致拨号不成功。在局方更新所绑定的 MAC 地址后，用户拨号成功。

3. PADI 包不出上联

【问题现象】

用户 PPPoE 拨号失败，出现"678"错误。分析发现用户发出的发起分组（PADI）没有出上联口，此时其他业务正常。

【原因分析】

此问题为用户主机发出的广播的发起分组（PADI）没有从 OLT 送出。发起分组（PADI）是广播包，有两种情况。一是整个 OLT 内丢包严重，即丢包与是否为广播包无关。二是单播包基本没有丢包现象，但是有很多广播包丢失。由于此时其他业务正常，排除普遍严重丢包的可能性。广播包在 PON 系统内丢失原因可能有以下两种：

（1）ONU 或 OLT 所设置的广播包抑制的门限值过小；

（2）PON 系统内部有异常的广播源，发送大量广播包，导致正常的广播包被抑制。

【解决方法】

可能的原因及解决办法主要有以下几种。

（1）检查 ONU、线卡以及上联盘的广播包抑制参数设置，适当加大门限，同时抓包检查效果。

（2）如果单纯改变门限值不能使问题有明显改善，可以尝试关闭所有对广播包的抑制。在上联口处抓包，观察广播包的数量。如果发现存在大量异常的广播包，基本可以断定 PON 内部存在异常的广播源。一般在实际应用中，为了防止广播包泛滥，对广播包都是有限制的，例如允许广播包的数量为 200 个/秒，如果有主机发送大量异常广播包，就会导致正常的发起分组（PADI）被丢弃。

（3）下一步需要找到异常源，对其进行抑制，限制其上行广播包的数量。

【现网案例】

某 FTTH 工程 AN5116-02 设备下有 ADSL 用户 PPPoE 拨号上网出现 "678" 错误。在按照 1）现网案例中所述方法进行处理之后，故障没有解决。下一步检查接入设备。首先是 ONU 的配置情况，如果 ONU 没有得到配置，通过网管重新核对该 ONU 的配置。如果配置正确，检查 ONU 到 OLT 的连通情况。方法为从 ONU ping 线卡，如果不通则需要检查 ONU 到 OLT 的链路；如果能通证明连接正常。下一步检查数据包是否到达上联交换设备。通过上联口镜像抓包，发现用户 PC 发出的发起分组（PADI）没有从上联盘送出。由此基本定位为发起分组（PADI）被 PON 系统丢弃。然后查找广播包被丢弃原因。首先检查 OLT 和 ONU 对广播包的抑制，发现所设置的抑制门限是可接受的值。之后关闭广播包的抑制功能，上联口抓到大量异常的广播报文，确定广播源之后对其做广播包限制，之后问题得到解决。

4. 上网频繁掉线

【问题现象】

PPPoE 拨号成功，上网中频繁掉线。

【原因分析】

掉线最直接的原因为主机没有及时收到对端发送的回应报文。可能由多种原因引起。主要有以下原因。

（1）线路条件差，协议数据丢包造成掉线。

（2）PON 系统丢包致使协议包丢失，包括环回导致的丢包。

（3）诸如 ARP 欺骗的非线路原因导致收不到对端的协议报文导致掉线，例如 ARP 伪造网关攻击。

【解决方法】

在确定故障现象之后，可以尝试以下几种方法解决。

（1）如果用户线路环境较差，在不改变线路条件的情况下，可以通过取消 "回声抑制"、对线路进行限速等功能，尽量改善线路质量。

（2）另外，用户线路的质量好坏对上网影响也很大，例如使用了劣质的网线，网线进行了缠绕等，针对用户线路的具体情况采取措施。

（3）如果是 PON 系统内丢包导致故障，检查 PON 系统是否工作正常，并检查是否有内部环路。

（4）在确定用户线路良好而且 PON 系统无丢包的情况下，需要排查是否存在类似 ARP 攻击的问题。这种情况一般出现在多个用户使用同一路由器拨号共享上网的情况下。

【现网案例】

某工程有用户反映 PPPoE 连接总是掉线，最多一天 5、6 次，有时几天都不出现。整个北京其他使用 EPON 上网的用户没有反映掉线问题，此台 EPON 系统下只有此用户反映掉线问题。在楼道的 ONU 机房内，换过此用户的 ONU 端口，换过不同的 07ONU，用户还是反映掉线问题。在 ONU 端口处抓包找到掉线的原因。正常流程为上层华为 BRAS 定时发送 ppp lcp reques 心跳包，下层用户 PC 回复 ppp lcp reply，而在 ONU 端口通过接 HUB 抓包，发现上层华为 BRAS 在多次发送 ppp lcp request 心跳包，并长时间未收到相应包后，华为 BRAS 会发起 ppp lcp termination request 心跳终止包，接着发起 PPPoE PADT 拆线命令，用户 PPPoE 拨号掉线，就此基本可以判定用户掉线与 07 ONU 和 OLT 设备无关。分析可能是网线的原因或者用户 PC 的原因。

建议用户有以下两个选择。

（1）升级配置。使 CPU 负荷正常，能正常处理 PPPoE 协议。

（2）使用路由器。用路由器能完成 PPPoE 拨号，不会因 PC 性能原因导致掉线。

5. 上网下载速度慢

【问题现象】

上网、下载速度慢。

【原因分析】

能够导致上网、下载速度慢的可能原因有很多，下面列举几种典型的原因。

（1）用户线路质量差。

（2）网络环路导致了网络性能的下降。

（3）设备某端口进行了限速，导致了数据流量的瓶颈。

（4）网络受到攻击，如 ARP 攻击。例如 ARP 扫描，网络中出现大量 ARP 请求广播包，几乎都是对网段内的所有主机进行扫描。大量的 ARP 请求广播可能会占用网络带宽资源，会影响用户上网浏览网页和下载速度，甚至会出现丢包的现象。

【解决方法】

首先检查用户线路是否连接良好，如果没有连接问题可查看设备配置是否启用了限速而导致数据量的瓶颈，如果有则将限速放开。上述两种措施都不能解决时，可通过抓包观察系统内部是否存在异常包或环路情况。

【现网案例】

某工程有用户反映浏览网页慢，玩在线游戏的时延较大且下载速度慢，2M 账号下载速度只有 20KB/s、10KB/s。在上联口做镜像进行抓包，发现有大量的 ARP 包，由于烽火设备默认出厂主控盘的广播包抑制为 150 包/秒，而这里抓到的 ARP 包数量在以 140 包/秒～150 包/秒之间的速度在快速增长，因此不排除 ARP 广播包实际增长的速度会快很多。在设备内部 MAC 地址表学习中，发现这些 ARP 包中的大部分来源于上行设备下发的广播包及少部分下行设备发送的上行广播包。由于 EPON 内部对于收到的上下行广播包抑制到 150 包/秒，此时，系统内部的大量地广播包可能会造成正常用户 PPPoE 发出的广播包也会被抑制掉，近而会出现偶尔无法正常拨号及上网速度慢的现象。初步解决方案为对上游的广播包进行控制。找出大量发 ARP 广播包的源 MAC 地址，然后在烽火 OLT 设备上启用 QOS 机制，原理是只要烽火 OLT 设备收到了带有非法源 MAC 的下行 ARP 广播包，都一律在 GSWC 盘上采取丢弃处理，从而减少对下行设备用户造成的影响。但是这种过滤需要提供源 MAC 地址，在源 MAC 很多且不确定的情况下就不能方便地使用了。

6. IP 地址冲突

【问题现象】

使用 PPPoE 拨号成功，系统提示"IP 地址冲突"。

【原因分析】

DHCP 服务器在进行 IP 地址的分配时，会先确认所分配的 IP 地址没有被网络上其他设备所使用。DHCP 服务器通过发送 ICMP Echo Request（Ping）报文对分配的 IP 进行探测，如果在规定的时间内没有收到应答，则再次进行探测。达到规定的次数后，若仍然没有收到回应，则将此 IP 分配给提出申请的主机。如果检测到冲突，则记录 IP 冲突，重新分配 IP。因此，在正常情况下，即使有多个 DHCP 服务器，也不会产生 IP 冲突，然而如果网络中存在伪造的和非法的 DHCP 服务器为主机分配 IP 地址，就会产生 IP 地址冲突的情况。

【解决方法】

通过抓包确定非法 DHCP 服务的 MAC 地址，抑制非法 DHCP 服务器提供的 IP 分配，例如在 OLT 上开启 DHCP Snooying 功能，防止用户从非法或伪造的 DHCP 服务器上获得错误的 IP 地址。

【现网案例】

某工程有用户反映 PC 提示系统与网络 IP 地址冲突。现场抓包发现大量 OLT 下行广播包，尤其 IP 地址 192.168.18.1 及 MAC 地址 00:33:44:5e:69:50 和 IP 地址 192.168.1.1 及 MAC 地址 00:33:44:66:9b:35 提供不明 DHCP 服务造成用户 IP 冲突。

由于网络使用 PPPoE 认证方式。从上面的抓包可以看到，网络中存在异常的 DHCP 服务提供者为主机分配 IP 地址，导致网络出现 IP 地址冲突。解决方案为开启 OLT 的 DHCP Snooping 功能，可完成 OLT 对假冒 DHCP Server 的屏蔽作用，确保客户端从合法的 DHCP Server 获取 IP 地址。

7. PPPoE 拨号成功，但不能上网

【问题现象】

用户使用 PPPoE 方式拨号上网，拨号成功，但不能上网。

【原因分析】

一般情况下，PPPoE 拨号成功之后，PPPoE 服务器会分配 IP 地址、网关、DNS 等设置。正常的上网过程包括 url 通过 DNS 解析为 IP 地址，用户通过网关与目标主机通信。

可能的原因有以下几种。

（1）DNS 服务器设置错误。

（2）DNS 服务器故障。

（3）用户防火墙设置错误。

（4）用户浏览器设置错误，例如代理服务器设置不当。

【解决方法】

定位方法如下。

（1）首先确认用户设置无误，例如有无代理设置和防火墙设置等。

（2）查看用户 IP 配置的获得情况，包含 IP 地址、掩码、网关、DNS 服务器等。

（3）确认正确获得之后，验证是否能够正常获得 DNS 服务器，具体方法为使用 ping 命令与 DNS 服务器连通。

① 如果不通，则需检查 DNS 服务器的连接情况，同时可以 ping 某个外网 IP，例如 www.baidu.com 的 IP 地址，以验证是否为 DNS 服务器故障。如果能通，则基本可以断定是 DNS 服务的故障。如果不通，则需检查上游 BAS 至 INTERNET 的连接情况。

② 如果正常能通，这时再尝试 ping 某个外网服务器的 IP，如果能通，继续 ping 此 IP 所对应的 URL（例如 www.baidu.com）。如果不通，则可断定原因是 DNS 服务器不能提供域名解析服务导致不能上网，这时需检查 DNS 服务器是否出现故障。定位问题之后，进行有针对性的解决。如果是由用户错误设置引起，应对用户的设置进行更正；如果是 DNS 服务器或是 PPPoE 服务器问题，可以向局方提供证据，协助解决。

【现网案例】

某工程突发大量用户反映拨号成功但是网页打不开。由于此故障涉及大量用户，基本可以断定与用户端设置无关。到达现场，确认 PPPoE 拨号完成后 IP 地址的获得情况正常。网关可以 ping 通。之后 ping DNS 服务器，偶尔可以 ping 通，但丢包延时很大。抛开 DNS 服务器后，直接 ping 某知名网站的 IP 地址，发现延时正常，无丢包。至此，基本确定原因为 DNS 服务器故障。后局方确认，DNS 短时间内收到大量的地址解析请求，导致 DNS 瘫痪。DNS 服务器恢复之后，用户均可正常上网。

8. 高峰期浏览网页慢

【问题现象】

高峰期网页打开速度慢。

【原因分析】

高峰期网页打开速度慢，高峰期相对于平常时段流量更大，可能的原因有以下几种。

（1）OLT 上下行总带宽不足。平常时段网速较快，高峰时段总带宽不足产生瓶颈，导致浏览网页慢。

（2）用户量过多，超过设备处理能力。单 PON 口总上下行流量有限，在用户过多的情况下，会导致用户数据被丢弃。

【解决方法】

在遇到此类问题时，要确定用户的数量、高峰时段流量情况、上游带宽的分配情况。解决方法如下。

（1）如果高峰时段的上下行流量已经接近或达到设备处理极限，则出现浏览网页慢是正常的情况。此时的解决方法是增加设备数量，对用户进行分流。

（2）增加上游设备的处理能力。

【现网案例】

某工程通过试点后在大规模应用时，用户反映有些时段上网速度慢。用户反映的时段多为晚上 7～10 点，也就是上网的高峰时段。在试点阶段总带宽分配比较少，当时 ONU 数量比较少，基本可满足试点要求，不存在速度慢的情况。但大规模应用以后，ONU 数量剧增，用户数量也大量增加，而局端并未对总带宽做出调整，所以总带宽不足，造成上网速度慢。

二、语音故障案例

1. 网关未注册上软交换

【问题现象】

摘机没有拨号音，查看网关状态为未注册上或者正在注册中。

【原因分析】

EPON 系统中，ONU 同时担任信令网关（MG）的角色。在进行业务开通时，首先要向软交换平台注册。网关注册失败主要有以下 3 种原因导致。

（1）VLAN ID 配置不正确：VLAN ID 配置信息不正确使得 ONU 和软交换平台之间无法正常通信，从而导致网关注册失败。

（2）MG 的 IP 配置重复：在软交换系统中，每个 MG 都应该有唯一的 IP 地址，当两个或者两个以上 MG 配置相同的 IP 地址的时候，将导致 MG 网关注册失败。

（3）MID 配置错误：在软交换系统中，用 MID 来标识网关。MG 上配置的网关 MID 必须与平台的配置一致，否则当 MG 向软交换平台注册时，软交换平台会认为是非法的网关，从而导网关注册失败。

【解决方法】

出现网关注册失败的故障按照以下方法进行排查。

（1）检查 ONU 与软交换平台之间网络连接是否正常。

从 ONU 中 ping 软交换的 IP，如果 ping 不通，请检查 VLAN ID 的配置信息和 MG 的 IP 配置信息是否正确。

（2）检查 ONU 是否从网管得到 H248 配置及相关配置是否正确。

如果 MG 能够正常 ping 通软交换平台，而网关注册失败，请检查 MG IP 和 MID 配置是否正确，是否与软交换平台上配置的 MG 信息相匹配。

【现网案例】

某 FTTH 工程 AN5116-02 设备在一个 PON 口下发现 IP 网关名称为 10.32.160.2 的 ONU 语音不通，在该 PON 口下更换为另一个 IP 网关名称为 10.32.160.252 的 IAD 软交换语音，用户通话正常。测试中发现软交换平台（10.0.55.2）在审计 10.32.160.2 时，IAD 回 430 Unknown Termination ID，更换为另一个测试 IP 10.32.160.252 后正常，用户通话也正常。通过对包的分析发现在配置原 IP 10.32.160.2 时，网关名称 10.32.160.2 后多敲了字符空格键，删除网关名称 10.32.160.2 后的字符空格键后经过验证解决问题，IP 网关名称为 10.32.160.2 的 IAD 软交换语音用户通话也正常。

2. 端点未注册上软交换

【问题现象】

端点注册状态为 reg_fail，摘机没有拨号音。

端点注册没有应答，在命令行中发送端点注册也无效。

端点注册状态持续为 reging。

【原因分析】

端点注册不上软交换时，第一步首先要检查网关注册状态。如果网关注册成功，端点注册失败，需要检查端点配置，与软交换平台核对数据。确认配置正确后，需要镜像抓包分析软交换信令，查找具体原因。端点无法注册上软交换平台的原因可能有以下几个。

（1）外线短路，导致端点频繁上报摘挂机。这种情况一般常见于 FTTN 型 ONU。这类 ONU 一般外线比较长，容易发生短路，导致 ONU 认为是真实摘挂机事件，上报软交换平台。软交换平台认为这是恶意呼叫，拒绝应答，引起 ONU 发起网关注册。所以外线有问题时，图形网管上会频繁出现 MGC 链路断开告警。

（2）软交换平台未下发摘挂机检测事件。原有的注册流程是，ONU 网关注册成功后，会发起端点注册。在某地 EPON 工程中跟软交换平台对接时，大量端点注册导致软交换平台的 CPU 利用率居高不下。后来对注册流程做了修改，设备上电或者网络中断后再恢复时，ONU 只发网关注册，不发端点注册。如果软交换平台对某端点下发摘挂机检测事件，就将其置为 IDLE；如果软交换平台未下发摘挂机检测事件，则端点注册失败，状态为 REG_FAIL，需要摘机触发端点注册。

（3）端点用户名配置错误。设备上配置的端点用户名与软交换平台不一致，或者软交换平台未配置相关数据，导致端点注册失败。

【解决方法】

可能原因总结及解决办法。

（1）检查网关注册状态，确认网关注册成功。

（2）检查端点配置，确认数据正确。

（3）检查外线，排除外线故障导致频繁上报摘挂机，引起软交换平台不回包，导致网关注册失败。

（4）抓包分析信令，查看注册流程，分析定位具体原因。

【现网案例】

某市 EPON 工程使用 AN5115-02 OLT 系统，下挂 AN5006-07/09、AN5006-15/16 型 ONU。软交换协议为 H.248 协议。对城域网进行改造，凌晨改造完毕，之后部分 OLT 下挂的部分 C 类 ONU 无法注册上软交换平台，网管上出现大量"与 MGC 通信中断"警告，语音业务大面积中断。经过在 OLT 上联口镜像抓包，分析发现 ONU 网关注册成功后会发起端点注册，但是有部分端点的注册消息没有收到软交换平台的应答。ONU 在端点注册没有收到应答消息时，促发网关注册。当时城域网中断刚刚恢复，有大量的设备发起注册请求，软交换平台处理不过来时，就丢弃一些请求包，不予回应。设备在发出请求包没有收到应答时，重新发送网关注册，一直处于"网关注册成功"—>"注册端点"—>"部分端点注册失败"—>"重发网关注册"的恶性循环之中。当时的解决办法是修改 NGN vlan，断开 ONU 与上层城域网的通信，之后逐步恢复。后来新的软件版本中，对注册流程做了修改，网关注册成功后，可进行手动配置，决定是否发送端点注册；默认不发端点注册，解决注册包数目过多的问题。

3. 摘机无拨号音

【问题现象】

（1）配置好语音业务，摘机后无馈电。

（2）配置好语音业务，摘机有馈电，但听不到拨号音。

（3）用户使用过程中，突然出现摘机没有拨号音的现象，重启设备后恢复。

【原因分析】

摘机无拨号音的现象，常见于业务开通的时候。碰到这种故障，首先可以根据摘机有无馈电，对故障做一个大概的定位。

（1）如果摘机无馈电，属于硬件问题。可能的原因有话机本身问题、外线问题、语音接口盘（POTS 盘）问题。查找此类问题时建议首先从外线查起。对于直接安装在用户家的面包盒式 ONU，例如 AN5006-04 或 AN5006-05，没有外线，可以检查话机或电话线问题。排除话机和电话线问题后，故障的原因可以确定为 ONU 硬件故障。对于楼道型 ONU 和节点型 ONU，排查硬件故障时，最有效的办法是抛开外线，直接在设备端口检测。根据测试结果，可以将故障定位在用户侧或者设备侧。

（2）摘机有馈电，但是没有拨号音。首先要确定故障类别，判断是个别端口无拨号音，整个单盘的端口无拨号音，还是整个设备端口无拨号音。根据现象作进一步的检查。整个设备端口无拨号音，首先要检测网关注册状态。网关注册失败，常见于新设备开通时。需要检查跟软交换平台之间的通信是否正常，从 IAD ping 软交换平台看是否能够 ping 通。如果 Ping 不通，则检查 VLAN、上层路由和物理线路是否正常。如果可以 ping 通，但是网关注册不上，需要检查 IP、域名等数据，确认设备配置的数据跟软交换平台一致。网关注册不上软交换，一般都是因为数据配置错误或与软交换通信不正常而引起的。整个单盘所有端口无拨号音（针对 C 类有语音接口盘的 ONU），而其他单盘的端口正常，在确认端口已经使用及用户名配置正确的前提下首先更换 POTS 盘。单个端口无拨号音，检查端点配置。端点需要配置的数据只有用户名与使能/去使能两项，需要确认配置正确。比较常见的情况是，设备配置的用户名与软交换平台不一致，导致端点注册失败，摘机没有拨号音。目前 04、05、07、09、15、16 型的 ONU 都已经大面积商用，与中兴、华为、贝尔的软交换平台都有对接。如果是开通过程中出现摘机没有拨号音，排除硬件问题，一般都是数据配置有误引起，与软交换平台的对接不存在问题。

（3）使用一段时间后出现摘机无拨号音，排查的思路跟业务开通时相似。排查外线，检查网关注册状态、端点注册状态，检查 ONU 与软交换平台的通信。如果 ONU 与软交换平台的通信正常，数据配置也正确，但是端点状态不是 IDLE，可以先在命令行中发送端点注册，查看端点能否成功注册，摘机是否有拨号音。再发送网关注册，尽量不要重启设备，这样故障现象会消失，不利于查找问题的真实原因。如果排除配置问题（配置丢失或者不正确）和通信问题（ping 不通软交换平台），则需要在 OLT 侧镜像抓包，分析信令，查找具体原因。对于摘机没有拨号音，重启设备或者重新发送网关注册后恢复，过段时间又重现的故障，原因可能有多种，比如软件、硬件工作异常，与软交换平台互通出现问题。碰到这类情况时，建议尽量不要重启设备，保留故障现象，同时联系工程方技术支持人员，查找具体原因。有效排查手段总结如下。

（1）判断摘机有无馈电。

（2）判断个别端口无拨号音，还是整个单盘的端口无拨号音，或是整个设备端口无拨号音。

（3）查看端口注册状态。

（4）在 OLT 侧镜像抓包，分析 ONU 与软交换平台之间的信令。

【解决方法】

可能的原因及解决办法主要有以下几种。

（1）网关注册失败，端点名未匹配，端点名配置错误或与软交换平台不一致。跟软交换维护人员核对数据，确认配置的正确性。

（2）设备硬件故障，包括外线短路、断路、POTS 盘硬件故障、语音模块硬件故障等，需要更换硬件，将有故障的设备返厂检修。

（3）端点状态异常，重启后恢复，过短时间又重现。这类故障一般不常见，如果出现，请保留故障现象，尽量不要重启设备，同时联系工程方技术支持人员。

【现网案例】

某 EPON 工程在开通语音业务时，摘机没有拨号音。远程登录到 ONU 上，发现网关注册状态为 registered，但是端点的注册状态为 reg-fail。在 OLT 上做镜像抓包发现，IAD 发去端点注册时，软交换平台回复 430{unknown terminationID}错误，后来反复跟软交换中心的维护人员核对数据，发现设备配置用户名时，将用户名配错。修改用户名后业务恢复正常。

4. 被叫不振铃

【问题现象】

端口做主叫正常，做被叫不振铃，摘起话机后能够正常通话。

端口做主叫正常，做被叫不振铃，摘机后话机无音。

端口做主叫正常，做被叫不振铃，摘机后听到拨号音。

用户使用一段时间后，某些端口出现做被叫无法振铃现象，重启设备后恢复正常。

心跳不匹配导致端点状态为"out of service"。

【原因分析】

首先判断做主叫是否正常，如果做主叫也出现异常，则参考"摘机无拨号音"或者"拨打电话听忙音"等原因分析。如果做被叫不振铃，摘机能正常通话，说明业务正常，无法振铃只是硬件故障。可能的原因有话机损坏无法振铃或者设备振铃模块损坏。用户做被叫不振铃，远端听到的是忙音，被叫摘机后还能听到拨号音，说明无法做被叫是软交换平台的问题。在业务开通前进行试运行时，软交换平台一般会做一个虚拟号，可以做主叫，但是无法做被叫。割接后未来得及修改，导致用户投诉。如果用户久不挂机或者因为线路问题没有挂好，设备在翱鸣音超时后，会将端点的状态自己置为"out of service"，此时无法做被叫。用户再次挂机时，会促发端点注册，如果注册成功，则端点状态恢复为"inservice"。端点状态正常，但是无法做被叫。抓包分析发现，做被叫时软交换平台不予接续。在软交换平台查看，端点状态为"out of service"。导致这种情况的原因比较多，需要抓包分析置为"out of service"之前，ONU 与软交换平台的信令交互过程。工程曾经出现过因为 ONU 的心跳没有开启，软交换平台在过一段时间后，认为 ONU 已经不在线，将其端点状态置为"out of service"导致用户无法做被叫。

【解决方法】

（1）被叫不振铃，摘机能正常通话，属于硬件问题，可以用替代法查找故障点，然后更换相关设备。

（2）被叫不振铃，主叫听到忙音，被叫摘机后听到拨号音，属于软交换平台配置问题，联系平台维护人员解决。

（3）线路有问题，导致挂机未上报。可以用替换法查找话机和线路故障，更换相关设备。

（4）设备或者软交换平台上，端点的实际状态为"out of service"。产生此类问题的原因一般都是因为 ONU 跟软交换平台的互通出现"误解"，导致一方认为另一方已经不在服务状态。具体原因的查找要从分析信令做起，分析异常之前的信令过程，找出具体原因，再确定解决办法。

【现网案例】

某工程一个 04 型 ONU，做被叫时没有振铃。经过抓包分析，发现挂机后没有上报挂机，导致放翱鸣音结束后，端点被置为 "out of service" 状态。软交换平台发审计时，发现端点已不在服务状态，因此做被叫时平台不予接续。该问题在更换用户线路后解决。

5. 主叫拨打电话听见忙音

【问题现象】

（1）主叫时一摘机就放忙音。

（2）主叫摘机有拨号音，但拨号时（号码未拨完）放忙音。

（3）主叫摘机有拨号音，但拨完号（号码拨完）后放忙音。

（4）主叫摘机及拨号均正常，对方也有振铃，但振铃后中断，或对方摘机后中断。

【原因分析】

（1）这种情况大多是由于网关域名或端点用户名配置有误所致。可在网管中选中 AC16 盘进行 "ngn 状态回调"，查看"MGC 注册状态"与"端口状态"。正常情况下"MGC 注册状态"应该是已注册，而"端口状态"应该空闲。如果"MGC 注册状态"为注册中，那么说明网关没有注册上，需检查网关域名的设置；如果"端口状态"为未激活或注册中，说明端点用户名没有注册上。

（2）这种情况通常是拨打的号码不在平台所定义的拨号数图的范围内。例如平台下发拨号数图{（200|201|843444|843445）}，此时如果拨打"1"开头的号码，因为没有任何一个拨号计划是以"1"开头的，所以平台认为拨打的号码非法，直接放忙音。因此只要所拨打的号码与任一拨号计划都不匹配，就会有此故障。

（3）此故障有可能是拨号后超时引起的。可以让客户在拨完号后加拨"#"号，如果加拨"#"号后没有问题，则基本确定是超时所引起的。此故障大多是由于平台的拨号计划"x.L"所致。

（4）此故障基本上是平台设置的 RTP 值和 IAD 上的 RTP 值不匹配所致。

【解决方法】

（1）需检查端点用户名配置。

（2）这种情况需要检查平台上设定的拨号数图。

（3）为了避免此情况，需将设备上的"立即上报"功能打开。

（4）修改 RTP 值使其与软交换平台匹配即可。

【现网案例 1】

某地开 EPON 试点工程，主叫摘机无拨号音，同时在 AC16 盘上对 ngn 状态进行回调时，发现网关未注册上。抓包分析，当设备发注册信息后，平台回复 402（unknown MGW）错误，判断是网关域名配置有误，修改网关域名后，业务恢复正常。

【现网案例 2】

某地开 EPON 试点工程，主叫摘机无拨号音。网关已经注册上，但是端口摘机无拨号音。分析抓包后，发现摘机后软交换平台回复 430（unknown terminationID）。初步判断是端口用户名配置有误，后来查明，局方给的前缀是大写，实际却配置成小写。修改端点用户名后，业务恢复正常。

【现网案例3】

某地新开工工程，做主叫时，对方有振铃，但一接电话就放忙音；做被叫时，有振铃，但一提机就放忙音。检查配置时发现，软交换上设置的 RTP 值是 RTP/0000-RTP/0015，而设备上配置的是 RTP/00-RTP/16，修改 RTP 值后，业务恢复正常。

6. 放置一段时间后不能正常通话

【问题现象】

设备正常开通后主被叫业务都正常，但是闲置一段时间（通常5～10分钟）之后，摘机要等几秒钟后才有拨号音，无法做被叫。重新发网关注册之后才能恢复语音业务。

【原因分析】

设备之前业务正常，闲置一段时间之后，登陆设备查看端点的状态是正常的，但是在平台上查看该设备的状态，发现其状态变成不在服务。用户摘机之后，平台就只回复了 Reply，没有其他的信令下发。对比其他正常的设备，发现区别在于心跳。正常的设备开了心跳，出问题的设备没有开心跳。之所以产生一段时间之后平台与设备状态不一致的问题，是由于设备没有开心跳，导致平台认为设备不在位，所以将设备的状态置成不在服务。

心跳的相关知识：

（1）心跳作用

由于 UDP 传送的不可靠，MG 应能够及时检测到软交换平台的故障，软交换平台也应能及时检测到 MG 故障。为了实现这两方面功能，MG 和软交换平台之间应该实现心跳机制。

（2）心跳机制

① MG 默认每隔 30 秒发一次心跳消息，针对软交换的最大心跳间隔为 64000 秒，最小间隔为 1 秒，而且心跳可以关闭。

② MG 每次向软交换发送心跳的间隔是恒定的（配置的间隔），如果连续多次（配置的次数）没有收到响应，则停止发送心跳，并开始发起注册。

③ 心跳实现方式

主要有以下两种方式。

• 只有 MGC 控制的心跳消息。MGC 可以为 MG 设置一个最大沉默时间，即正常工作时 MG 允许未收到 MGC 发送的任何消息的最大时间。MGC 应该保证向 MG 发送消息的时间间隔不超过最大沉默时间。即使在最大沉默时间内没有任何其他消息，MGC 也必须通过向 MG 发送心跳消息来表明自己还"活着"。建议 MGC 用针对 ROOT 终结点的空 AuditValue 命令作为心跳消息。心跳周期在 MGC 中可以设置，例如 TG 这样的大型网关可以设短些，而 IAD 则应该设长些，每个心跳周期内，MGC 向 MG 的 ROOT 终结点发送一个 AuditValue 消息。最大沉默时间设为 8 个心跳周期，当 MG 连续 8 个心跳周期没有从 MGC 收到任何消息时，就判定 MGC 发生了故障。虽然实际上可能是网络故障，而不是 MGC 故障，但对 MG 而言二者没有区别。这种心跳方式即是常说的被动心跳。

• MGC 和 MG 分别独立控制的心跳消息。MGC 和 MG 互相向对方发送心跳消息，心跳周期由各自独立决定。协议实体利用事务请求的重传机制依靠 LONG-TIMER 超时来判定对方实体的故障。由于有周期性发送的心跳消息，可以保证协议实体及时检测到对方实体故障。与前一种方式相比，MG 可以更自主地控制发送心跳消息的时机。MGC 仍采用针对 ROOT 终结点的空 AuditValue 命令作为心跳消息。MG 采用的心跳消息待研究。

注：目前在实现上有采用针对 ROOT 终结点的 Notify 命令作为 MG 心跳消息的做法，其中采用周期性上报事件 it/ito，事件的 RequestID 为 0。这种心跳方式即是常说的主动心跳。

【解决方法】

打开设备的心跳功能。

【现网案例】

某 AN5006-16 设备开通后几分钟，业务无法使用。通过信令跟踪，发现注册和电话流程都正常，软交换下发的审计命令也正常回复，但如果 5 分钟内没有语音业务，软交换就不再下发审计命令。打开 ONU 设备的主动心跳，按默认 30 秒发送，问题解决。

7. 摘机有拨号音，但语音不通或单通

【问题现象】

用户摘机后能听到正常的拨号音，拨打号码后能听到回铃音或彩铃，但被叫用户摘机。通话建立后，出现单通或通话双方都听不到语音。这些现象反映出以下几种情况。

（1）外部电话正常，OLT 内部电话问题。

（2）外部电话接通后单向无语音。

（3）外部电话接通后双向无语音。

【原因分析】

（1）对于第一类问题确认

如果属于 A 类问题，只是 OLT 内部电话时才出现语音不通，很有可能与媒体代理有关，需先弄清是否使用 OLT 代理功能。媒体代理功能可以由外部的媒体服务器或者 OLT 内部实现，但两者只能取其一。如果 OLT 代理功能已开启（默认开启），同时信令协商中又指定使用外部媒体服务器，那么在通话建立过程中，很可能出现争抢作媒体代理的情况。另外，对于 AN5006-15/16 设备，如果采用 OLT 作媒体代理，需特别注意：不要忘记做"NGN 上联接口配置"。

（2）对于第二类和第三类问题确认

语音通话能否正常取决于几个因素：呼叫双方协商的编码方式和包间隔是否一致，RTP 流的 ip 和 RTP 流的端口号是否正确。为了确认上述几点，这两类问题都需通过捕获本次通话的信令流和语音流来加以分析定位问题。

① 呼叫双方协商的编码方式是否一致。如果编码方式协商失败，两个方向的 RTP 流采用不同的编码方式，那么会出现语音双向不通。

② 协商的 RTP 包间隔是否一致。当两个方向 RTP 流的包间隔不同时，会出现语音单通的情况。

③ RTP 流的 IP 地址和 RTP 流的端口号是否正确，从两个层次加以确认（缺一不可）。

• 查看信令包，确认信令协商媒体流的本地 IP 地址和端口号、远端 IP 地址和端口号是否成功。

• RTP 包所使用的 IP 地址和端口号是否就是信令协商出的媒体流所使用的 IP 地址和端口号，即需分别查看两个方向的 RTP 包所使用的源 IP 地址、源端口号、目的 IP 地址和目的端口号是否与 VoIP 信令协商结果一致。

④ 检查 dsp IP 是否配置不正确，例如 dsp IP 冲突。对于 AN5006-04/05/07/09 设备，语音流使用的 IP 地址与信令 IP 地址为同一个，但是在 AN5006-15/16 设备中，语音流 IP 地址与信令 IP 地址是可以不相同的，dsp IP 代表的是语音流使用的 IP 地址。Dsp IP 冲突的判断方法为，修改 dsp IP 为另一个 IP 地址，在 ONU 侧 ping 原 dsp IP，能通，说明原 dsp IP 已被占用。

⑤ 上述 4 个检查点均没有问题的情况下，在 ONU 侧 ping 媒体服务器 ip 地址不通，或在 OLT 侧只捕获到 ONU 发出的 RTP 包，未见媒体服务器发给 ONU 的 RTP 包，与软交换平台侧联系。

⑥ 上述 4 个检查点均没有问题的情况下，ONU 侧只捕获到媒体服务器发给 ONU 的 RTP 包，需联系 ONU 侧工程人员。

【解决方法】

外部电话正常，OLT 内部电话问题解决办法如下。

（1）OLT 代理功能使能/去使能配置方法

在 OLT AC16 盘的 ngn 目录下，使用如下命令进行 OLT 代理功能使能/去使能配置：

OLT 代理功能使能：

```
Config\ngn# set option private disable arp-proxy enable
OLT 代理功能去使能：
Config\ngn# set option private disable arp-proxy disable
OLT 代理功能使能/去使能显示命令（arp-proxy protocol 选项表示代理功能使能/去使能）：
Config\ngn# show option
private protocol:Disable
arp-proxy protocol:Enable
```

（2）NGN 上联接口配置方法

NGN 上联接口配置为图形网管的配置界面，用于配置 ONU 语音业务中与软件换平台（SoftSwitch）通信的相关参数。

【现网案例】

某 EPON 工程出现某 C 类 ONU 拨打某些电话号码正常，拨打另外一些号码不正常的情况。通过在 OLT 上联抓包分析，发现拨打正常的通话在信令协商过程中使用的媒体服务器与出问题的通话过程协商出的媒体服务器不相同。在 OLT 上联 ping 两个服务器，发现有问题的那个媒体服务器 ping 不通。于是请局方人员排查媒体服务器到 OLT 上联之间的路由，确实发现了问题。路由问题解决后，语音故障得以解决。

8. 语音质量

【问题现象】

普通通话过程中能听到明显的杂音，或者语音停顿。

【原因分析】

与传统的 PSTN 网比较，VoIP 采用了语音压缩编码算法，将话音用数据包的形式在分组交换网上传递，对传输线路的时空利用率有大幅度的提高。但 VoIP 电话也遇到了使用传统电话时不太关注的语音质量问题，通话过程中随时会出现令人难以忍受的语音畸变和频繁的断话现象。引起语音质量问题的原因主要有以下 3 个方面。

（1）设备硬件问题

设备使用的电源不同，功率不同，也会影响到语音质量。同时设备如果质量有问题，也可能导致语音质量差。

（2）网络延时、丢包和抖动

由于是在 IP 网传输语音，所以任何影响到网络的因素也同样会影响到语音。延时、丢包和抖动，任何一个因素都不能小视。

（3）设备未接地，造成电磁干扰，影响语音通话质量。

【解决方法】

第一类问题的解决方法很简单，即更换硬件，更换电源。对于第二类问题，就需要从多方面去查找原因。

（1）查找网络是否正常

① 设备侧 ping 媒体服务器的 IP 地址，看看是否有丢包现象，网络时延是否过大；

② 抓媒体流的包，通过抓包软件进行分析，主要关注的地方是丢包和时延。

（2）查找远端产生的媒体流是否正常

将抓到的媒体流还原成声音，听还原出来的声音与在听筒上听到的声音是否一致，如果一致，说明传送过来的媒体流本身语音质量就不好，需要往上查找媒体服务器的问题。

（3）查找平台下发的信令是否正确

在建立通话的过程中，平台会下发一系列的信令，而信令中有些参数的设置会影响到语音质量，需要保证平台下发的信令是正常的，例如 nt/jit，tdmc/ec，tdmc/gain 等。

对于第三类问题，FTTH 型需要排查电源线是否为三相电源，同时检查电源插座接地是否正常。如果电源线为两相，则可能有电磁干扰。对于 FTTN 型 ONU，需要检查设备的接地是否正常。

【现网案例 1】

某地反映 AN5116-02 设备下挂的 AN5006-07 型号 ONU，打电话时有较明显的杂音，使用的是 H.248 协议。更换硬件后仍然有杂音现象出现，因此排除硬件问题。在设备端抓包，查看媒体流信息，时延正常，没有丢包，同时还原出来的声音也正常，因此也排除了网络问题。仔细查看信令，发现通话建立时平台下发的 Modify 命令，其中一个参数配置有问题，nt/jit=0。jit 值表示抖动容限，其功能是如果网络路由质量不好时，通过软件算法解决语音上的损耗。如果 jit 值为 0，则表示关闭该功能，当网络路由稍有变化时就会影响到语音质量。设备上 jit 的默认值是 40，如果软交换平台没有下发 nt/jit 参数，则设备就按默认的 40 来处理；如果平台下发 nt/jit 参数，那么设备就按平台下发的参数来处理。如果软交换平台下发 nt/jit=0，则设备会按 0 来处理，这就影响到了语音质量。解决的方法是软交换平台将 nt/jit 参数值设置成 40。由于在 VoIP 应用中，不能关闭抖动容限的功能，为了避免平台以后出现类似的问题，设备对平台下发的 nt/jit 参数进行了相应的处理。如果软交换平台下发了 nt/jit=0，则设备按照默认的 40 来处理，对平台下发的其他值处理方法不变。

【现网案例 2】

某地反映 AN5006-07 型号 ONU 设备通话过程中有时出现闪断现象，表现为对方的声音断续或者无音，大概持续 1～2 秒左右。由于更换了硬件设备该问题仍然存在，因此排除了硬件问题。在 OLT 和 ONU 设备上同时进行抓包，信令正常，网络时延也正常，也没有丢包，排除了网络方面的问题。将传输的媒体流还原成声音，发现也有断续或者无音的现象，跟听筒中听到的是一样的，这就排除了设备本身的问题。由于是媒体服务器发过来的媒体流有断续问题，因此怀疑是媒体服务器的问题。查看远端媒体流时，发现有 RFC2833 的包。一般来说，平台配了 RFC2833 的功能，同时通话的对方有按键才会有 RFC2833 的包。而在通话的时候，对方并没有按键，所以 RFC2833 包的产生应该是另有原因。该地之前曾经反映过 RFC2833 在设置之后有单通问题，因此判断是开通了 RFC2833 导致的闪断现象。平台上将 RFC2833 关闭之后，解决该问题。

【现网案例 3】

某工程采用 5006-05 型 ONU，在业务开通后，用户反应通话中有沙沙音，通话不清晰。检查现场 ONU 的电源适配器，都是两相电源，更换为三相电源后用户测试通话清晰，故障解决。

三、iTV 故障案例

（1）某试点用户安装现场，显示网络认证 8% 后就报错。

原因查找：再次检查 AD modem 配置后发现，PVC 8/43 参数未保存生效。

解决办法：重新配置 AD modem 后故障解决。

（2）某营业厅安装现场，机顶盒网络连接成功，显示账号密码错误。

原因查找：检查机顶盒设置。

解决办法：认证账号设置为 CD***@ITV，正确输入账号后成功。

特别提示：IPTV 业务账号均是以 @ITV 结尾，严格区分大小写。

（3）某大邑用户安装现场，显示网络认证 36% 后，返回网络认证 8% 错误。

原因查找：检查局端设备配置正常，在大邑大二层设备上，发现同时从上网业务和 IPTV 业务 vlan 上学到该用户计算机 MAC 地址。怀疑为用户计算机 MAC 地址窜入 Modem 的 8/43pvc 通道上来。

解决办法：指导装维人员将 Modem 的 1/33pvc 绑定到 Lan1 口后，业务使用正常。

（4）彭州用户安装现场，显示网络认证 36% 后报错。

原因查找 1：装维人员检查 Modem、机顶盒配置无误后，报相关部门协调处理。检查大二层、SR 数据未做。

解决办法：通知后端网络维护人员补做数据后，故障解决。

原因查找 2：报客户服务调度中心检查，在大二层上未学习到华为机顶盒的 MAC 地址。检查大二层及 SR 数据正常；

解决办法：指导装维人员检查华为 Modem，将 DHCP 透传选项勾选后，故障解决。

（5）高新分公司安装现场，显示网络认证 36% 后报错。

原因查找：DHCP 服务器收到用户 STB 发起的 discovery 请求，但是未收到用户 STB 发出的 request 包，怀疑在 DHCP 返回 STB OFFER 包时，STB 未收到，故无法发出 request 包。

解决办法：装维人员检查 Modem、机顶盒配置无误后，报相关部门协调处理。检查大二层能学到用户 STB 的 MAC 地址，查高新 SR 配置的 3/0/0.2 接口数据未启用 DHCP SNOOPING、插入 Option 82 及其他配置，通知后端网络维护人员补做相关数据后，故障解决。

（6）青羊分公司维护现场，观看节目 10 分钟以后黑屏，重启机顶盒设备后又可以继续观看等现象。

原因查找：检查局端设备配置正常，现场维护人员发现用户使用电力猫接入。指导装维人员将电力猫换成网线+机顶盒+modem 接入测试，25 分钟左右时间内，故障现象消失，用户 IPTV 业务使用正常。

（7）金牛分公司维护现场，用户反馈直播黑屏，点播正常；观看节目 10 分钟以后黑屏，重启机顶盒设备后又可以继续观看等现象。

原因查找：检查局端设备配置正常（接入设备支持组播），需在局端各设备及用户端进行抓包排查。在用户所在局端 DSLAM 设备实际上网的端口（线对 20055）上，挂 Modem+机顶盒+电视转换盒+笔记本计算机测试。通过机顶盒认证地址为组播 EPG 服务器，观看直播正常。局端设备抓包及挂测均正常，在用户端机顶盒抓包，华为公司研发部根据黑屏后抓包的 RTP 流分析图，发现有网络丢包，而且每个包都发了二次，通过提取出来的视频流发现有严重花屏现象。

解决办法：更换用户端 Modem 后，故障消除，业务使用正常。

（8）金牛分公司用户故障，认证到 36% 失败。

原因查找：检查局端数据配置正常，查询 DHCP 日志，发现在 DHCP 发出 offer 消息后，未收到用户机顶盒发出的 request 请求，而是收到了 release 请求。

到用户端检查，逐一排查故障点到用户网线时，发现用户网线线序错误。正常网线线序为：白橙/橙/白绿/蓝/白蓝/绿/白棕/棕，该用户网线线序为：白橙/橙/白绿/绿/蓝/白蓝/白棕/棕。该网线用于 AD 上网时业务正常，但是在 Modem 与机顶盒之间使用会造成故障。

解决办法：重新按照标准网线线序制作网线后，故障消除，用户业务使用正常。

（9）新津用户 IPTV 播放问题：用户能进入首页，时而能看到一点东西，时而不能。

原因查找：经排查是大二层到二平面 SR 的一条传输链路故障所致，该用户所在大二层有两条传输链路捆绑，但其中有一条链路有问题，造成该现象。

（10）高新用户 IPTV 播放问题：点播正常、直播黑屏。

原因查找：经检查发现端口带宽未叠加 IPTV 带宽。

解决办法：将带宽配置到正确带宽后，故障消除，用户直播恢复正常。

（11）大邑用户 IPTV 故障：认证到 85%，报错。

原因查找：用户设置正常，局端检查正常。从二平面 SR ping 用户机顶盒 IP 地址掉包严重。

解决办法：通知用户端更换 Modem 到机顶盒网线后，故障消除，用户使用恢复正常。

（12）都江堰用户 IPTV 播放问题：点播正常、直播卡片。

原因查找：端口带宽等配置正常。从都江堰二平面 SR ping 用户机顶盒 IP 掉包严重，建议装维人员检查网线。

解决办法：装维人员重新对自制网线头进行制作后，故障消除，用户使用恢复正常。

（13）龙泉用户 IPTV 认证问题：华为机顶盒认证到 36% 报错。

原因查找：局端接入网设备无法学习到用户机顶盒 MAC 地址，检查发现为用户网线的布线问题。

解决办法：指导装维人员处理用户端网线后，故障消除，用户使用正常。

（14）金牛分公司用户 0283311442489 认证到 36%，无法通过 DHCP 获取 IP 地址故障。

原因查找：通过逐段到现场对不同设备进行抓包排查，最终在用户端抓包发现故障原因为 Modem 配置错误（802.1q 使能被勾选造成），造成 DHCP 服务器无法收到机顶盒发出的

request 包造成。

解决办法：取消 Modem 中 802.1q 使能选项勾选。

特别提示：802.1q 使能不能勾选。

（15）高新分公司用户 IPTV 播放问题：点播、直播 1～2 秒卡顿，感觉有点卡顿。

原因查找：端口带宽等配置正常。用户使用高清线，电视机支持高清。

解决办法：装维人员重新对机顶盒进行高清设置，将 1080i60HZ 修改为 1080i50HZ 后，故障消除，用户使用恢复正常。

问题与思考

1. FTTH 客户端安装主要有哪些步骤？
2. FTTH 客户端安装中涉及的设备、箱体、线路和光器件有哪些？
3. FTTH 客户端安装所需使用的仪器、工具、耗材有哪些？
4. 常见 FTTH 客户端故障的类型及其处理方法？

学习情境三

FTTX 工程施工、
网络数据规划

FTTX 工程设备与线路施工规范

12.1 任务目标

　　××市某通信运营商正在建设 FTTX 网络，承接光缆线路施工的工程队需要将 FTTX 网络从局端机房敷设到用户侧，现在需要完成 FTTX 网络工程设备和线路施工任务。

　　通过模拟通信工程施工现场场景及现场施工流程和工艺规范、标准，让学生通过岗位角色及工作任务模拟，实现如下教学目标。

　　（1）通过岗位角色及工作任务模拟，了解岗位职责、技能，工作流程、任务内容及要求。

　　（2）了解 FTTX 网络建设中的工程设备和线路施工规范。

　　（3）培养沟通、协调和团队协作能力，感受线路工作的艰辛，提倡吃苦耐劳精神。

12.2 任务分析

　　FTTX 工程设备与线路施工是 FTTX 网络建设中的关键环节，该环节主要是依据设计图纸，完成网络的建设。

　　施工建设工作主要由设备施工和线路施工两部分组成，所以需要通过对相关知识的补充，学习和掌握工程设备施工规范和线路施工规范。

12.3 相关知识

12.3.1 设备施工规范

一、OLT 安装施工

　　OLT（Optical Line Terminal）：光线路终端。在 PON 技术应用中，OLT 设备是重要的局端设备，目前常用的 OLT 设备分别有华为 MA5680T 设备、中兴 ZTEC220 设备，烽火 AN5516 设备等。在 OLT 安装施工中，施工人员需要熟悉和了解工程设计文件的相关内容，以便指导施工。

　　OLT 机架安装的位置、方向应严格按照设计要求，并且结合实际情况，安装于合适的位置和方向。安装时应端正牢固，列内机面平齐，机架间隙不得大于 3mm，垂直偏差不应大于机架高度的 1‰。机架必须采用膨胀螺栓对地加固，机架底部要有防雷垫片，用"L"字铁做好上固定（与走线梯结合处也需要使用防雷垫片）。

如果在抗震烈度在 7 度以上的地区施工，机架安装必须进行抗震加固，其加固方式应符合 YD 5059—2005《电信设备安装抗震设计规范》中的相关要求。对于子架在机架中的安装位置需根据设计，子架与机架的加固需符合设备装配要求。另外，子架安装应牢固、排列整齐，依照设计要求排列机盘型号及设备面板，插接件接触良好。对于壁挂式设备，安装后设备应牢固、横平竖直，底部距地面高度也必须符合设计要求。机架标识做到统一、清楚、明确，位置适当。OLT 设备的电源线、尾纤和网线需按照安装规范布放，在设备端要求使用热缩管保护电源线，尾纤在机架内必须用缠绕管缠绕，盘留曲率半径应大于 30mm，网线做好水晶头必须用五类线对线器测试。最后，安装完毕要保持机架内外整洁。

图 12.1 OLT 机架安装

图 12.2 OLT 设备安装

OLT 安装施工必须严格按照设计要求，同时也需要结合实际情况，合理地做出调整。

二、ODF 安装施工

ODF 架即为光纤配线架（Optical Distribution Frame），用于光纤通信系统中局端主干光缆的成端和分配，可方便地实现光纤线路的连接、分配和调度。

ODF 架的安装施工过程中需要做到以下几点要求：

（1）根据设计要求确定 ODF 架安装位置和朝向，安装时垂直偏差应不大于机架高度的 1‰。

（2）相邻机架应紧密靠拢，机架间隙应小于 3mm；列内机面平齐，无明显凹凸。

ODF 架的光纤连接线敷设需遵循以下要求：

（1）根据设计文件选择光纤连接线的型号规格，余长不宜超过 1m。

（2）光纤连接线在布放的时候应整齐，架内与架间应分别走线。

（3）光纤连接线的静态曲率半径应不小于 30mm。

如图 12.3 所示，ODF 架防雷接地应符合以下要求：

ODF 架外壳设备保护地应采用 16mm² 以上的多股铜电线接到机房设备专用地排；光缆的加强芯与金属屏蔽层的接地线先汇接到 ODF 架内专用防雷地排后，再采用 16mm² 以上的多股铜电线接到机房 ODF 专用地排；机房 ODF 专用地排与机房设备专用地排必须分开，最后才汇接到机房总地排。

图 12.3　ODF 架防雷接地

三、光交箱安装施工

光交箱地基基础应夯实，墙体砌筑符合建筑规范要求，回填土应夯实无塌陷。墙体及底座砌筑高度应符合设计要求，抹灰表面光滑，无破损、开裂情况，抹灰强度应符合标准。光交箱地角螺丝稳固，底座和光交箱有机结合平整，并做防水、防腐处理。箱体安装后的垂直度偏差不大于 3mm，底座外沿距光交箱箱体大于 150mm，底座高度距离地面 300mm。

按设计安装接地体，接地体用 2 根 ϕ60、长 1700cm 镀锌钢管，并用 40×4 接地扁钢与接地体焊接打入地下，扁钢长度以满足接地阻值和地理实际确定。用大于 10mm² 多股软铜线分别与扁钢和箱体按地点联接，其接地阻值不大于 5Ω。

安装完毕后保证光交箱门锁正常开启，门不可变形，施工完毕后及时上交光交箱全部钥匙。

光缆布放时接地必须可靠，安装牢固。纤芯必须增加保护管，光缆标签准确，标牌内容为两行：第一行为起始方向，第二行为光缆芯数。有多条光缆时标牌应错开，绑扎整齐。标签举例：邮政楼至边杖子 144 芯。标签大小适宜，粘贴牢固。

光交箱采用 2m 长尾纤，排列整齐，多余部分盘放在盘纤盘内，不可交叉，层次分明。

最后，安装完毕后的光交箱整洁，无破损、脱皮、生锈、凹陷等外观问题。

四、光分纤箱施工

安装光分纤箱时，需要确保箱体的稳固性，箱内应留有足够的接续区，并能满足接续时光缆的存储、分配要求。不同类的线缆应留有相对独立的进线孔，孔洞容量应满足满配时的需求。光纤在机箱内应做适当的预留，预留长度以方便二次接续的操作为宜，线缆引入孔处应使用防火泥进行密封。

五、光分路器箱施工

需要使用到的工具有熔纤机、酒精、功率计、无水乙醇、OTDR 测试仪、尾纤、剖线钳、光纤切割刀、斜口钳、水平尺、冲击钻、螺丝刀、波纹管、黄色胶布、黑色胶布、软塑带、戒子刀、防火泥、铁皮钳、光功率计、笔式红光源等。

1. 安装环境的检查

箱体安装之前需要对安装环境进行检查，并且挂墙安装时，选择的环境和安装位置有一定要求，总结如下。

（1）光缆分纤箱、光分路箱的安装地点需根据设计文件施工。一般在楼宇内，尽量选择物业设备间、车库、楼道、竖井、走廊等合适地点安装。

（2）在安装光缆分纤箱、光分路箱时，需考虑好接下来便于光缆的敷设。特别是"薄覆盖"项目，需考虑二次施工时蝶形光缆如何布放入户。

（3）以下位置不宜挂墙安装：不稳固的、年久失修的墙壁；装饰外墙、女儿墙等非承重墙；临时设施的外墙；影响市容市貌、影响行人交通及其他不宜挂墙的位置；空间狭窄不利于打开箱门、维护操作的弱电竖井。

（4）在实际安装位置周围还要注意设计文件要求安装箱体位置的上方是否存在水管等漏水的隐患，是否有高压线经过，是否容易阻碍行人通过等。

（5）户内安装光缆分纤箱/盒、光分路箱/框时要求箱/框底部距地面适宜高度为 1.2～2.5m，具体结合现场情况。

（6）户外安装光缆分纤箱/盒、光分路箱/框时要求箱/框底部距地面适宜高度为 2.8～3.2m，具体结合现场情况。

（7）竖井中安装光缆分纤箱/盒、光分路箱/框时要求箱/框底部距地面适宜高度为 1.0～1.5m，具体结合现场情况。

（8）如果发现设计文件中的安装位置存在问题，要及时通知监理单位或建设主管，不要盲目施工。

2. 光分路器箱的施工

（1）箱体安装位置需要符合设计要求，并且结合实际情况进行安装；箱体安装需用水平尺定位，利用箱体配件固定箱体。安装完毕之后，箱体必须达到稳固和水平的要求。光分纤箱安装高度要高于 1.5m，尽量安装在不妨碍人员上下楼梯的安全位置，以防夜间无照明时碰伤行人。

（2）确定光缆进入箱体的位置。

室内安装的时候，光缆可以选择从箱体的上方进入，并在箱体的上方盘留 3～5m，固定后套波纹管保护。

室外安装的时候，光缆必须从箱体的下方进入，并且在箱体的左上方或者右上方盘留 3～5m，固定后套波纹管保护，光缆在箱体的下方形成一个较大弧度的滴水弯，以防止雨水顺着光缆进入箱体。

最后在光缆进入箱体后在光缆固定位缠绕多圈胶布并箍紧，在光缆的入孔处封堵防火泥。

3. 光缆和尾纤的熔接与盘留

（1）光纤在箱内布放时，不论在何处转弯，其曲率半径应不小于 30mm，可以根据具体厂家箱体的实际情况来选择较大弧度的转弯。

下面以某厂家的箱体为例说明光缆和尾纤熔接与盘留的走线方式。

光缆进入箱体之后，开缆套纤芯保护管，选择较大弧度的走线方式进入熔纤盘，在与尾纤熔接之前需要确定好尾纤的走线方式和长度，确定时需要注意以下几点。

① 尾纤熔接后出熔纤盘的位置需要与进熔纤盘的光缆在同一侧，尽量不选择对角处，便于光纤在熔纤盘内熔接和盘留有较大弧度，避免损伤光纤。

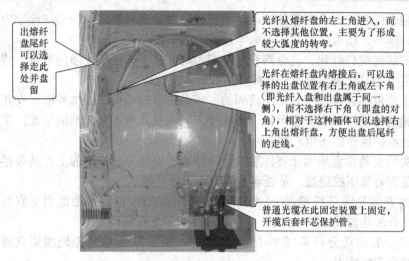

出熔纤盘尾纤可以选择走此处并盘留

光纤从熔纤盘的左上角进入，而不选择其他位置，主要为了形成较大弧度的转弯。

光纤在熔纤盘内熔接后，可以选择的出盘位置有右上角或左下角（即光纤入盘和出盘属于同一侧），而不选择右下角（即盘的对角），相对于这种箱体可以选择右上角出熔纤盘，方便出盘后尾纤的走线。

普通光缆在此固定装置上固定，开缆后套纤芯保护管。

图 12.4　光缆和尾纤熔接与盘留的走线方式 1

② 尾纤熔接完毕出熔纤盘后，需要选择较大弧度的走线方式，使尾纤插入光分路器和停车位。

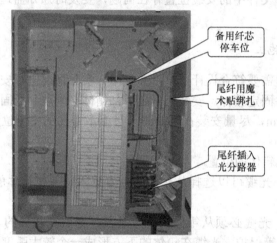

备用纤芯停车位

尾纤用魔术贴绑扎

尾纤插入光分路器

图 12.5　光缆和尾纤熔接与盘留的走线方式 2

③ 走线方式确定后，需要注意的是光分路器框的打开和关闭时是否对尾纤产生挤压，如果出现挤压的情况，可以修改走线方式，最大限度的减少对光纤的损害。

因此，确定完尾纤的走线方式和长度之后，在熔纤盘内盘留后与尾纤熔接。另外需要注意的是，尾纤的绑扎必须用软塑带而不能用扎带，以免损伤光纤。

（2）掏接光缆的施工方式

掏接光缆从箱体下方进入，盘留一圈后从箱体的上方出，分别在掏接光缆上下固定位做好标记，在上下固定位往内 3cm 处横切两个小口，在上固定位开口处往内纵切 8cm，找到需要成端的纤芯，剪断。从下固定位开孔处把外皮往上提开，小心抽出纤芯，整理好纤芯套纤芯保护管，缠绕胶布。在上固定位开口处缠绕好胶布封住开口，束状光缆在上下固定位缠绕多圈胶布箍紧。

具体施工步骤如图 12.6 所示。

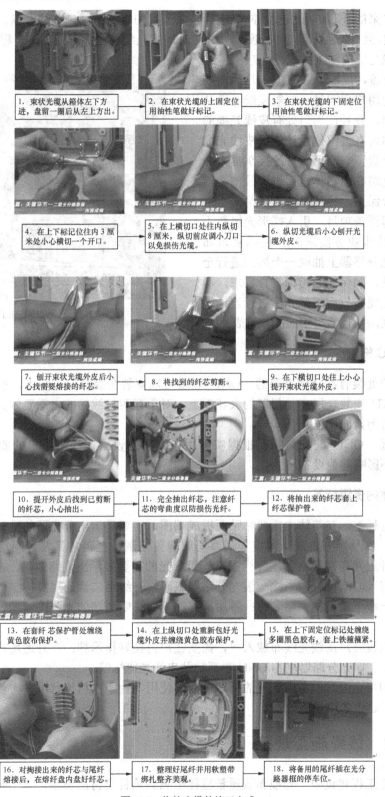

1. 束状光缆从箱体左下方进，盘留一圈后从左上方出。

2. 在束状光缆的上固定位用油性笔做好标记。

3. 在束状光缆的下固定位用油性笔做好标记。

4. 在上下标记位往内 3 厘米处小心横切一个开口。

5. 在上横切口处往内纵切 8 厘米，纵切前应调小刀口以免损伤光缆。

6. 纵切光缆后小心刨开光缆外皮。

7. 刨开束状光缆外皮后小心找需要熔接的纤芯。

8. 将找到的纤芯剪断。

9. 在下横切口处往上小心提开束状光缆外皮。

10. 提开外皮后找到已剪断的纤芯，小心抽出。

11. 完全抽出纤芯，注意纤芯的弯曲度以防损伤光纤。

12. 将抽出来的纤芯套上纤芯保护管。

13. 在套纤芯保护管处缠绕黄色胶布保护。

14. 在上纵切口处重新包好光缆外皮并缠绕黄色胶布保护。

15. 在上下固定位标记处缠绕多圈黑色胶布，套上铁箍箍紧。

16. 对掏接出来的纤芯与尾纤熔接后，在熔纤盘内盘好纤芯。

17. 整理好尾纤并用软塑带绑扎整齐美观。

18. 将备用的尾纤插在光分路器框的停车位。

图 12.6　掏接光缆的施工方式

对掏接出来的纤芯进行熔接，同样选择较大弧度的走线方式进入熔纤盘，在与尾纤熔接前也需要确定尾纤的走线方式和长度。另外注意掏接光缆在箱体之外需要全程套管保护。

（3）皮线光缆的施工方式

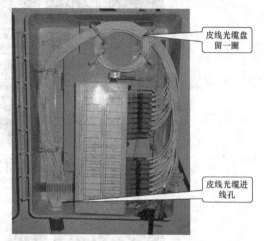

对于全覆盖，皮线光缆布放入户后需要用红光笔确定用户房间号，一般皮线光缆从箱体的下方出，并且在出口处有皮线光缆的固定位。箱体内有盘留位设计的，皮线光缆可以在盘留位盘留一圈后做好冷接头插入分光器。皮线光缆在出箱体之后进入线槽之前需要套波纹管保护，并且封堵防火泥。

如果是薄覆盖项目，引入蝶形光缆暂不布放，在有具体业务需求时，根据需求布放。在二级光分路器上抽取一个端口进行全程光衰减测试，确保性能指标符合要求，覆盖完成蝶形光缆布放后用红光笔进行连通性和对应性测试，并且填写相应的测试表格。

图 12.7　皮线光缆的施工方式

六、ONU 施工

如果用户处装有综合信息箱的，ONU 设备可以安装在综合信息箱内，另外可以根据实际情况把 ONU 安装在用户处门口的天花板上。对于有明钉线槽的，需要做好线槽的走线美观以及不损害到其他设施。

综上所述，ONU 的安装需要根据实际用户，想方设法在满足用户的要求下，做到安全、美观，不影响其他设备。

七、箱体内资源标签

关于设备标签，在箱体内需要粘贴面板成端图，需要显示出分光器的数量和分光器的端口对应关系，以及排列方式。薄覆盖需要写明覆盖范围，全覆盖需要写明用户所对应的端口。而在尾纤上同样需要粘贴尾纤标签，一级分光的需要显示出光路编码，上联的 OLT 端口，局端机房 ODF 位置，本端一级光分路器编码；一级至二级的尾纤标签上则需要显示光路编码以及一级至二级的光路名称；备用标签的需要注明两端的光分路器箱编码，并且写上（备用）两字。

全覆盖建设时，皮线光缆布放入户，需要在户内挂好指示牌；在开通用户时，需要在皮线光缆的两端，即光分路器端和 ONU 端都粘贴皮线光缆标签。

在使用掏接光缆时，考虑到有的纤芯不需要使用，为了以后抢修维护方便，需要在箱门内黏贴一张纤芯主备用说明。

12.3.2　线缆施工规范

在 FTTH 工程建设中，光缆布放质量直接影响到项目交付的质量。本节除介绍传统的光缆施工规范如管道、直埋、架空光缆外，还介绍楼道光缆布放的规范内容。

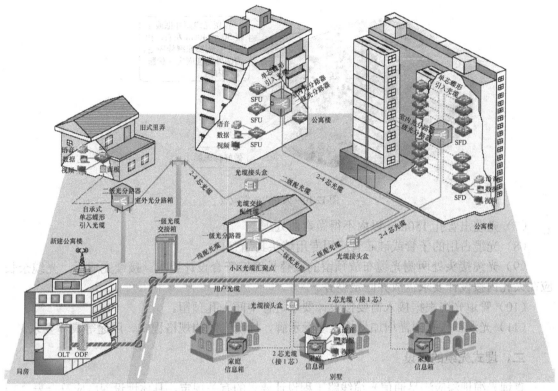

图 12.8　FTTH 网络示意图

一、管道光缆的敷设

管道光缆施工在城市中较为常见。在施工前，需带齐设计图纸及根据规范做好安全防护措施，严格按照图纸施工，如需在管道中布放蝶形光缆，宜采用有防潮层的管道型蝶形引入光缆，并加强保护。

在施工中还需遵循以下要求：

（1）在孔径 90mm 及以上的水泥管道、钢管或塑料管道内，在条件允许的情况下，应根据设计规定在两人（手）孔间一次性敷设三根或三根以上的子管。

（2）子管不得跨人（手）孔敷设，子管在管道内不得有接头。

（3）子管在人（手）孔内伸出长度一般为 200～400mm；本期工程不用的管孔及子管管孔应及时按照设计要求安装塞子封堵，如图 12.9 所示。

（4）光缆在各类管材中穿放时，管材的内径应不小于光缆外径的 1.5 倍。

（5）人工敷设光缆不得超过 1000m。光缆气流敷设单向一般不超过 2000m。

（6）敷设后的光缆应平直，无扭转，无交叉，无明显刮痕和损伤。敷设后应按设计要求做好固定。

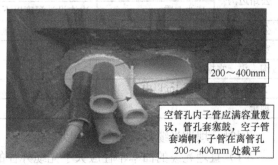

200～400mm

空管孔内子管应满容量敷设，管孔套塞鼓，空子管套端帽，子管在离管孔 200～400mm 处截平

图 12.9　子管施工

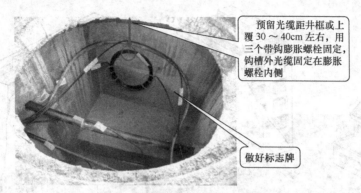

预留光缆距井框或上覆 30～40cm 左右，用三个带钩膨胀螺栓固定，钩槽外光缆固定在膨胀螺栓内侧

做好标志牌

图 12.10　人井内光缆敷设

（7）光缆出管孔 150mm 以内不得做弯曲处理。

（8）光缆占用的子管或硅芯管应用专用堵头封堵管口。

（9）光缆接头处两侧光缆布放预留的重叠长度应符合设计要求。接续完成后，光缆余长应在人孔内按设计要求盘放并固定整齐。

（10）管道光缆根据接入需要按设计要求进行中间人孔预留。

（11）光缆在人孔内需增加悬挂光缆标示牌，标明光缆的规格程式、用途等具体要求。

二、埋式光缆的敷设

直埋光缆埋深应满足通信光缆线路工程设计要求的有关规定，具体埋设深度应符合表 12.1 的要求；光缆在沟底应呈自然平铺状态，不得有绷紧腾空现象；人工挖掘的沟底宽度宜为 400mm。

表 12.1　　　　　　　　　　　　直埋光缆埋深标准

敷设地段或土质		埋深（m）	备　　注
普通土		≥1.2	
半石质、砂砾土、风化石		≥1.0	从沟底加垫 100mm 细土或沙土，此时光缆的埋深可相应减少
全石质		≥0.8	
流沙		≥0.8	
市郊、村镇		≥1.2	
市区人行道		≥1.0	
公路边沟	石质（坚石、软石）	边沟设计深度以下 0.4	边沟设计深度为公路或城建管理部门要求的深度
	其他土质	边沟设计深度以下 0.8	
公路路肩		≥0.8	
穿越铁路、公路		≥1.2	距路基面或距路面基底
沟、渠、水塘		≥1.2	
农田排水沟（沟深 1m 以内）		≥0.8	
河流			应满足水底光（电）缆要求

同时，埋地光缆敷设还应符合以下要求：

（1）直埋光缆的曲率半径应大于光缆外径的 20 倍。

（2）光缆可同其他通信光缆或电缆同沟敷设，同沟敷设时应平行排列，不得重叠或交叉，缆间的平行净距应≥100mm。

（3）直埋光缆与其他设施平行或交越时，其间距不得小于表 12.2 的规定。

表 12.2　　　　　　　　　直埋通信线路与其他建筑物间最小净距表　　　　　　　　（单位：m）

设 施 名 称	种　　类	最小间隔距离	
		平 行 时	交 越 时
给水管	直径 300mm 及以下	0.5	0.5
	直径 300~500mm	1.0	0.5
	直径 500mm 以上	1.5	0.5
排水管		1.0	0.5
热力管		1.0	0.5
煤气管	压力小于或等于 300kPa	1.0	0.5
	压力大于 300kPa	2.0	0.5
通信管道		0.75	0.25
建筑红线		1.0	—
排水沟		0.3	0.5
市外大树		2.0	—
市内大树		0.75	—
电力电缆	35kV 以下	0.5	0.5
电力电缆	35kV 及以上	2.0	0.5

（4）光缆在地形起伏较大的地段（如山地、梯田、干沟等处）敷设时，应满足规定的埋深和曲率半径的要求。

（5）在坡度大于 20°、坡长大于 30m 的斜坡地段宜采用 "S" 形敷设。坡面上的光缆沟有受到水流冲刷的可能时，应采取堵塞加固或分流等措施。在坡度大于 30°的较长斜坡地段敷设时，宜采用特殊结构光缆（一般为钢丝铠装光缆）。

（6）直埋光缆穿越保护管的管口处应封堵严密。

（7）直埋光缆进入人（手）孔处应设置保护管。光缆铠装保护层应延伸至人孔内距第一个支撑点约 100mm 处。

（8）应按设计要求装置直埋光缆的各种标志。

（9）直埋光缆穿越障碍物时的保护措施应符合设计要求。

如图 12.11 所示，将光缆放入沟底回填土时，应先填细土，后填普通土，小心操作，不得损伤沟内光缆及其他管线。市区或市郊埋设的光缆在回填 300mm 细土后，盖红砖保护。每回填土约 300mm 处应夯实一次，并及时做好余土清理工作。如图 12.12 所示，回土夯实后的光缆沟，在车行路面或地砖人行道上应与路面平齐，回土在路面修复前不得有凹陷现象；土路可高出路面 50~100mm，郊区大概可高出 150mm 左右。

需要用到路面微槽光缆时，光缆沟槽应切割平直，开槽宽度应根据敷设光缆的外径确定，一般应小于 20mm；槽道内最上层光缆顶部距路面高度宜大于 80mm，槽道总深度宜小于路面厚度的 2/3；光缆沟槽的沟底应平整、无硬坎（台阶），不应有碎石等杂物；沟槽的转角角度应满足光缆敷设后的曲率半径要求。同时，还需要遵循下列要求：

图 12.11　先填细土，后填普通土，且不得损伤沟内光缆及其他管线

图 12.12　回土夯实后的光缆沟，在车行路面或地砖人行道上应与路面平齐

（1）在敷设光缆前，宜在沟槽底部铺 10mm 厚细砂或铺放一根直径与沟槽宽度相近的泡沫条作缓冲。

（2）光缆放入沟槽后，应根据路面恢复材料特性的不同在光缆的上方放置缓冲保护材料。

（3）路面的恢复应符合道路主管部门的要求，修复后的路面结构应满足相应路段服务功能的要求。

三、架空光缆的敷设

架空光缆多用于农村、田地、空旷地区等，施工难度较大，特别要注意施工作业的安全。登高作业人员必须经过相关部门组织的登高培训学习，并通过考核取得特种作业操作证，才可以进行登高作业。高空作业按要求佩戴安全帽、安全带、竹梯要有防滑勾、穿防滑鞋、工具要放在密封好的工具袋里。采用竹梯作业时，下面要有人扶梯，防止竹梯左右滑动，同时设置作业区域，用围带或施工警示牌围蔽。

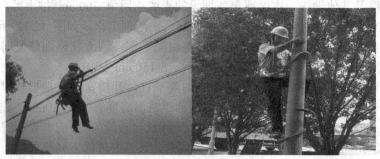

图 12.13　架空光缆敷设

图 12.13　架空光缆敷设（续）

架空光缆敷设后应自然平直，并保持不受拉力、应力，无扭转，无机械损伤。架空光缆最低点距地面，以及与其他建筑物的最小空距与隔距应符合表 12.3、表 12.4 的要求。

表 12.3　　　　　　　　　　　　架空光缆与其他建筑物的最小垂直净距

名　　称	与线路平行时		与线路交越时	
	垂直净距	备　　注	垂直净距	备　　注
市区街道	4.5m	最低线缆到地面	5.5m	最低线缆到地面
胡同（里弄）	4.0m	最低线缆到地面	5.0m	最低线缆到地面
铁路	3.0m	最低线缆到地面	7.5m	最低线缆到地面
公路	3.0m	最低线缆到地面	5.5m	最低线缆到地面
土路	3.0m	最低线缆到地面	5.0m	最低线缆到地面
房屋建筑			距脊 0.6m 距顶 1.5m	最低线缆距屋脊或平顶
河流			通航河流 2.0m 不通航河流 1.0m	最低线缆距最高水位时最高桅杆顶
市区树木			1.0m	最低线缆到树枝顶
郊区树木			1.0m	最低线缆到树枝顶
通信线路			0.6m	一方最低线缆与另一方最高线缆

表 12.4　　　　　　　　　　　　架空光缆与其他设施的空距与隔距

名　　称	最小水平净距	备　　注
消火栓	1.0m	指消火栓与电杆的距离
地下管线	0.5～1.0m	包括通信管、线与电杆间的距离
火车铁轨	地面杆高的 4/3 倍	
人行道边石	0.5m	
市区树木	1.25m	
房屋建筑	2.0m	至房屋建筑的水平距离
郊区树木	2.0m	

架空光缆施工时，应根据设计要求选用光缆的挂钩程式。光缆挂钩的间距应为500mm，允许偏差±30mm。挂钩在吊线上的搭扣方向应一致，挂钩托板应安装齐全、整齐。在电杆两侧的第一只挂钩应各距电杆500mm，允许偏差±20mm。

图 12.14　架空光缆挂钩程式

布放吊挂式架空光缆应在每 1～3 根杆上作一处伸缩预留。伸缩预留在电杆两侧的扎带间下垂 200mm，并套保护管。伸缩预留安装方式应符合图 12.15 的要求。光缆经十字吊线或丁字吊线处亦应安装保护管，如图 12.16 所示。

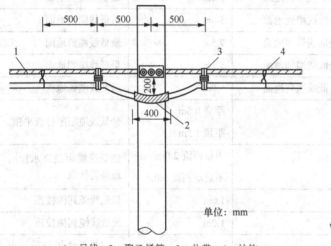

1—吊线　2—聚乙烯管　3—扎带　4—挂钩

图 12.15　光缆在杆上伸缩预留示意图

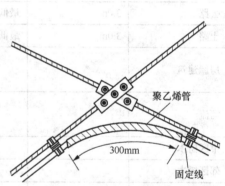

图 12.16　光缆在十字吊线出保护示意图

架空光缆在吊线接头处的吊扎方式应符合图 12.17 的要求。

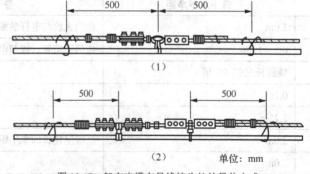

（1）

（2）

单位：mm

图 12.17　架空光缆在吊线接头处的吊扎方式

架空光缆每隔 500m 需要预留，预留规范如图 12.18 所示。

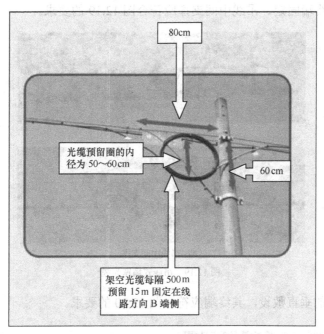

图 12.18　架空光缆预留

四、墙壁光缆的敷设

墙壁光缆敷设多用于城镇区域光缆建设，由于位于居民区和工厂区内，对居民影响较大，所以经常会发生受阻或协调的情况，对施工质量要求较高，施工单位在施工时应符合下列规定：

（1）不宜在墙壁上敷设铠装或油麻光缆。

（2）墙壁光缆离地面高度应≥3m，跨越街坊、院内通路等应采用钢绞线吊挂。

（3）墙壁光缆与其他管线的最小间距应符合下表的规定。

表 12.5　　　　　　　　　　　墙壁光缆与其他管线的最小间距

管 线 种 类	平行净距（m）	垂直交叉净距（m）
电力线	0.20	0.10
避雷引下线	1.00	0.30
保护地线	0.20	0.10
热力管（不包封）	0.50	0.50
热力管（包封）	0.30	0.30
给水管	0.15	0.10
煤气管	0.30	0.10
电缆线路	0.15	0.10

如果需要敷设吊线式墙壁光缆，吊线式墙壁光缆使用的吊线程式应符合设计要求。墙上

支撑的间距应为 8～10m，终端固定物与第一只中间支撑的距离不应大于 5m。吊线在墙壁上的水平敷设，其终端固定、吊线中间支撑应符合图 12.19 的要求。

（a）终端固定

（b）吊线中间支撑

图 12.19　吊线式墙壁光缆

吊线在墙壁上的垂直敷设，其终端应符合图 12.20 的要求。

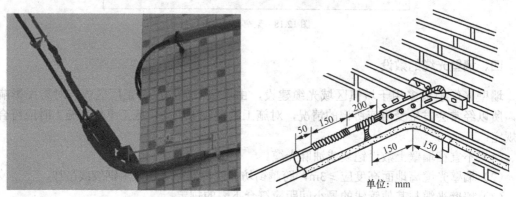

单位：mm

图 12.20　吊线墙壁垂直敷设的终端要求

敷设卡钩式墙壁光缆应符合下列要求：

（1）光缆以卡钩式沿墙敷设应在光缆上套塑料保护管予以保护。

（2）应根据设计要求选用卡钩。卡钩必须与光缆、同轴电缆、保护管外径相配套。

（3）光缆卡钩间距为 500mm，允许偏差±50mm。转弯两侧的卡钩距离为 150～250mm，两侧距离须相等。

五、楼道光缆的敷设

与其他传统光缆项目相比，FTTH 项目在居民小区内布放光缆场景较多，特别是楼道内皮线光缆的施工难度较大，这点已经在上一章中提及，本章主要介绍普通光缆或束状光缆在楼道里布放的施工规范。

如设计要求在楼道中预埋线槽或暗管，应符合下列规定：

（1）敷设线槽和暗管的两端宜用标志表示出编号等内容。

（2）如果是电信自建线槽，需要在线槽表面喷上电信标识。

（3）预埋线槽宜采用金属线槽，预埋或密封线槽的截面利用率应为 30%～50%。

（4）敷设暗管宜采用钢管或阻燃聚氯乙烯硬质管。布放 4 芯以上光缆时，直线管道的管径利用率应为 50%～60%，弯管道应为 40%～50%。暗管布放 4 芯及以下光缆时，管道的截面利用率应为 25%～30%。

在线槽中布放光缆时，应自然平直，不得产生扭绞、打圈、接头等现象，光缆敷设不允许超过最大的光缆拉伸力和压扁力，在布放过程中，光缆外护层不应有明显损伤。2 芯或 4 芯水平光缆的弯曲半径应大于 25mm，其他芯数的水平光缆、主干光缆和室外光缆的弯曲半径应至少为光缆外径的 10 倍。

楼道光缆不宜与电力电缆交越，若无法满足时，必须采取相应的保护措施如套保护管等。不得布放在电梯或供水、供气、供暖管道竖井特别是强电竖井中。

楼道光缆与其他机房、管线间的最小净距应符合下表要求：

（1）楼道缆线与配电箱、变电室、电梯机房、空调机房之间最小净距符合表 12.6 的规定。

表 12.6　　　　　　　　　　　楼道缆线与其他机房最小净距

名　称	最小净距（m）	名　称	最小净距（m）
配电箱	1	电梯机房	2
变电室	2	空调机房	2

（2）楼道内缆线暗管敷设与其他管线最小净距见表 12.7 的规定。

表 12.7　　　　　　　　　　楼道缆线及管线与其他管线的间距

管 线 种 类	平行净距（mm）	垂直交叉净距（mm）
避雷引下线	1000	300
保护地线	50	20
热力管（不包封）	500	500
热力管（包封）	300	300
给水管	150	20
煤气管	300	20
压缩空气管	150	20

同时要特别注意的是，光缆进出竖井的出入口和穿越墙体、楼板及防火分区的孔洞处，应采用防火封堵材料封堵。

六、光缆接续与成端

光缆接续的内容应包括光纤接续、金属护层、加强芯的连接和接头衰减的测量。光缆接头安装位置应符合设计要求，余缆盘留长度应符合设计规定。人手井内余缆应盘成O型圈，并用扎线固定。光缆固定后的曲率半径应不小于光缆直径的 10 倍。

光缆接续成端的流程如下：

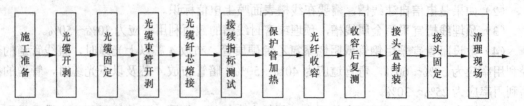

1．施工准备

（1）接续环境做好防尘、防水、防震，最好选择在接续车内，无条件时应使用接续帐篷，并设置工作台、工作椅。

（2）安排接续点和测试点人员到位。

2．光缆开剥

（1）剥前检查所接光缆是否存在损伤或挤压变形情况。

（2）理顺光缆，按规定做好预留。

（3）将光缆的端头 3000mm 长度用棉纱擦洗干净，剪掉 200～300mm 光缆的端头。

（4）套上适合光缆外径的热可缩套管。

（5）确认光缆的 A、B 端。

（6）做屏蔽线。

（7）清理油膏。

（8）用绝缘摇表测试光缆金属构件的对地绝缘。

（9）注意进刀深度。

3．光缆在接头中固定

（1）保证光缆不会产生松动，紧固螺丝直到加强芯有弯曲现象为止。

（2）固定时要注意加强件的长度，应使固定光缆的夹板与固定加强件螺丝之间的距离与所留长度相当。

4．光缆束管开剥

（1）确定束管开剥位置，注意理顺。

（2）切割束管，注意用刀。

（3）去掉束管，注意匀速。

（4）擦净油膏，注意干净。

（5）把束管放入收容盘内，两端用尼龙扎带固定，注意扎带不要拉的过紧。

（6）预盘光纤，使接续后的接头点能放在光纤保护管的固定槽内，剪去多余光纤。

5．光缆纤芯熔接（见图 12.21）

（1）接续的整个过程中保持工作台和熔接机的清洁。

（2）光纤接续要按顺序一一对应接续，不得交叉错接。

光纤清洁　　　　　　　光纤切割　　　　　　　光纤熔接

图 12.21　光缆纤芯熔接

6．接续指标测试

（1）测完 2 芯后，通知测试点测试，注意测试两个方向、两个窗口。

（2）测试指标合格后通知接续点将 2 芯光纤逐一进行热熔保护。

7．光纤保护管加热

将保护管移至光纤接头的中间部位，待保护管冷却后取出保护管并确认管内无气泡。按照上述方法逐一进行后续光纤的熔接和热熔。

8．光纤收容

（1）分步收容，注意每接一管即刻收容。

（2）光纤保护管的固定，注意安全牢固。

（3）收容后检查，注意弯曲半径、挤压、受力。

（4）盖上盘盖后，通知测试点复测。

9．光缆接头盒的封装（见图 12.22）

接续指标测试　　　　　　保护管加热　　　　　　光纤收容

图 12.22　光缆接头盒的封装

当项目中采用掏接（分歧式光缆接续）时，应符合下列具体要求：

（1）宜采用室内束状光缆或分支型光缆进行掏接。

（2）掏接时，光缆统一按照 TIA/EIA-598-B 标准色谱顺序或数字顺序依次掏接如表 12.8 所示。

表 12.8　　　　　　　　　　　　　TIA/EIA-598-B 标准色谱

序号	1	2	3	4	5	6	7	8	9	10	11	12
颜色	蓝	橘	绿	棕	灰	白	红	黑	黄	紫	粉红	青绿

（3）采用掏接时，需接续的纤芯剪断后的位置要加强保护。

（4）不得对直通光纤造成损伤。直通光纤在光缆接续处需预留时，宜与分歧接续的光纤分开盘留。

12.3.3　测试验收规范

一、测试规范

对光缆线路的测试分二个部分：分段衰耗测试和全程衰耗测试。

采用 OTDR 对每段光链路进行测试。测试时将光分路器从光线路中断开，分段对光纤段长逐根进行测试，测试内容包括在 1310nm 波长中的光衰减和每段光链路的长度，并将测得数据记录在案，作为工程验收的依据。

全程衰减测试采用光源、光功率计，对光链路在 1310nm、1490nm 和 1550nm 波长进行测试，包括活动光连接器、光分路器、接头的插入衰减。同时将测得数据记录在案，作为工程验收的依据。测试时应注意方向性，即上行方向采用 1310nm 波长测试，下行方向采用 1490nm 和 1550nm 波长进行测试。

1. 测试仪表介绍

由于 FTTH 工程属于光缆工程中涉及到设备调测的工程，所以测试所需的仪表除了平时光缆用到的测试仪表外，还包括测试设备性能的仪器，如图 12.23 所示。

测试用到的仪表工具有（从左到右）：传真机、光猫、PON 光功率计、IPTV 机顶盒、红光笔、笔记本电脑、OTDR 测试仪（如图 12.24 所示）。

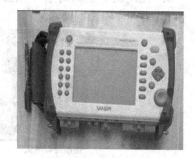

图 12.23　FTTH 测试仪表　　　　　　　　图 12.24　OTDR 测试仪

2. 测试步骤

（1）测试前的准备

项目完工后将竣工图纸发给集成单位，由集成单位出版对应的集成资料。把竣工图纸发给资源中心录入光路调度系统，然后由系统调度员配置相应的光路，并下发给施工单位，以作跳纤使用。施工单位根据集成资料、光路调单等信息，就可以将整份的放号资料做好并提交到资源中心进行录入、审核，审核通过后便可以要求电信部门出具相应的测试工单进行测试了。

带齐光路调单，准备相关的测试工具（如图 12.23、图 12.24 所示）和测试工单，就可以到现场进行相关业务和指标的测试了。

（2）测试过程

首先，先到需要测试节点的上联 OLT 机房，做好布放尾纤、张贴标签等工作。以上两项工作准备好后，用 PON 功率计先进行一次 OLT PON 口的光功率测试，波长选择下行 1490nm，在 ODF 架侧的测试结果的范围在+2～+7dBm（如图 12.25 所示）以内。

在 ODF 架侧测试 PON 的发光功率在合理范围后，再到对应的的节点进行相关的光功率、业务的测试，由

图 12.25　OLT PON 口光功率测试

于 FTTH 组网方式的不同，现就目前使用较多的两种方式，即分开一级分光和二级分光两种情况进行讲解具体的测试步骤：

一级分光组网的业务和全程光衰耗测试

一级分光的组网方式一般是使用 1:64 的分光器，即一个 PON 口对应一个分光器。1:64 分光器的插入损耗值大约在 21dB 左右，在这种模式下，在分光器端口测试的光功率（全程光衰耗测试）范围应该在-16～-21dBm（算上中间跳接的损耗）之间,但根据相关的要求和设备的性能指标，光功率在-8～-24dBm 内，光猫都可以稳定工作，这点是需要大家注意的。在测试分光器时，抽取 10%的端口进行抽测，即 1:64 的分光器抽取 7 个端口测试，以此类推，通过抽样测试来判断分光器端口的性能，下面以华为光猫（型号 HG850E）为例，详细讲解业务测试的过程（传真和 IPTV 为选测项目）。

① 在测试合格的分光器端口下，将光猫接上，在笔记本电脑上设置本机的 IP 地址为 192.168.1.X（X 不能为 1），然后点击"确定"。

② 打开计算机浏览器，在地址栏输入 192.168.1.1，弹出一个对话框，如图 12.26 所示。

图 12.26　一级分光组网的测试例图 1

③ 在用户名和密码的空格处均输入 admin（用户名和密码一样），进入到 ONU 的界面。输入用户名和密码后，点击"确认"，进入如图 12.27 所示的界面。

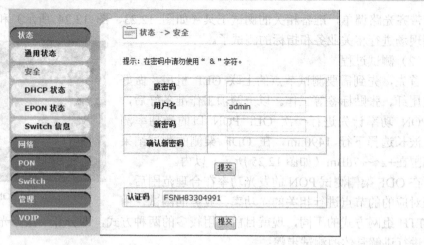

图 12.27　一级分光组网的测试例图 2

④　点击状态栏下的"安全"选项，在认证码处输入测试工单的认证码（也称为 SN 码），点击"提交"。过几分钟待光猫认证后，就可以进行相关的测试了（可以测试的具体业务见工单的说明）。若数据配置没有问题，宽带测试的结果如图 12.28 所示。

图 12.28　一级分光组网的测试例图 3

各地若有其他业务的测试需求，可根据各地区的实际情况进行选择，这里的传真和 IPTV 功能测试就不再详述测试过程了。

二级分光组网的业务和全程光衰耗测试

二级分光的组网方式一般是使用 1:8+1:8，单个 1:8 分光器的插入损耗值大约在 10dB 左右。在二级分光的模式下，在二级分光器端口测试的光功率范围（全程光衰耗测试）应该在−18～−22dBm(算上中间跳接的损耗)之间，但根据相关的要求和设备的性能指标，光功率在−12～−22dBm 内，都可以稳定工作，这点是需要大家注意的。在测试分光器时，抽取 10%的端口进行抽测，即 1:8 的分光器抽取 1 个端口测试，以此类推，通过抽样测试来判断分光器端口的性能。下面就以中兴光猫（型号 F420）为例，详细讲解业务测试的过程（传真和 IPTV 为选测项目）。

①　在测试合格的分光器端口下，将光猫接上，在笔记本电脑上设置本机的 IP 地址为 192.168.1.X（X 不能为 1），然后点击"确定"。

②　打开计算机浏览器，在地址栏输入 192.168.1.1，弹出一个对话框，如图 12.29 所示。

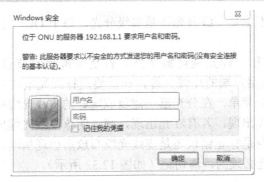

图 12.29　二级分光组网的测试例图 1

③ 在用户名和密码的空格处均输入 admin(用户名密码一样)，进入到 ONU 的界面。输入用户名和密码后，点击"确认"，进入如图 12.30 所示的界面。

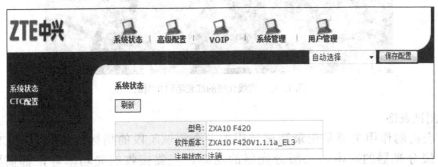

图 12.30　二级分光组网的测试例图 2

④ 点击"高级配置"，再点击 ONU 设置，在 SN（红色处）处输入测试工单的 SN号，点击"应用"。过几分钟待光猫认证后，就可以进行相关的测试了（可以测试的具体业务见工单的说明）。若数据配置没有问题，宽带测试的结果跟上面华为的一样，必须要达到 100M。

图 12.31　二级分光组网的测试例图 3

以上的业务测试，不论是一级分光还是二级分光，每个 OLT 的 PON 口只需要进行一次业务测试，请注意。

除以上的业务测试和全程光衰耗测试外，若是全覆盖的节点（工程阶段布放皮线光缆），对其从分光器引入用户端的皮线光缆，还需要进行红光笔的通光测试，来证明皮线光缆的完好性。测试方法很简单，在分光器一侧将成端好的皮线光缆插到红光笔上，再到相应的用户处观察是否有红光出现，若有红光出现，则证明该皮线光缆的质量没有问题；若没有观察到红光，则需要排查是标签错误还是皮线光缆布放后出现折断而无法观察到红光。这个测试对于全覆盖的节点是必须的，请切记（如图 12.32 所示）。

图 12.32　皮线光缆的红光笔通光测试

（3）测试表格

测试表格的作用主要是记录测试过程中各个测试阶段的指标值，例如 OLT 的发光功率，一级分光器的功率，二级分光器的功率，光猫接收的光功率等，都需要详细地记录下来，作为工程竣工测试完成的依据，图 12.33 是某个地市的测试报告样板，供大家参考。

×× 电信 FTTH 工程光分路器端口测试记录表

工程名称：				测试日期：			
施工单位：				监理单位：			
节点名称：				是否放皮缆：		是否成端	
序号	光分路器地址编码	端口号	用户地址	接收光功率大小（dBm）	上联 OLT 及对应 PON 口号	PON 口发光功率（dBm）	下行全程光衰减（dB）	红光笔测试
1								
2								
3								
4								
5								
6								
7								
8								
9								
10								
11								
12								
13								
14								
15								
16								

图 12.33　FTTH 测试报告样板

17			
18			
19			
20			
21			
22			
23			
24			
25			
26			
27			
28			
29			
30			
31			
32			

对应 PON 口：　　　　　　　　　　　上网速率：

测试方法：
1. 全覆盖时，蝶形光缆布放入户，需 100% 进行红光笔测试。
2. 全覆盖和薄覆盖情况下，都需要在二级光分路器上抽取 10% 的端口进行全程光衰耗测试（如 1:8 光分路器，则任意抽取一个端口）。
3. 对应每个 OLT PON 口（即对应每个一级光分路器），抽取下带的任意一个二级光分路器端口进行业务测试。

测试指标：
1. 蝶形光缆红光笔测试对应性和连通性正常。
2. 蝶形光缆如在用户端成端时，接收光功率应＞-24dBm，如在光分路器端口测时，接收光功率应＞-22.5dBm。
3. 业务测试中，上网速率应能达到 100Mbit/s。

测试结论：

监理单位负责人签名：　　　　　　　施工单位负责人签名：

图 12.33　FTTH 测试报告样板（续）

二、验收规范

1. 单点验收要求

单点验收时，建设单位会对设备安装工艺和 ODN 安装工艺进行抽查，对系统主要指标进行复测，对工程的竣工图纸、资源录入、现场标签的准确性和完整性进行检查。单点验收通过后，网络发展部、网络运营部、区分公司、监理单位、设计单位、施工单位应在单点验收文档上签字确认，该批节点交付建设单位相关部门使用。

2. 验收流程步骤、抽验比例

新建项目中单个楼盘，甚至单幢楼完成施工；改造项目中单个薄覆盖小区完成施工，经工程、监理单位预检合格后，向建设单位提交单点验收申请和单点验收文件，建设单位组织单点验收工作。施工单位应根据建设单位要求提交单点验收文件工程。建设单位会抽取该批单点信息的 60% 与相关的系统信息进行核对。

3. 竣工所需步骤、资料、抽验比例

工程项目基本通过单点验收后，根据建设单位的要求，提交竣工文件，申请竣工验收。建设单位组织设计、监理和施工单位对工程进行竣工验收。

施工单位提交的竣工技术文件应包含以下内容。
（1）工程说明
（2）开工报告
（3）安装工程量总表

（4）已安装的设备明细表

（5）工程设计变更单

（6）重大工程质量事故报告

（7）停（复）工报告

竣工验收时，建设单位将对工程质量、档案及投资决算进行综合评定，评出质量等级，并对工程设计、施工、监理和相关管理部门的工作进行总结，给出书面评价。衡量施工质量等级的标准如下。

（1）优良：主要工程项目全部达到施工质量标准，其余项目较施工质量标准稍有偏差，但不会影响设备和器材的使用寿命。

（2）合格：主要工程项目基本达到施工质量标准，但不会影响设备和器材的使用寿命。施工单位应根据建设单位的要求提交单点验收文件，包括放号资料、测试报告、资源截图。

FTTX 网络数据规划与配置

13.1 任务目标

通过在华为 EPON 设备上进行模拟开局操作，让学生通过岗位角色及工作任务模拟，实现如下教学目标：

（1）岗位角色及工作任务模拟，了解岗位职责、技能，工作流程、任务内容及要求。

（2）了解 FTTX 网络的数据规划与具体业务配置实现步骤。

（3）培养沟通、协调和团队协作能力。

13.2 任务分析

数据配置实现是完成 FTTX 网络建设的关键环节，需要在物理网络建设实现后，由数据机房人员根据具体的规划，进行相应的数据配置实现。

学习本节任务，首先需要补充相关理论知识，然后上机实践。

13.3 相关知识

13.3.1 EPON 设备登录方式介绍

一、使用超级终端登录

如果维护 PC 已经与主控板 SCUL 上的控制接口"CON"用串口线连接好，可以通过超级终端登录 EPON 设备，操作方法如下：

（1）在维护 PC 的 Windows 环境下，选择"开始>程序>附件>通讯>超级终端"。

（2）在打开的"连接描述"对话框中输入一个用于标识此会话连接的名称，并单击"确定"。

（3）选择实际使用的串口（COM1 或 COM2），串口属性的参数取值配置为与系统默认值相同（每秒位数：9600，数据位：8，奇偶校验：无，停止位：1，数据流控制：无），并单击"确定"。

（4）进入命令行界面后，输入管理该设备的用户名和密码，即可登录进行数据配置。默认用户名和密码见表 13.1。

表 13.1　　　　　　　　　　　　　默认用户名和密码

产品名称	用户名	密码	描述
MA5680T	root	Admin	登录后进入系统管理员模式
MA5620E、MA5616	root	Mduadmin	登录后进入系统管理员模式

二、使用 Telnet 登录

如果设备网管已经配置完成，可以通过 Telnet 方式登录 EPON 设备。操作方法如下：

（1）在维护 PC 的 Windows 环境下，选择"开始 > 运行"。

（2）在弹出的对话框中输入"telnet x.x.x.x"并单击"确定"，其中 x.x.x.x 为设备的 IP 地址。

（3）进入命令行界面后，即可登录进行数据配置。默认的用户名和密码见上表。

13.3.2　FTTB 的业务规划

一、组网规划

（1）建议不同用户类型的 ONU 通过不同 PON 口接入到 OLT，保证高价值客户业务的 QoS 和安全性，避免相互影响。

（2）对于重要局点 OLT，建议通过上行端口链路聚合保护方式接入上层汇聚设备（如华为公司的 NE40E 设备）。

（3）对于有高带宽需求的政企客户，可考虑通过 FE/GE 口采用 P2P 方式接入 OLT，以保证用户独享带宽。

（4）对于重要局点 ONU，建议通过 TypeB 保护方式接入 OLT。

（5）同一 ONU 设备不能同时接入住宅用户和企业用户。

二、上网业务规划

（1）同一型号 ONU 采用相同的 VLAN 配置，并统一在 OLT 进行 C→S+C 切换。

（2）同一型号 ONU 采用相同的各种模板：线路模板、DBA 模板、能力集模板。

（3）在 ONU 设备上基于 VLAN 对上网业务报文重标记 Cos(802.1p)为 0，以避免上网业务流量影响其他重要业务。

三、VLAN 规划（见表 13.2）

表 13.2　　　　　　　　　　　　　VLAN 规划

客户类型	业务类型	VLAN 标记方式	说明
居民用户	高速上网	S+C/PPPoE	两层 VLAN 标签，精确定位用户
	VoIP 语音	单层 SVLAN	单层 VLAN 标签，标识业务
小企业用户	高速上网	S+C/IPoE	两层 VLAN 标签，精确定位用户
	VoIP 语音	单层 SVLAN	单层 VLAN 标签，标识业务

客户类型	业务类型	VLAN 标记方式	说　明
中大型企业客户	高速上网	单层 SVLAN	单层 VLAN 标签，标识业务
	VoIP 语音	单层 SVLAN	单层 VLAN 标签，标识业务
	视频会议	单层 SVLAN	单层 VLAN 标签，标识业务
	VPN 业务	单层 SVLAN 或 SVLAN + 企业 VLAN	采用 L3VPN 时，单层 SVLAN；采用 L2VPN 时，TLS 方式，透传企业 VLAN 标签

13.3.3　FTTB 的业务配置

一、业务配置流程（见图 13.1）

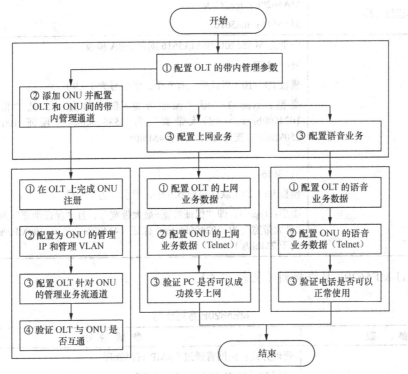

图 13.1　FTTB 业务配置流程

二、数据规划示例

1. OLT 数据规划（见表 13.3）

表 13.3　　　　　　　　　　　　　　　OLT 数据规划

参　　数	参　数　说　明
管理通道参数	管理方式：由网管通过 SNMP 直接管理 管理 IP：10.71.43.26/24 管理 VLAN：4008

续表

参　数	参　数　说　明
业务 VLAN（外层 VLAN）	根据 EPON 端口来划分上网业务 SVLAN： （1）PON 端口 0/1/0 上网业务 SVLAN 为 2000 （2）PON 端口 0/1/1 上网业务 SVLAN 为 2010 根据 EPON 端口来划分语音业务 SVLAN： （1）PON 端口 0/1/0 语音业务 SVLAN 为 2004 （2）PON 端口 0/1/1 语音业务 SVLAN 为 2014
上行端口 ID	0/20/0
PON 接入端口 ID	MA5620E：0/1/0 MA5616：0/1/1
ONU 能力集模板名称	MA5620E：ma5620e MA5616：ma5616
DBA 模板	分别为 MA5620E 和 MA5616 配置 DBA 模板 MA5620E： 模板 ID：10（默认模板有 9 个，索引号为 1～9） 类型：type 3，即"保证带宽+最大带宽"，且"保证带宽"为 102400kbit/s，"最大带宽"为 153600kbit/s（保证 100Mbit/s，最大 150Mbit/s，支持每用户大于 4Mbit/s） MA5616： 模板 ID：20（默认模板有 9 个，索引号为 1～9） 类型：type 3，即"保证带宽+最大带宽"，且"保证带宽"为 65536kbit/s，"最大带宽"为 102400kbit/s（保证 64Mbit/s，最大 100Mbit/s，支持每用户大于 2Mbit/s）

2．ONU-ME5620E 数据规划（见表 13.4）

表 13.4　　　　　　　　　　　　　　ME5620E 数据规划

参　数		参　数　说　明
管理通道参数		管理方式：由网管通过 SNMP 直接管理 管理 IP：10.71.43.100/14，网关为 10.71.43.1/24 管理 VLAN：4008 认证方式：MAC 认证
业务 VLAN（CVLAN）		上网业务：501～524（一个用户分配一个 VLAN） 语音业务：4004（OLT 上的一个 PON 端口分配一个 VLAN）
ONU ID		0
PON MAC 地址		0000-0000-3000
上行端口		0/20/1（PON 光口）
上网用户	FE 端口	0/1/1～0/1/24
	下行速率	4 Mbit/s
	上行速率	4 Mbit/s

参　数		参　数　说　明
语音用户	MG 接口支持的协议	H.248
	MG 接口号	0
	MG 接口的数据传输模式	UDP
	MG 接口的信令端口号和主用 MGC 端口号	2944（必须与"text"文件传输模式对应）
	MG 接口的媒体/信令 IP 地址	10.71.0.127/24
	媒体流网关 IP 地址	10.71.0.1
	MG 接口所属主用 MGC 的 IP 地址	10.71.0.30/14
	MG 终端标识	从 0 开始，步进值为 1（默认）
	POTS 端口	0/1/1～0/1/24（支持 24 路语音），电话号码依次为 84700100～84700123

三、管理数据配置实现

（1）创建 Smart VLAN，ID 为 4008，作为 OLT 和 ONU 之间的管理 VLAN。

MA5680T(config)#vlan 4008 smart

（2）把上行口 0/10/0 加入上述管理 VLAN。

MA5680T(config)#port vlan 4008 0/20 0

（3）创建 VLAN 4008 的三层接口，并从 config 模式切换为 vlanif 模式，即 VLAN 三层接口配置模式。

MA5680T(config)#interface vlanif 4008

（4）在 VLAN 三层接口中配置 IP 地址 10.71.43.26/24，作为 OLT 的带内网管 IP。

MA5680T(config-if-vlanif4008)# ip address 10.71.43.2624

（5）配置默认路由，其中静态路由 IP 为 0.0.0.0/0.0.0.0，网关 IP 为 10.71.43.1。

MA5680T(config-if-vlanif4008)#quit

MA5680T(config-if-vlanif4008)# ip route-static 0.0.0.0 0 10.71.43.1

（6）在 OLT 上完成 ONU 注册

（可选）在 OLT 上新增针对 EPON ONU 的能力集模板，模板名称为 ma5620e，ONU 管理模式选择"1"（即 SNMP）。

```
MA5680T(config)#ont-profile add epon profile-namema5620e
{ <cr>|profile-id<K> }:
  Command:
ont-profile add epon profile-namema5620e
Press 'Q' or 'q' to quit input
```

```
  > Ont Manage Mode<1-SNMP, 2-SNMP-NOPARA, 3-OAM>  [3]:1    //MA5620E 固定选择
SNMP 管理模式
  >   Is  UNI  configuration  concerned?<1-not  concern,  2-concern>  [2]:1
///MA5620E 固定选择"not concern"
   Adding an ONT profile succeeded
   Profile-ID   : 17//系统自动生成的模板编号，为系统当前空闲模板的最小编号
  Profile-Name : ma5620e
```

（7）配置 ONU 的管理 IP 和管理 VLAN。

设置 ONU 的带内管理 IP 地址为 10.71.43.100/255.255.255.0，网关为 10.71.43.1，管理 VLAN 为 4008（与 OLT 下行的管理 VLAN 对应一致）。

MA5680T(config-if-epon-0/1)#ont ipconfig 0 0 ip-address 10.71.43.100 mask 255.255.255.0 gateway 10.71.43.1 manage-vlan 4008

（8）设置 PON 口为"基于 VLAN"的报文 tag 切换（添加或剥离）方式。

MA5680T(config-if-epon-0/1)#port 0 tag-based-vlan

（9）配置 OLT 针对 ONU 的管理业务流。系统从 epon 模式退回到 config 模式。

MA5680T(config-if-epon-0/1)# quit

MA5680T(config)#

在 EPON 端口 0/1/0 和 ID 为 0 的 ONU 之间建立多业务虚通道，并将此业务流绑定下行的管理 VLAN 4008，user-vlan 为 4008（与 ONU 上行的管理 VLAN 对应一致）。

MA5680T(config)#service-port vlan 4008 epon 0/1/0 ont 0 multi-service user-vlan 4008

（10）验证 ONU 与 OLT 是否互通。在 OLT 上验证是否能 Ping 通 ONU 的管理 IP，如果成功收到返回消息，则可以在 OLT 上 Telnet 配置 ONU 的其他数据了。

MA5680T(config)#ping 10.71.43.100

在正常收到回复报文后，保存上述所有配置。

MA5680T(config)#save

四、上网业务配置实现（见图 13.2）

1. 配置 OLT 针对 ONU 的上网业务数据

（1）创建 Smart VLAN 2000，用于标识 PON 口 0/1/0 下上网业务 VLAN。

MA5680T(config)# vlan 2000 smart

（2）修改 VLAN 属性为 QinQ。

MA5680T(config)# vlan attrib2000 q-in-q

（3）把上行口 0/20/0 加入上述宽带业务 VLAN。

MA5680T(config)#port vlan 2000 0/20 0

（4）配置 OLT 针对 ONU 的上网业务流：在 EPON 端口 0/1/0 和 ID 为 0 的 ONU 之间建立 24 条 PPPoE 业务流（CVLAN 为 501~524）。

MA5680T(config)#service-port vlan 2001 epon 0/1/0 ont 0 multi-service user-vlan 501

（5）……//采用相同的方法配置 user-vlan 为 502~523 的业务流，此处省略具体命令。

MA5680T(config)#service-port vlan 2001 epon 0/1/0 ont 0 multi-service user-vlan 524

172

（6）保存上述所有配置。

MA5680T(config)#save

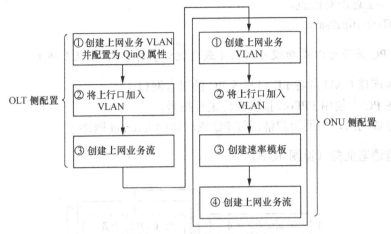

图 13.2　上网业务配置流程

2．在 OLT 上 Telnet 登录 ONU 并配置数据

（1）在 OLT 上 Telnet ONU 的管理 IP，无需切换命令行界面即可继续操作。

MA5680T(config)#telnet 10.71.43.100

（2）进入 ONU 的命令行界面后，输入管理该设备的默认用户名 root 和默认密码 mduadmin，登录 ONU 后即可开始配置。

>>User name:root

>>User password:mduadmin

（3）依次使用命令 enable 和 config 进入全局配置模式。

MA5620E>enable

MA5620E#config

（4）创建 Smart VLAN 501～524，用于标识 24 个上网用户的业务 VLAN。

MA5620E (config)# vlan 501 to 524 smart

（5）把上行口 0/0/1 加入上述宽带业务 VLAN。

MA5620E(config)# port vlan 501 to 524 0/0 1

（6）删除 ONU 上已有的所有业务流，确保后续的业务流添加成功。

MA5620E(config)# undo service-port all

（7）（可选）配置流量模板用于限速，模板索引号为 8，保证信息速率（即 cir 参数值）为 4 Mbit/s。

MA5620E (config)# traffic table ip index 8 cir 4096 priority 0 priority-policy tag-In-Packag

（8）配置 ONU 针对 PC 用户的上网业务流：在 FE 端口 0/1/1～0/1/24 与 PC 之间建立 24 条业务虚通道，下行速率限制为 4 Mbit/s（即绑定流量模板 8）。

MA5620E(config)# service-port vlan 501 eth 0/1/1multi-service user-vlan untagged rx-cttr 8 tx-cttr 8

（9）……//采用相同的方法配置业务 VLAN 为 502～523 的业务流，此处省略具体命令。

MA5620E(config)# service-port vlan 524 eth 0/1/24multi-service user-vlan untagged rx-cttr 8 tx-cttr 8

（10）保存上述所有配置。

MA5680T(config)#save

3. 验证 PC 是否可以成功拨号上网（或通过设置静态 IP 地址上网）

（1）正确连接 ONU 的各 FE 口与各 PC 的以太网口。

（2）在各 PC 上使用 PPPoE 拨号软件进行拨号。

（3）拨号成功后，上网用户能通过 PC 成功访问 Internet 网络。

五、配置语音业务（见图 13.3）

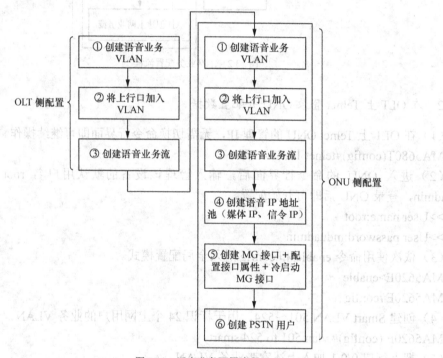

图 13.3 语音业务配置流程

H.248 是一种媒体网关控制协议，在分离网关体系中，H.248 协议用作媒体网关控制器 MGC（Media Gateway Controller）与媒体网关 MG（Media Gateway）之间的通信协议，实现 MGC 对 MG 的控制功能。

假设与 MA5620E 配套的软交换设备为 SoftX3000，故 MA5620E 是 MG，SoftX3000 是 MGC。

在配置 MGC 侧的数据之前，操作员需完成 MG 与 MGC 之间的主要对接参数的协商，确保二者互通，需协商的参数如表 13.5 所示。

表 13.5		MGC 和 MG 之间需协商的对接关键参数说明	
参　数			**参　数　说　明**
对接参数	MGC 与 MG 之间采用的控制协议		H.248
	IP 地址		MGC：10.71.0.30/24
			MG：10.71.0.127/24
	H.248 协议的本地 UDP 端口号		MGC：2944（协议的编码类型为 ABNF 文本方式）
			MG：2944
MG（MA5620E）	终端标识（即用户端口）的编号方式		从 0 开始
	语音编解码方式		G.711A、G.711μ、G.723.1、G.729
	发夹连接功能		不支持
	EC 功能		支持
	Fax 与 Modem 信号音		检测
	T.38 协议		支持
PSTN 用户	Phone 1		终端标识为 0
	Phone 2		终端标识为 1

1. 配置 OLT 针对 ONU 的语音业务数据

（1）配置 OLT 针对 ONU 的语音业务流：在 EPON 端口 0/1/0 和 ID 为 0 的 ONU 之间建立多业务虚通道。

MA5680T(config)#service-port vlan 2004 epon 0/1/0 ont 0 multi-service user-vlan 4004

（2）保存上述所有配置。

MA5680T(config)#save

2. 在 OLT 上 Telnet 登录 ONU 并配置数据

（1）在 OLT 上登录 ONU。

MA5680T(config)#telnet 10.71.43.100

（2）进入 ONU 的命令行界面后，输入管理该设备的默认用户名 root 和默认密码 mduadmin，登录 ONU 后即可开始配置。

>>User name:root

>>User password:mduadmin

（3）依次使用命令 enable 和 config 进入全局配置模式。

MA5620E>enable

MA5620E#config

（4）查看并确认 0/2 槽位的 ASMB 语音业务板状态（Normal）。

```
MA5620E(config)#display board 0
------------------------------------------------------------
  SlotID  BoardName  Status    SubType0  SubType1  Online/Offline
------------------------------------------------------------
```

```
0      H821EPUA   Active_normal
1      H821EPFA   Normal
2      H821ASMB   Normal
-----------------------------------------------------------------------
```

配置语音业务 VLAN 及上行口：

（1）创建 Smart VLAN 4004，用于标识针对 PSTN 用户的语音业务 VLAN。

MA5620E(config)# vlan 4004

（2）把上行口 0/0/1 加入上述语音业务 VLAN。

MA5620E(config)#port vlan 4004 0/0 1

（3）创建 VLAN 4004 的三层接口，并从 config 模式切换为 vlanif 模式。

MA5620E(config)#interface vlanif 4004

（4）设置 VLAN 三层接口的 IP 地址为 10.71.0.127/24

MA5620E(config-if-vlanif4004)#ip address 10.71.0.127 24

3. 验证 ONU 是否可以 Ping 通 MGC

（1）如果成功收到返回消息，即可在 MA5620E 上配置相关的语音数据。

MA5620E (config)#ping 10.71.0.30

在 VoIP 模式下配置 IP 地址池（在后续配置 MG 接口属性时将被引用）。

（2）从 config 模式切换为 voip 模式。

MA5620E(config)#voip

（3）配置媒体流的媒体 IP 为 10.71.0.127，网关为 10.71.0.1。

MA5620E(config-voip)#ip address media 10.71.0.12710.71.0.1

（4）配置信令 IP 为 10.71.0.127，无需配置网关。

MA5620E(config-voip)#ip address signaling 10.71.0.127

4. 系统从 voip 模式退回到 config 模式

退出 voip 模式

MA5620E(config-voip)#quit

在 ONU 上创建 MG 接口并配置接口属性：

（1）创建一个支持 H.248 协议的 MG 接口，MG 接口标识为 0，并从 config 模式切换为 h248 模式。

MA5620E(config)#interface h248 0

（2）配置 MG 接口的属性，信令 IP 为 10.71.0.127，MG 端口号为 2944，协议类型为文本方式，传输模式为 UDP，MGC 的 IP 为 10.71.0.30，MGC 端口号也为 2944，MG 的媒体 IP 为 10.71.0.127，H.248 协议版本从 V1 版本开始协商，其他参数采用默认配置。更详细的配置指导见表 13.6。

MA5620E(config-if-h248-0)#if-h248 attribute mgip 10.71.0.127 mgport 2944 code text transfer udp mgcip_1 10.71.0.30 mgcport_1 2944 mg-media-ip 10.71.0.127 start-negotiate-version 1。

表 13.6　　　　　　　　　　　　　　　MG 接口属性的关键参数说明

参　数	参　数　说　明
Mgip	H.248 接口用于和 MGC 进行 H.248 通信的 IP 地址，必须为已经配置的信令 IP 地址
mgcip_1	第一个 MGC 的 IP 地址（每个 MG 接口可以同时注册在主备两个 MGC 上，称为"双归属"，此处仅配置一个 MGC）。如果 MGC 和 MG 的 VLAN 接口 IP 不在同一网段，则需要再配置静态路由
mg-media-ip	H.248 接口用于发送和接受媒体流的 IP 地址，必须为已经配置的媒体 IP 地址
mgport	H.248 接口用于和 MGC 进行通信的端口号，必须与 MGC 的端口号一致
mgcport_1	第一个 MGC 的端口号，必须与 MG 的端口号一致
transfer	H.248 协议的传输方式，一般为 UDP
Code	H.248 协议编码方式可以为文本或二进制（与端口号相关）。端口号 2944 的编码方式默认为文本方式 text
start-negotiate-version	MG 接口开始协商的 H.248 协议版本，取值如下： 0：根据 Profile 协商 1：根据 V1 版本开始协商 2：根据 V2 版本开始协商 3：根据 V3 版本开始协商 推荐从 V1 版本开始协商

（3）（可选）配置 MG 接口的振铃功能，MGC 下发的对端参数标识为 0，断续振铃类型选择 10（即 HK DN-A 0.4:0.2:0.4:3.0），初始振铃类型选择 26（即 HK DN-A (FSK) 0.4:0.2:0.4:3.0）。

MA5620E(config-if-h248-0)#mg-ringmode add 0 10 26

（4）H.248 接口在冷启动后才开始与 MGC 通信。

MA5620E(config-if-h248-0)#reset coldstart

增加 PSTN 用户（Phone 1～Phone 2）。

① 系统从 h248 模式退回到 config 模式，然后再切换为 esl user 模式，开始配置 MG 用户。

MA5620E(config-if-h248-0)#quit

MA5620E (config)#esl user

② 批量增加 PSTN 用户，端口号范围为 0/2/1～0/2/2，mgid 为 0，终端标识从 0 开始，其他参数采用默认配置（步进值为 1，优先级为普通用户 cat3）。详细的配置指导见表 13.7。

MA5620E (config-esl-user)#mgpstnuser batadd 0/2/1 0/2/20 terminalid 0

由于电话号码由 MGC 指定，故在 MG 上一般不配置电话号码（即不配置 telno 参数）。

表 13.7　　　　　　　　　　　　　　　PSTN 用户属性的关键参数说明

参　数	参　数　说　明
terminalid	MG 接口下的终端标识 用于标识第一个新增用户的终端标识 同一个 MG 接口下，用户的终端标识不能重复

续表

参　数	参　数　说　明
Telno	电话号码 此号码必须与 MGC 侧的配置一致，否则无效 该号码在 MG 内必须唯一，应避免号码冲突 此参数可选配，如果不配置，则系统默认的电话号码为空
Step	终端标识 terminalid 和电话号码 telno 的步进值 在批量增加用户时，后一个用户相对于前一个用户所增加的值，取值范围：1～9999 此参数可选配，如果不配置，则系统采用默认值 1
priority	终端优先级 cat1：government1（一类官方用户） cat2：government2（二类官方用户） cat3：normal（普通用户） 优先级从高到低依次为 cat1>cat2>cat3 此参数可选配，如果不配置，则系统采用默认值 cat3

③ 系统从 esl user 模式退回到 config 模式，并保存数据。

MA5620E (config-esl-user)#quit

MA5620E (config)#save

验证电话是否可以正常使用。Phone 1 和 Phone 2 在正常情况下表现为：

（1）主叫摘机可以听到拨号音。

（2）主叫拨打被叫的电话号码，被叫可以正常振铃，主叫可以听到回铃音。

（3）主叫和被叫可以正常通话。

（4）被叫挂机后，主叫可以听到忙音，如果主叫摘机久不拨号，则会听到忙音（嚎鸣音）。

13.3.4　FTTH 的业务规划

一、组网规划

（1）建议不同用户类型的 ONT 通过不同 PON 口接入到 OLT，保证高价值客户业务的 QoS 和安全性。

（2）对于重要局点 OLT 建议通过上行端口链路聚合保护方式接入上层汇聚设备（如华为公司的 NE40E 设备）。

（3）同一 ONT 设备不能同时接入住宅用户和企业用户。

二、设备管理

1. 认证方式

统一采用 LOID 认证，LOID 的规划需要全局考虑，规划原则如下：

- LOID 全局唯一。
- LOID 需要兼容之前采用 Key 认证的 EPON ONT。

- LOID 取值尽量有实际意义（如能直观标识出设备的物理位置、IP 等）。

LOID 认证方式有两种，一种是采用最长 24 字符的 LOID 进行认证；一种是采用最长 24 字节、LOID+最长 12 字符的 CC(checkcode)进行认证。用户可根据实际规划情况进行选择，一般建议全网统一采用一种方式，本文档使用 LOID 认证方式。

2. 设备管理方式

FTTH 组网模式下 EPON ONT 设备通过 OAM 进行管理。

三、业务规划

（1）同一型号 ONT 采用相同的配置，以屏蔽 ONT 的差异，简化配置和维护。

（2）同一型号 ONT 采用相同的各种模板：线路模板、DBA 模板、业务模板。

（3）同一 ONT 同时承载宽带上网、VoIP、IPTV（VoD 和 BTV）业务，且业务间相互独立，互不影响。

四、VLAN 规划

VLAN 用于实现用户和业务的隔离、标识、管理和控制。VLAN 规划遵循以下分配原则：

（1）对于每个 PON 口来说，承载的业务有宽带上网（PPPoE）、ITMS、VoIP、IPTV(VoD 和 BTV)业务。前三种业务 VLAN 属性为 QinQ，VoD 业务 VLAN 属性是 Stacking，BTV 业务 VLAN 属性为 Common。

（2）所有的业务 VLAN 和网管管理 VLAN 都必须在开局时手工配置在 OLT 上。

（3）所有 VLAN 都从上行口透传。

遵循以上 VLAN 分配原则，本实例规划的全网 VLAN 如表 13.8 所示。

表 13.8　　　　　　　　　　　　　　VLAN 规划

业务	优先级	外层 VLAN	内层	描　　　述
PPPoE	0	2001-2200 VLAN 类型：Smart VLAN VLAN 属性：QinQ	1001-2000	双 tag，每个 PON 口规划同一外层 VLAN（规则：2000+EPON 端口 ID），内层标识用户（规划：1000+用户 ID）
VoIP	6	2201-2400 VLAN 类型：Smart VLAN VLAN 属性：QinQ	45	双 tag，每个 PON 口规划同一外层 VLAN（规则：2200+EPON 端口 ID），内层 VLAN 统一为 45
VoD	3	2401-2600 VLAN 类型：Smart VLAN VLAN 属性：Stacking	43	双 tag，每个 PON 口规划同一外层 VLAN（规则：2400+EPON 端口 ID），内层 VLAN 统一为 43
BTV	3	MVLAN：3201-3205 目前使用 3990 VLAN 类型：Smart VLAN	—	每个 OLT 规划同一组播 VLAN，与 VoD 共业务通道
ITMS	5	2601-2800 VLAN 类型：SmartVLAN VLAN 属性：QinQ	46	双 tag，每个 PON 口规划同一外层 VLAN（规则：2600+EPON 端口 ID），内层 VLAN 统一为 46

五、IP 地址规划

IP 地址规划遵循以下分配原则：

（1）综合考虑 IP 网的地址分配，充分利用私网地址，节省公网 IP 地址资源，按业务类型分配 IP 地址段，并充分考虑网络安全性能。

（2）OLT 设备应分配静态私网 IP 地址。需保证同一 SR（Service Router，业务路由器）下通过带内管理的设备网管 IP 地址在同一网段，且默认 IP 配置原则网关为 SR。

（3）ONT、各用户终端设备 IP 地址可根据相应业务需要，选择动态分配（由 BRAS 或 DHCP Server 分配），且需要给同一 SR 下属于同一个 VLAN 的终端分配相同网段的 IP 地址，以便于部署安全策略和进行路由规划。

（4）上网业务：通过 PPPoE 方式动态获取公网 IP 地址。

（5）VoIP 业务：采用 DHCP 动态获取私网 IP 地址。

（6）VoD/BTV 业务：通过 DHCP 动态获取私网 IP 地址，在 BRAS 上为 VoD/BTV 业务分配专门的私网地址池。

13.3.5 FTTH 的数据配置

一、数据规划

1. 网管服务器数据规划

表 13.9　　　　　　　　　　　　　　　　网管服务器规划

参　　数	参　数　说　明
IP 地址	10.20.30.10/24
SNMP 参数	模板名称：eponv1 SNMP 协议版本:V1 读团体：eponpublic 写团体：eponprivate Trap 主机名：u2000 Trap 参数名：u2000 其他参数取默认值

2. OLT 数据规划

表 13.10　　　　　　　　　　　　　　　　OLT 数据规划

参　　数	参　数　说　明
管理通道参数	管理方式：由网管通过 SNMP 直接管理带外管理 IP 地址：10.10.10.2 /24
业务 VLAN （外层 VLAN）	对于 ITMS 业务、PPPoE 业务、VoIP 业务和 VoD 业务：均根据 EPON 端口来划分 SVLAN 本示例以此为例：

续表

参　数	参 数 说 明
业务 VLAN （外层 VLAN）	EPON 端口 0/1/1，SVLAN 分别为 ITMS：2601 PPPoE：2001 VoIP：2201 VoD：2401 对于 BTV 业务： 根据 OLT 来区分，每 OLT 分配一个 MVLAN，和 VoD 业务共通道，取值为 3201-3205（目前使用 3990 为例）
组播业务	组播 VLAN：3990 IGMP 模式：OLT 使用 IGMP snooping IGMP 协议版本：V2 组播节目：239.93.0.1-239.93.1.254
上行端口 ID	0/19/0
HG8245 接入 IPTV 机顶盒端口	ETH 2
IP 流量模板	HG824x：模板名称为 DEFAULT_NOCOS（PPPoE）、DEFAULT_SCOS6_CCOS6（VoIP）、DEFAULT_SCOS5_CCOS5(ITMS)、DEFAULT_SCOS3_CCOS3（VoD）其中 保证速率：PPPoE 不限速（在 BRAS 上限速），VoD 不限速 上行优先级策略：分别指定优先级为 0（PPPoE）、6（VoIP）、5（ITMS）、3（VoD） 下行优先级策略：Local-Setting（根据流量模板中指定的 802.1p 优先级进行调度）
DBA 模板	模板名称：FTTH 类型：type 4，即"最大带宽"，"最大带宽"为 38400kbit/s
业务模板	模板名称：HG8245 POTS 端口数：2 ETH 端口数：4
线路模板	模板名称：HG8245-30M FEC 开关：打开加密类型：Triple-Churining
模板集	模板名称：HWHG8245（注意该模板需要与同步工单系统一致）

3. HG8245 数据规划

表 13.11　　　　　　　　　　　　ONU 数据规划

配 置 项	数　　据
管理通道参数	管理方式：由 IMTS 通过 TR069 管理 认证方式：LOID 认证
VLAN	上网业务 VLAN：1001 VoD 业务 VLAN ：3990 语音业务 VLAN：45（E8-C 终端出厂默认配置） ITMS 业务 VLAN：46（E8-C 终端出厂默认配置） BTV 业务 VLAN：在 OLT 上配置，ONT 不涉及
ONT ID	2
LOID	CD1343210087

二、OLT 数据配置

1. 配置 EPON ONT 模板

EPON ONT 模板包括 DBA 模板、线路模板和业务模板。

➢ DBA 模板：DBA 模板描述了 EPON 的流量参数，LLID 通过绑定 DBA 模板进行动态分配带宽，提高上行带宽利用率。

➢ 线路模板：线路模板主要描述了 LLID（Logic Link ID）和 DBA 模板的绑定关系。

➢ 业务模板：业务模板为采用 OMCI 方式管理的 ONT 提供了业务配置渠道。

（1）配置 DBA 模板

可以先使用display dba-profile命令查询系统中已存在的 DBA 模板。如果系统中现有的 DBA 模板不能满足需求，则需要执行dba-profile add命令来添加。

模板的索引号为 20，类型为 Type4，最大带宽为 100Mbit/s。

huawei(config)#**dba-profile add profile-id 20 type4 max 102400**

（2）配置 ONT 线路模板

模板 ID 为 10，LLID（Logic Link ID）的 DBA 模板 ID 为 20。去使能 FEC 功能（默认），不进行流量限速（默认）。

huawei(config)#**ont-lineprofile epon profile-id 10**

huawei(config-epon-lineprofile-10)#**llid dba-profile-id 20**

huawei(config-epon-lineprofile-10)#**commit**

huawei(config-epon-lineprofile-10)#**quit**

（3）配置 ONT 业务模板

业务模板需要与实际 ONT 类型保持一致，本例以 HG850e 为例，包括 4 个 ETH 端口，2 个 POTS 端口。

huawei(config)#**ont-srvprofile epon profile-id 10**

huawei(config-epon-srvprofile-10)#**ont-port eth 4 pots 2**

配置完成使用commit命令使配置的参数生效。

huawei(config-epon-srvprofile-10)#**commit**

huawei(config-epon-srvprofile-10)#**quit**

2. 在 OLT 上添加 ONT

➢ ONT 通过光纤连接到 OLT 的 EPON 接口，需要先在 OLT 上成功添加 ONT 后，才能进行业务配置。

➢ ONT 接在 EPON 端口 0/1/1 下，ONT ID 为 1 和 2，MAC 地址为 001E-E3F4-0473 和 0016-ECC5-4B80。管理模式为 OAM，绑定 ONT 线路模板 ID 为 10，ONT 业务模板 ID 为 10。

➢ 增加 ONT 有两种方式，请根据实际情况进行选择。离线增加 ONT：在已经获悉 ONT 的密码或者 MAC 地址的情况下，可以使用ont add命令离线增加 ONT。

➢ 自动发现 ONT：在 ONT 的密码或 MAC 地址未知的情况下，先在 EPON 模式下使用port ont-auto-find命令使能 EPON 端口的 ONT 自动发现功能。然后使用ont confirm命令确认 ONT。

（1）离线方式添加 ONT

通过离线方式增加 ONT 的配置如下：

huawei(config)#**interface epon 0/1**

huawei(config-if-epon-0/1)#**ont add 1 1 mac-auth 001E-E3F4-0473 oamont-lineprofile-id 10 ont-srvprofile-id 10**

huawei(config-if-epon-0/1)#**ont add 1 2 mac-auth 0016-ECC5-4B80 oamont-lineprofile-id 10 ont-srvprofile-id 10**

（2）自动发现方式添加 ONT

通过自动发现方式增加 ONT 的配置如下：

huawei(config)#**interface epon 0/1**

huawei(config-if-epon-0/1)#**port 1 ont-auto-find enable**

huawei(config-if-epon-0/1)#**display ont autofind 1** //该命令会显示通过分光器接入到该 EPON 端口的所有 ONT 的信息

huawei(config-if-epon-0/1)#**ont confirm 1 ontid 1 mac-auth 001E-E3F4-0473 oamont-lineprofile-id 10 ont-srvprofile-id 10**

huawei(config-if-epon-0/1)#**ont confirm 1 ontid 2 mac-auth 0016-ECC5-4B80 oamont-lineprofile-id 10 ont-srvprofile-id 10**

3．确认 ONT 状态为正常

- huawei(config-if-epon-0/1)#**display ont info 1 1**
- --
- F/S/P：0/1/1
- ONT-ID：1
- Control flag：**active** //说明 ONT 已经激活
- Run state：**online** //说明 ONT 已经正常在线
- Config state：**normal** //说明 ONT 配置恢复状态正常
- Match state：**match** //说明 ONT 绑定的能力模板与 ONT 实际能力一致

➢ 当出现 ONU 配置状态失败、ONU 无法 up、ONU 不匹配等情况时，如果"Control flag"为"deactive"，需要在 GPON 端口模式下使用ont activate命令激活 ONU。

➢ 如果出现 ONU 无法 up，即"Run state"为"offline"，可能是物理线路中断，也可能是光模块损坏，需要从设备和线路两方面排查。

➢ 如果出现 ONU 配置状态失败，即"Config state"为"failed"，则说明配置的 ONU 能力集超出了 ONU 实际支持的能力，需要在诊断模式下使用 display ont failed-configuration 命令查看配置失败项及原因，根据具体情况进行修改。

➢ 如果出现 ONU 不匹配，即"Match state"为"mismatch"，则说明配置的 ONU 的端口类型和数目小于 ONU 实际支持的端口类型和端口数。请使用display ont capability命令查询 ONU 的实际能力，然后选择下面一种方式修改 ONU 的配置。

➢ 依据 ONU 实际能力新建合适的 ONU 模板，并使用ont modify命令修改 ONU 的配置数据。

➤ 依据 ONU 实际能力修改 ONU 模板并保存，ONU 会自动配置恢复成功。

4. 配置业务（上网业务、语音业务、IPTV 业务）

（1）配置上网业务

① 创建业务 VLAN 并配置其上行口

VLAN ID 为 2001，VLAN 类型为 Smart。将上行端口 0/19/0 加入到 VLAN 2001 中。

huawei(config)#**vlan2001 smart**

huawei(config)#**port vlan2001 0/19 0**

② 配置流量模板

可以使用 display traffic table ip 命令查询系统中已存在的流量模板。如果系统中现有的流量模板不能满足需求，则需要执行 traffic table ip 来添加。

模板 ID 为 8，保证信息速率为 4Mbit/s，优先级为 1，按照报文中所带的优先级进行调度。

huawei(config)#**traffic table ip index 8 cir 4096 priority 1 priority-policy tag-In-Package**

③ 创建业务流

业务流索引为 1 和 2，ONT ID 为 1 和 2，业务 VLAN 为 2001，用户 PC 连接到 ONT 上 ID 为 1 的 ETH 端口，使用索引为 8 的流量模板。

huawei(config)#**service-port 1 vlan2001epon 0/1/1 ont 1 eth 1 multi-service user-vlan untagged inbound traffic-table index 8 outbound traffic-table index 8**

huawei(config)#**service-port 2 vlan2001epon 0/1/1 ont 2 eth 1 multi-service user-vlan untagged inbound traffic-table index 8 outbound traffic-table index 8**

（2）配置语音业务

① 创建业务 VLAN 并配置其上行口

VLAN ID 为 2201，VLAN 类型为 Smart。将上行端口 0/19/0 加入到 VLAN 2201 中。

huawei(config)#**vlan 2201 smart**

huawei(config)#**port vlan 2201 0/19 0**

② 配置流量模板

可以使用 display traffic table ip 命令查询系统中已存在的流量模板。如果系统中现有的流量模板不能满足需求，则需要执行 traffic table ip 来添加。

模板 ID 为 9，上下行均不限制速度，优先级为 6，按照报文中所带的优先级进行调度。

huawei(config)#**traffic table ip index 9 cir off priority 6 priority-policy tag-In-Packag**

③ 创建业务流

业务流索引为 3 和 4，业务 VLAN 为 2201，用户侧 VLAN 为 45，用户话机连接到 ONT 上的 POTS 端口，使用索引为 9 的流量模板。

注意：对于 EPBA 单板，业务 VLAN 与用户侧 VLAN 需要设置成相同的 VLAN。

huawei(config)#**service-port 3 vlan 2201 epon 0/1/1 ont 1 multi-service user-vlan 45 inbound traffic-table index 9 outbound traffic-table index 9**

huawei(config)#**service-port 4 vlan 2201 epon 0/1/1 ont 2 multi-service user-vlan 45 inbound traffic-table index 9 outbound traffic-table index 9**

（3）配置 IPTV 业务

① 创建业务 VLAN 并配置其上行口

VLAN ID 为 2401，VLAN 类型为 Smart。将上行端口 0/19/0 加入到 VLAN 2401 中。

huawei(config)#**vlan 2401 smart**

huawei(config)#**port vlan 2401 0/19 0**

② 配置流量模板

可以使用display traffic table ip命令查询系统中已存在的流量模板。如果系统中现有的流量模板不能满足需求，则需要执行traffic table ip来添加。

模板 ID 为 10，上下行均不限制速度，优先级为 4，按照报文中所带的优先级进行调度。

huawei(config)#**traffic table ip index 10 cir off priority 4 priority-policy tag-In-Package**

③ 创建业务流

huawei(config)#**service-port 5 vlan 2401 epon 0/1/1 ont 1 eth 2 multi-service user-vlan 2 inbound traffic-table index 10 outbound traffic-table index 10**

huawei(config)#**service-port 6 vlan 2401 epon 0/1/1 ont 2 eth 2 multi-service user-vlan 2 inbound traffic-table index 10 outbound traffic-table index 10**

④ 创建组播 VLAN 并选择 IGMP 模式

组播 VLAN ID 为 2401，使用 IGMP proxy 模式。

huawei(config)#**multicast-vlan 2401**

huawei(config-mvlan2401)#**igmp mode proxy**

Are you sure to change IGMP mode?(y/n)[n]:**y**

⑤ 配置 IGMP 版本

设置组播 VLAN 的 IGMP 版本为 IGMP V2。

huawei(config-mvlan2401)#**igmp version v2**

⑥ 配置 IGMP 上行端口

IGMP 上行端口号 0/19/0；组播上行端口模式为 default，协议报文向节目所在 VLAN 包含的所有组播上行端口发送。

huawei(config-mvlan2401)#**igmp uplink-port 0/19/0**

huawei(config-mvlan2401)#**btv**

huawei(config-btv)#**igmp uplink-port-mode default**

Are you sure to change the uplink port mode?(y/n)[n]:**y**

⑦ 配置节目库

节目组播 IP 地址为 224.1.1.10，节目名称为 program1，节目源 IP 地址为 10.10.10.10。

huawei(config-btv)#**multicast-vlan2401**

huawei(config-mvlan2401)#**igmp program add name program1 ip 224.1.1.10 sourceip 10.10.10.10**

⑧ 配置权限模板

模板名称 profile0，可观看节目 program1。

huawei(config-mvlan2401)#**btv**

huawei(config-btv)#**igmp profile add profile-name profile0** huawei(config-btv)#**igmp profile profile-name profile0 program-name program1 watch**

⑨ 配置组播用户

将索引号为 5 和 6 的业务流添加为组播用户，并绑定权限模板 profile0。

huawei(config-btv)#**igmp policy service-port 5 normal**

huawei(config-btv)#**igmp policy service-port 6 normal**

huawei(config-btv)#**igmp user add service-port 5 auth**

huawei(config-btv)#**igmp user add service-port 6 auth**

huawei(config-btv)#**igmp user bind-profile service-port 5 profile-name profile0**

huawei(config-btv)#**igmp user bind-profile service-port 6 profile-name profile0**

huawei(config-btv)#**multicast-vlan2401**

huawei(config-mvlan2401)#**igmp multicast-vlan member service-port 5**

huawei(config-mvlan2401)#**igmp multicast-vlan member service-port 6**

huawei(config-mvlan2401)#**quit**

⑩ 保存数据

huawei(config)#**save**

三、ONU 数据配置

请参见任务 10 中 10.3.3 节相关内容的描述。

问题与思考

1. FTTX 工程施工中相关的设备、光缆、箱体及光器件的施工规范？
2. 华为 MA5680T FTTB 业务数据配置方法？
3. 华为 MA5680T FTTH 业务数据配置方法？

学习情境四

FTTX 工程设计

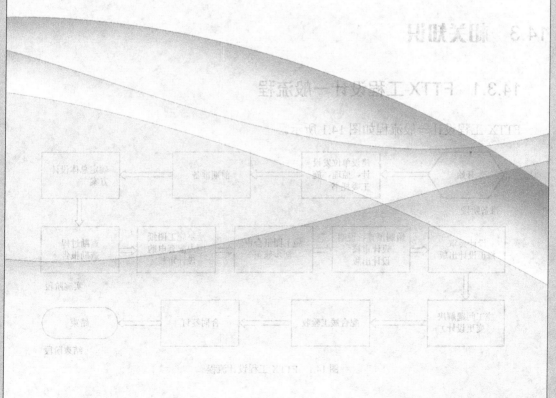

FTTX 工程设计流程

14.1 任务目标

（1）FTTX 工程设计的一般流程和规范要求。
（2）FTTX 工程设计勘察的规范要求。
（3）FTTX 工程设计文本的规范要求。

14.2 任务分析

在本任务的学习中，首先讲解现网 FTTX 工程设计的大致流程以及流程中各关键环节的注意事项，掌握 FTTX 工程设计工作的具体流程和要求；然后引入现网的 FTTX 工程设计案例，通过案例文件中的 FTTX 工程设计各个关键环节的文档来讲解并总结相应的规范要求。

14.3 相关知识

14.3.1 FTTX 工程设计一般流程

FTTX 工程设计一般流程如图 14.1 所示。

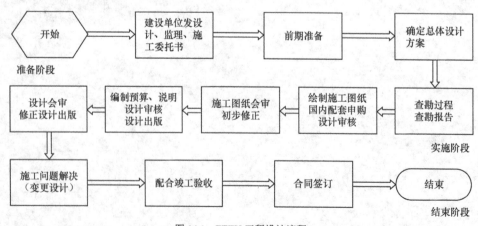

图 14.1　FTTX 工程设计流程

接单：运营商网建部先把单子下发到规划院各分局负责人，分局负责人或专业负责人把单子下发到公司设计工程师，对工作人员的要求是积极接单。

查找并整理相关资料：查找运营商分局资源系统，注意携带纸张、笔做记录一般可查到的资料包含电交箱分布容量、主干电缆去向对数容量、配线电缆去向对数容量。所查数据仅供参考，以实际勘察为准，勘测时现场核实无误。

划分工程界面：工程界面线路侧、设备侧、综合布线侧划分清晰明了，有问题及时反馈。

勘测：现场勘测仔细认真，草图清晰准确美观、记录数据完整，现场和运营商客户经理沟通完全、有效，部分工程可与施工单位做相应沟通交流，若发现有问题时要及时上报。

CAD 绘图：与规划院的规范做到各项统一，各张图纸所起作用和各张图纸之间的关系做到清晰，做到不少图纸，不少部分；建议使用 A3、A4 图框，禁用 A1、A2 图框（特殊工程除外）；图纸中新增部分要用绿色并加粗 0.6 表示、字体要求宋体高 2.5、宽 0.8。

概预算制作：概预算各项综合信息、各项取费设置正确、统一，细节无误。注意规定取费、材料单工程量、材料部分要求准确无误，各表格打印件逻辑价变动。

出版文档：文档完整（图纸、预算、说明），细节无误，各项数据统一，通读说明理解文中含义。整套设计符合逻辑、符合设计思想、可行性强。

运营商网建部会审：内部质量流程卡流程完毕后方可会审，会审时注意设计工程师身份、讲话的态度和语气，理解整套设计方案，设计过程及思想，清楚路由选择信息、设备信息、客户信息、预算投资。

规划院院审：了解规划院各部门人员关系，清楚规划院质量流程卡流程，哪部分应由规划院谁来负责院审，与各个人员做好关系，有利工作，方案部分要求合理可行性，图纸部分注意：反映现场情况性、规范合理统一性、可行性，预算准确合理统一性，说明描述准确、细节无误、逻辑性、统一性。整套设计细节无误、符合规范要求、符合逻辑。

14.3.2　FTTX 工程设计勘察规范

一、勘测

勘测是指根据建设工程的要求，查明、分析、评价建设场地的环境特征和工程施工条件，编制建设工程勘察文件的活动。

1. 勘测前与业主沟通的内容

（1）项目的基本情况：投资、进度要求、设备选型、材料的价格等。

（2）沟通的层面：业主的项目主管、下属分公司的项目主管、网维中心相关负责人、现场维护人员。

（3）熟识关于所做项目的可行性研究报告、现网的情况，并对项目提出合理化建议。在测量前尽量把方案定下来，以便后续工作，进行测量。

（4）沟通的态度要诚恳、虚心，并善于总结、归纳。

（5）将在沟通过程中得到的相关项目信息，及时传送给业主相关人员、项目组的所有成员等。

2. 勘测注意事项

（1）深入现场调查研究，提出设计方案，并为测量、设计、施工收集有关技术资料。

（2）对新建工程要在地形图上所预定的路由作多次勘查，了解沿途情况，摸清与电力、公路及其他单位可能发生的联系，并商定处理意见。

（3）对于改建、大修工程，主要是勘查并登记原有杆线设备情况，并对杆线（管道）设备改建、电缆割接，提出割接方案。

（4）具体测定路由，丈量杆距。

（5）确定杆位（人孔）、杆高、杆型、杆上装置及拉线位置、程式、股数，在测定的杆位和拉线出土位置打好标桩。

（6）确定光（电）缆在电杆（或人孔）位置（画出杆面图），对需改接的光（电）缆、交接箱、分线盒做出详细的割接方案。

（7）按照部颁"电信工程图形符号"逐杆（人孔）绘制施工详图等资料。对沿铁路、公路、乡村大道及其他管线（包括高压输电线、电气铁路馈电线及其他管线等）要测定平行接近距离和交越点垂直隔距、交越角度。

（8）若遇管道工程或市区内新立杆路，必须由规划部门提供相应规划红线图，并取得建设单位确认。

（9）每个点勘测完成后，做好查勘记录表，提供给业主确认。

3. 勘测要点

（1）收集整理数据资料

① 深刻理解工程环境、总体方案流程、实现目标、客户信息以及实际机柜设备的配置，要求深刻理解，从整体上把握整个项目。

② 细节数据整理，到各个分局信息资源系统上查找路由资源信息，光交箱、电交箱分布地理位置、型号、容量，主干光电缆去向、配线光电缆去向、业务承载量（特别注意一些特殊的业务）、机柜、设备等。

③ 与客户经理、施工单位、设备厂家进行有效沟通，尽量多获取信息。

（2）现场勘测要点

① 成端信息

局端分布地理位置图、楼层图、局端平面示意信息。进出缆线馈线窗、管道管孔信息、机柜设备（是否需要安装）信息，机柜安装位置信息及示意。（如 OLT 设备承载信息），可增承载量、厂家型号、板槽等。机房电源位置端子系统图、承载量及可增承载量信息，汇流排、接地排、防雷信息。ODF\DDF 位置分配信息、有无空余纤芯和子框，必要时电池信息，电缆配线架信息及电缆去向，走线架分层、高度。新增电源线、接地线、尾纤型号、终端盒多媒体信息等。

光交箱、电交箱地理位置分布，箱号、型号、主干、配线编号容量去向。承载、可增承载信息，光交箱分光器、子框信息、面板图。电交箱面板图、线序等（特殊描述技巧方法、注意事项）。缆线进箱方式，此成端在整个网络中的地位和作用。

② 路由勘测信息

确定 A、B 端信息、出缆线方式、确定方向，根据前期整理的资源数据等资料，结合路由选择原则，考虑现场实际情况及路由选择应注意问题，选择最佳路由，路由记录要求能明确反映现场情况。原有路由重点记录道路名称、大路由参照物（如大的建筑、河流、池塘、田地、树林、围墙等），利用旧杆路勘测时记录线路重要杆号（如角杆、终端杆）、杆距、高压线、岔路口、桥梁、涵洞、大河以及特别障碍物。

利用旧管道勘测，特别标明记录重要的人（手）孔号（如道路交叉口的三通、四通人（手）孔），打开人（手）孔勘察管道的实际走向，各种租用、占孔情况及孔距，如图 14.2 所示。

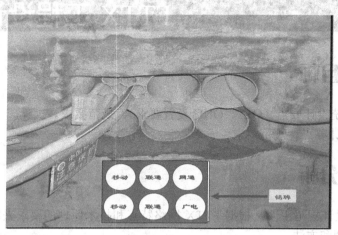

图 14.2　管道勘测

新建路由勘测时注意事项：现场地质情况，人口密集情况自然条件，施工难度，必要时做三项定标。记录路由经过国道、大河时杆路杆高、增加和加固程度，新建杆路杆距以 50m/档为宜，上下浮动 5m，需要长杆距时要有加固措施。管道孔距以 90～150m 为宜，不同区域以实际情况而定。结合路由选择应考虑实际情况，选择最佳新建敷设方式。

（3）用户端信息

根据综合布线工程、接入网工程性质，结合用户实际情况用户需求、建设方合同数据、实现目标等收集整理用户端信息，包括用户数量（数据、语音分开统计）、增补数量，是否需要新立机柜及安装方式，型号、位置、承重、列头柜取电、机柜接地，设备配置、安装位置、取电接地、是否需要话务台、数量、型号，链接等。此种勘测还包括新增多媒体箱或分线盒安装位置方式，到用户终端的位置缆线选取，数据要准确。

（4）特殊记录

整个工程的简洁描述、现场沟通情况等。

FTTX 工程设计规范

15.1　任务目标

（1）PON 系统设计要点（OLT、ONU 设置要求）、规范要求。

（2）ODN 设计要点、规范要求。

15.2　任务分析

FTTX 工程设计规范主要是根据 FTTX 网络特点和技术原理的要求来制定的网络设计、建设的指导性原则和方法。

FTTX 工程设计规范主要包括 OLT、ONU 和 ODN 三个 PON 网络主要组成部分的设计规范。对于 OLT、ONU 部分，需要掌握 OLT、ONU 的组网设计原则，OLT、ONU 的设置方式等。ODN 组网设计是 FTTX 工程设计的重点环节，主要包括常用建设场景下 ODN 的设计思路和方法、ODN 组网原则、光纤光缆的选择要求、ODN 箱体器件的选择放置要求、ODN 光功率预算。

本任务的学习，重在通过理解和认识来掌握 FTTX 工程设计规范要求，通过实践设计训练中践行 FTTX 工程设计规范要求来锻炼自己的工程设计技能，最后达到熟练掌握 FTTX 工程设计规范要求的目的。

15.3　相关知识

以某一运营商的 FTTH 工程设计规范为例进行说明。

15.3.1　术语和符号

（1）无源光网络：由光纤、光分路器、光连接器等无源光器件组成的点对多点的网络，简称 PON。

（2）无源光网络系统：由光线路终端 OLT、光分配网 ODN、光网路单元 ONU 组成的信号传输系统，简称 PON 系统。根据采用的信号传输格式可简称为 xPON，如 APON、BPON、EPON 和 GPON 等。

（3）光分配网：是无源光网络的另一种称呼，由光纤光缆、光分路器等无源光器件组成的点对多点的光分配网络，简称 ODN。

（4）馈线：光分配网中从光线路终端 OLT 侧紧靠 S/R 接口外侧到第一个分光器主光口入口连接器前的光纤链路。

（5）支线：光分配网中从第一级光分路器的支路口到光网络单元 ONU 线路侧 R/S 接口间的光纤链路。采用多级分光时，也包含除一级光分路器以外的其他光分路器。

（6）冷接子：一种通过机械方式快速实现裸光纤对接的光纤接续器件

（7）MDU/MTU 型 ONU：供住宅用户/商业用户使用的 ONU 设备。

（8）光分路器：也称为"非波长选择性光分支器件"，用于实现特定波段光信号的功率分路及再分配功能的无源光纤器件（可将一路光信号分成多路光信号以及完成相反过程）。

（9）光网络箱：专门为安装光分路器设计制作的机框或箱体，具有一定的防尘功能。机框式可安装在标准 19 英寸机架上或 ODF 架/光交接箱上；箱式可分成落地安装式或挂墙安装式。

（10）86 接线盒/86 面板：一种长和宽均为 86mm 的通用墙式出线装置，由接线盒和面板组成。

（11）综合信息箱：安装在最终用户处，具有电话、数据、有线电视等网络综合接线功能的有源信息分配箱。

（12）用户光缆终端盒：提供光缆到达用户做终结的光纤保护盒，通常装有光接插件。

（13）入户光缆：引入到用户建筑物内的光缆。

（14）皮线光缆：是一种采用小弯曲半径光纤，具有低烟无卤阻燃特性外护套的非金属光缆，用于室内暗管、线槽、钉固等敷设方式。

（15）自承式皮线光缆：由皮线光缆和一根平行金属加强吊线组成的"8"字形自承光缆，适用于以架空、挂墙方式引入至室内的光缆。

（16）L 型机械快接式光纤插座：具有快速光纤机械接续功能，适应安装在 A86 接线盒内的光纤插座。

（17）楼宇机柜（箱）：用于安装 FTTH 应用的 ONU 设备、配线设备和电源设备的机柜（箱），能为内部设备正常运行提供可靠的机械和环境保护，一般安装在弱电竖井内。

（18）水平电缆子系统：与综合布线系统中的配线系统相对应，包含楼宇 ONU 设备 UNI 接口至工作区的信息点之间的入户电缆、楼宇配线设备、跳线、连接线等所有硬件设施。

（19）工作区：需要设置终端设备的独立区域。

（20）信息点：入户线缆终接的信息插座模块。

（21）楼层配线设备：简称 FD，终结入户电缆和楼宇 ONU 设备 UNI 接口侧缆线的配线设备。

（22）信道：连接两个应用设备的端到端的传输通道。

（23）永久链路：信息点与楼层配线设备之间的传输线路。不包括工作区缆线和连接楼层配线设备的设备缆线、跳线。

（24）设备缆线：连接通信设备和配线设备的电缆/光缆。

15.3.2 PON 网络系统

一、PON 网络的定义

无源光纤网络（Passive Optical Network，PON），是一种基于 P2MP 拓扑的技术。无源是指光配线网（ODN）中不含有任何电子器件及电子电源，ODN 全部由光分路器（Splitter）等无源器件组成，不需要有源电子设备。

与点到点的有源光网络相比，无源 PON 技术具有高带宽、全业务、易维护等优势，促使其成为网络融合进程中的主流技术。

二、PON 网络的构成

PON 由局端的光线路终端（Optical Line Terminal，OLT）、用户侧的光网络单元（Optical Network Unit，ONU）和光配线网络（Optical Distribution Network，ODN）组成。典型的拓扑结构为树型或星型。根据 ONU 的位置，PON 系统可能的应用包括 FTTD、FTTH、FTTO、FTTB、FTTC 等场景。PON 网络结构如图 15.1 所示。

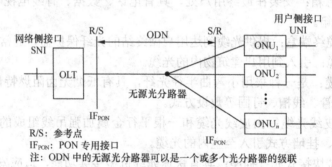

R/S：参考点
IF$_{PON}$：PON 专用接口
注：ODN 中的无源光分路器可以是一个或多个光分路器的级联

图 15.1　PON 网络结构图

（1）OLT 的作用是将各种业务信号按一定的信号格式汇聚后向终端用户传输，将来自终端用户的信号按照业务类型分别进行汇聚后送入各业务网。

（2）ONU 位于用户端，直接为用户提供语音、数据或视频接口。

（3）ODN 的作用是提供 OLT 与 ONU 之间的光传输通道，包括 OLT 和 ONU 之间的所有光缆、光缆接头、光纤交接设备、光分路器、光纤连接器等无源光器件。

三、PON 基本原理

PON 系统采用 WDM（波分复用）技术，使得不同的方向使用不同波长的光信号，实现单纤双向传输，如图 15.2 所示。

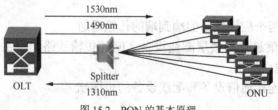

图 15.2　PON 的基本原理

为了分离同一根光纤上多个用户的来去方向的信号，采用以下两种复用技术：

（1）下行数据流采用广播技术，实现天然组播。

（2）上行数据流采用 TDMA 技术，灵活区分不同的 ONU 数据。

四、主流 PON 技术介绍

ODN 网络建设主要采用 PON 宽带接入技术，目前已经成熟并且实现规模化商用的主要有 EPON 和 GPON。

EPON 是基于 IEEE 802.3ah 标准的以太网无源光缆网技术，上下行标称速率均为 1.25Gb/s，典型光分路比为 1:64。

GPON 是基于 ITU-T G.984 标准的吉比特无源光缆网技术，GPON 可支持上下行对称和不对称多种速率等级，下行标称速率为 2.5Gb/s，上行标称速率支持 1.25Gb/s 和 2.5Gb/s，典型光分路比为 1:64。

目前 EPON 的 PX20+光模块和 GPON 的 Class C+光模块均已成熟，各地在 FTTH 规模部署过程中，OLT 及 ONU 设备应采用不低于 PX20+（EPON）和 Class C+（GPON）等级的光模块，ODN 网络光功率全程预算应分别控制在 29.5dB 和 32dB 以内。GPON 和 EPON 的主要技术指标比较见表 15.1。

表 15.1　　　　　　　　　　GPON 和 EPON 的主要技术指标对比

内　　容	GPON（ITU-T G.984）	EPON（IEEE 802.3ah）
下行速率	2500 Mbit/s 或 1250 Mbit/s	1250 Mbit/s
上行速率	1250 Mbit/s	1250 Mbit/s
分光比	1:64，可扩展为 1:128	1:32（可扩展到 1:64）
下行效率	92%，采用：NRZ 扰码（无编码），开销（8%）	72%，采用 8B/10B 编码（20%），开销及前同步码（8%）
上行效率	89%，采用：NRZ 扰码（无编码），开销（11%）	68%，采用 8B/10B 编码（20%），开销（12%）
可用下行带宽*	2200 Mbit/s	950 Mbit/s
可用上行带宽*	1000 Mbit/s	900 Mbit/s
运营、维护（OAM&P）	遵循 OMCI 标准对 ONT 进行全套 FCAPS（故障、配置、计费、性能、安全性）管理	OAM 可选且最低限度地支持 ONT 的故障指示、环回和链路监测
网络保护	50ms 主干光纤保护倒换	未规定
TDM 传输和时钟同步	天然适配 TDM（Native TDM 模式）保障 TDM 业务质量，电路仿真可选	电路仿真（ITU-T Y.1413 或 MEF 或 IETF）

15.3.3　FTTH 的网元设置

一、OLT 的设置

OLT 局点部署影响整个 ODN 网络规划、网络升级与网络资源利用率，合理的 OLT 部署，可节省光缆资源，加快铜缆网络向全光网络的演进。

OLT 放置在中心机房节点：全距离覆盖，最大限度发挥 PON 技术传输距离远的特点，适合于初期 FTTH 用户较少的情况。

OLT 放置在现有的模块局接入点：覆盖距离适中，维护方便，发挥了 PON 技术传输距离远的特点，非常适合大规模的 FTTH 部署。

OLT 放置在新建小区接入点：覆盖距离较短，维护较方便，适用于 FTTH 全面应用后对远离现有局点的新建区域用户全面覆盖。

公众客户 OLT 的部署应遵循"大容量、少局所"的原则，尽量将 OLT 设置在中心机房，部分用户密度较大或传输距离较远的区域可适度下沉至模块局。

对政企业务的承载，应坚持"相对集中、适度下移"的原则。原则上不为政企客户新建 OLT，依靠现有 OLT 的扩容进行解决。

二、ONU 的设置

按照光纤到户（FTTH）原则，光网络单元（ONU）应尽量安装在用户家中，安装方式大致有三种，即安装在预埋的综合信息箱中，挂墙明装方式及安装在的桌面或用户指定的位置。

光网络单元（ONU）应根据建筑物提供的安装条件和用户要求，选择合适的安装位置，但应避免安装在潮湿、高温、强磁场干扰源的地方。

对于住宅用户，ONU 宜安装在与用户家庭布线系统汇聚点相同的位置。

对于有内部局域网的企事业用户，ONU 应安装在用户网络设备处。

ONU 设备安装位置附近应能提供 220V/30W 交流电源，并带接地保护的三眼插座。为保证断电时语音业务的正常开展，可以根据需要提供 ONU 省电模式。

三、ONU 的设备形态

根据接入用户类型的不同，ONU 可分为 SFU 型、HGU 型、SBU 型、MDU 型和 MTU 型。

1. SFU（单住户单元）型 ONU

主要用于单独家庭用户，当商业客户不需要 TDM 业务时，SFU 也可以用于商业客户。SFU 仅支持宽带接入功能，具有 1 或 4 个以太网接口，提供以太网/IP 业务，可以支持 VoIP 业务（内置 IAD）或 CATV 业务，可配合家庭网关使用。SFU 型 ONU 的具体形态见表 15.2。

表 15.2　　　　　　　　　　　　SFU 型 ONU 的具体形态

编　　号	以太网口数量	POTS 口数量	CATV RF 口
SFU-1	1（GE 或者 FE）	0	可选
SFU-2	4（FE）	0	可选
SFU-3	4（FE）	2	可选

2. HGU（家庭网关单元）型 ONU

主要用于单独家庭用户，具有家庭网关功能，相当于带 PON 上联接口的家庭网关，具有 4 个以太网接口、1 个 WLAN 接口和至少 1 个 USB 接口，提供以太网/IP 业务，可以支持 VoIP 业务（内置 IAD）或 CATV 业务，支持 TR-069 远程管理。HGU 型 ONU 的具体形态见表 15.3。

表 15.3　　　　　　　　　　　　　　　HGU 型 ONU 的具体形态

编　　号	以太网口 数量	POTS 口 数量	WLAN 口 数量	USB 口 数量	CATV RF 口
HGU-1	4（FE）	0	1	1	可选
HGU-2	4（FE）	2	1	1	可选

3．SBU（单商户单元）型 ONU

主要用于单独企业用户和企业里的单个办公室，支持宽带接入功能，具有以太网接口和 E1 接口，提供以太网/IP 业务和 TDM 业务，可选支持 VoIP 业务。SBU 型 ONU 的具体形态见表 15.4。

表 15.4　　　　　　　　　　　　　　　SBU 型 ONU 的具体形态

编　　　号	以太网口数量	E1 接口数量	POTS 口数量
SBU-1	4	4	不做规定

4．MDU（多住户单元）型 ONU

主要用于多个住宅用户，具有宽带接入功能，具有多个（至少 8 个）用户侧接口（包括以太网接口、ADSL2+接口或 VDSL2 接口），提供以太网/IP 业务、可以支持 VoIP 业务（内置 IAD）或 CATV 业务。MDU 型 ONU 的具体形态见表 15.5。

表 15.5　　　　　　　　　　　　　　　MDU 型 ONU 的具体形态

编号	以太网口数量	ADSL2+接口数量	VDSL2 接口数量	POTS 口数量	CATV RF 口
MDU-1	8/16/24/32(FE)	0	0	0	可选
MDU-2	8/16/24/32(FE)	0	0	8/16/24/32/48	可选
MDU-3	0	16/24/32/48/64	0	24/32/48/64	0
MDU-4	0	0	12/16/24/32	24/32/48/64	0

注：表中的数量均表示 MDU 设备中板卡的端口数量。

5．MTU（多商户单元）型 ONU

主要用于多个企业用户或同一个企业内的多个个人用户，具有宽带接入功能，具有多个以太网接口（至少 8 个）、E1 接口和 POTS 接口，提供以太网/IP 业务、TDM 业务和 VoIP 业务（内置 IAD）。MTU 型 ONU 的具体形态见表 15.6。

表 15.6　　　　　　　　　　　　　　　MTU 型 ONU 的具体形态

编　　号	以太网口数量	E1 接口数量	POTS 口数量
MTU-1	16（FE）	4/8	0
MTU-2	8/16（FE）	4/8	8/16

FTTH 建设所采用的用户端设备均为支持 TR069 协议的家庭网关型 ONU，所有终端要求通过 ITMS（智能终端管理系统）做到不同厂家的互通、业务自动下发和版本升级等功能。

四、ODN 器件

ODN 器件标准化对于简化工程设计、降低施工和装维难度、减少备品备件种类及快速定位处理故障都具有重要意义。

在 ODN 器件选用时要重点关注光总配线架、免跳接光交接箱、光分路器、快速活动连接器、皮线光缆、分光/分纤箱等器件，以保证网络质量，提高运维管理的便利性。

1. 光总配线架（MODF）

自 2012 年起，新建设的光纤物理网局端配线架停止使用传统光配线架（ODF），推广应用光总配线架（MODF），以解决光接入网大规模建设带来的纤芯容量、操作便利性和运维管理规范性等问题。

2. 免跳接光交接箱（MOCC）

为进一步推进 ODN 建设的标准化，自 2012 年起，新建设的光纤物理网的用户端光节点设备和 FTTH 一级光网络箱均应采用免跳接光交接箱（MOCC），以实现 ODN 全程无跳接化，达到降低链路衰耗、规范纤芯管理的目的。

3. 光分路器

FTTH 两级光分路器设置均须采用插片式光分路器配合无跳接光交接箱\分光分纤箱组成光网络箱形式，个别政企客户 FTTO 网络改造可利用原有传统物理网光交接箱内置托盘式\盒式光分路器组成光网络箱的形式。

4. 现场组装活动连接器

现场组装活动连接器在光纤入户中使用量大，是影响 ODN 网络质量的关键环节之一。

按照接头类型划分，现场组装活动连接器分为 FC、SC、LC 等类型，FTTH 建设中一般采用 SC/PC 接头的现场组装活动连接器。

按照连接方式划分，现场组装活动连接器分为冷接和热熔两种类别。

冷接式现场组装活动连接器有"预埋型"与"直通型"两种规格。"预埋型"易操作、安装成功率高、稳定可靠，对施工、装维人员技能的适应性强；"直通型"结构简单、价格相对较低，但现场操作较复杂，对人员技能要求较高。

随着 FTTH 技术的演进，新型热熔式现场连接器技术日渐成熟。热熔式现场连接器操作简单、成功率高、稳定性好、对人员技能要求较低，但需使用专用便携式熔接机，不同厂家的熔接机和现场连接器兼容性差、熔接机单价较高、初期投资较大。设计人员应密切关注该项技术的进展，配合建设单位适度开展试点推广应用。

另外，鉴于现场组装活动连接器存在着操作、衰耗等问题，如采用工厂预端接蝶形光缆替代一端现场组装的活动连接器，有利于提高质量、控制造价。

5. 蝶形光缆

针对不同的入户场景，常用的蝶形入户光缆主要有以下几类：

GJXFH（非金属加强件、低烟无卤护套、蝶形引入光缆）：主要应用于室内线管、线槽、钉固方式布放。

GJYXFCH（非金属加强件、低烟无卤内护套、自承式蝶形引入光缆）：主要应用于室外架空、墙壁、钉固方式布放。

GJYXFHA（非金属加强件、低烟无卤内护套、铝-聚乙烯黏结护层、管道式蝶形引入光缆）：主要应用于室外管道穿放。

为避免高温对光缆外护套的加速老化，蝶形光缆应尽量避免从住户南面阳台或空调孔洞入户；室外用蝶形光缆应以黑色为主，以提高抗紫外线的能力；室内用蝶形光缆应以白色为主，尽量保持与家庭装修风格的一致性。

蝶形光缆的加强芯主要有钢丝、FRP、K-FRP 等，在 FTTH 建设中主要采用非金属加强芯的蝶形光缆，应注意控制其材料质量，保证机械强度。

6. 分光/分纤箱

分光/分纤箱体材料的质量在一定程度上影响网络的可靠运行。室外型箱体应尽量采用 SMC 等复合材料压模成型的产品，以提高箱体强度、减轻重量、加强耐腐蚀性，尤其是在高温、高湿、高盐的地区。出于成本考虑，室内型分光/分纤箱可以采用冷轧板材料，但必须进行热镀与喷塑，以提升箱体的防腐能力。

15.3.4　ODN 拓扑结构和组网原则

一、光分配网组成和基本功能

1. 光分配网定界

如图 15.3 所示，光分配网（ODN）位于 OLT 和 ONU 之间，其定界接口为紧靠 OLT 的光连接器后的 S/R 参考点和 ONU 光连接器前 R/S 参考点。

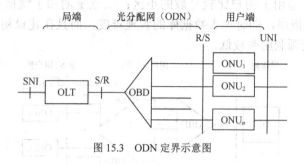

图 15.3　ODN 定界示意图

2. 光分配网（ODN）组成

从网络结构来看，光分配网由馈线光缆、光分路器和支线光缆组成，它们分别由不同的无源光器件组成，主要的无源光器件如下：

（1）单模光纤；

（2）光分路器（ODB）；

（3）光纤连接器，包括预制活动连接器和现场机械活动连接器。

3. 光分配网（ODN）的基本功能

光分配网（ODN）将一个光线路终端（OLT）和多个光网络单元（ONU）连接起来，提供光信号的双向传输。

4. ODN 基本结构

光分配网络（ODN）是一种点对多点的无源网络，按照光分路器的连接方式可以组成树型、星型、环型、总线型等多种结构，其中，树形结构最常用。树形结构有两种基本形式。

（1）一级分光模式：当 OLT 与 ONU 之间按一点对多点配置，即每一个 OLT 与多个 ONU 相连，中间设有一个光分路器（OBD）时就构成第一种树形结构，如图 15.4 所示。优点是跳接少，减少了光缆线路全程的衰减和故障率，便于数据库管理，同时在建设初期用户数量较少、分布松散时，可节约大量 PON 口资源；缺点是光分路器下行的光缆数量大、对管道的需求量大，特别在光分路器集中安装时。

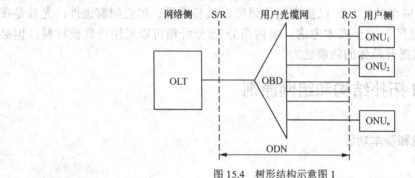

图 15.4 树形结构示意图 1

（2）多级分光模式：当采用两个或两个以上光分路器（OBD）按照级联的方式连接时就构成第二种树形结构，如图 15.5 所示。优点是由于光分路器分散安装减少了对下行光缆芯数和管道的需求，适用于用户比较分散的小区；缺点是增加了跳接点，即增加了线路衰减，增加出现故障的概率，同时加大数据库的管理难度，而且在建设初期用户数量较少、分布松散时，PON 口资源利用率较低。

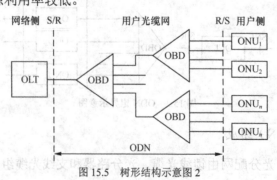

图 15.5 树形结构示意图 2

二、ODN 的组网原则

1．ODN 结构的选择

（1）在选择 ODN 结构时，应根据用户性质、用户密度的分布情况、地理环境、管道资源、原有光缆的容量，以及 OLT 与 ONU 之间的距离、网络安全可靠性、经济性、操作管理和可维护性等多种因素综合考虑。

（2）ODN 以树形结构为主，分光方式可采用一级分光或二级分光，但不宜超过二级，设计时应充分考虑光分路器的端口利用率，根据用户分布情况选择合适的分光方式。

（3）一级分光（图 15.4）适用于新建商务楼、高层住宅等用户比较集中的地区或高档别墅区。

（4）二级分光（图 15.5）适用于改造商务楼、住宅小区，特别是多层住宅、高档的公寓、管道资源比较缺乏的地区。

（5）一般不采用非均分光分路器。

2．ODN 与用户光缆网的对应关系

逻辑上，ODN 由馈线光缆、光分路器和支线光缆组成，而用户光缆在物理结构上通常可分为三个部分，即主干光缆、配线光缆、驻地网光缆。

（1）主干光缆部分：通常由用户主干光缆和一级光交接箱组成。

（2）配线光缆部分：通常由一级、二级配线光缆、二级光交接箱和光分配箱组成。

（3）驻地网光缆部分：通常为大楼内或小区内部的接入光缆、光网络箱和光缆终端盒组成。

（4）根据光分路器设置地点的不同，ODN 各部分与用户光缆设施的对应关系见表 15.7。

表 15.7　　　　　　　　　ODN 各部分与用户光缆设施的对应关系

光分路器设置位置	一级光交接箱	二级光交接箱光分配箱	楼道光网络箱
ODN 馈线部分	主干光缆	主干光缆、配线光缆	主干光缆、配线光缆、接入光缆
支线部分	配线光缆 接入光缆 入户光缆	接入光缆 入户光缆	入户光缆

在设计带保护系统时，应注意系统保护部分和用户光缆网的对应关系，要考虑相应光缆和设施的保护。

3．ODN 网络结构分层

根据 FTTH 工程 ODN 网络的共同特点，将 FTTH 中 ODN 网络分为四个层面，其网络层级及涵盖内容如表 15.8 所示。

表 15.8　　　　　　　　　　ODN 网络分层结构

网络层级		建设内容				
		公众 FTTH		商业 FTTO		
		一级分光模式	二级分光模式	一级分光模式	二级分光模式	
					零散客户	集中客户
局端设备		OLT				
ODN	主干层	光总配线架（MODF）				
		主干光缆				
		物理网无跳接光交接箱（MOCC）				
		——	——	——	一级光分路器	——
	配线层	配线光缆	配线光缆	配线光缆	——	配线光缆
		园区无跳接光交接箱	园区无跳接光交接箱	园区无跳接光交接箱	——	园区无跳接光交接箱
		一级光分路器	一级光分路器	一级光分路器	——	一级光分路器
	接入层	接入光缆	接入光缆	接入光缆	接入光缆	接入光缆
		光分纤箱	分光分纤箱	光分纤箱	分光分纤箱	分光分纤箱
		——	二级光分路器	——	二级光分路器	二级光分路器
	入户层	入户光缆	入户光缆	入户光缆	入户光缆	入户光缆
		快速连接器	快速连接器	快速连接器	快速连接器	快速连接器
用户终端		E8-C 终端	E8-C 终端	商业用户终端	商业用户终端	商业用户终端

4. ODN 场景策略分析

运营商应改变原有的以铜缆接入为主的建设模式，将光纤尽可能向用户端延伸，城市地区新建小区光纤到楼、到户，农村宜采用有线方式建设的地区光纤到行政村，进一步推进光纤到户产业链的成熟，在合适的时机推广光纤到户的建设。

首先，从网络发展的角度看，FTTH 是接入网的终极目标。国内运营商现有的接入网建设是以 FTTN/B 模式为主进行建设的，铜缆和接入设备间的土建成本很高，用户带宽受到铜缆长度的限制。理论分析和计算表明，光纤接入（FTTH）的最优覆盖半径是铜缆接入（FTTN/B）的 2～3 倍。FTTN/B 模式下建设的接入局点在接入网向 FTTH 演进时，大部分会逐步退网。

从建设成本上看，光缆的采购价格已低于相同线对数（纤芯数）的铜缆，且铜缆价格仍在不断上升，光缆的施工费用正在逐步下降。随着 PON 技术的不断成熟以及在国外的大规模商用，EPON 设备（含分光器）总的价格已经下降到相对较低的价格。在城市地区典型的用户分布情况下（3000 户/平方公里），基于 PON 的 FTTH 建设模式，每用户成本已经接近于 FTTN/B 模式，大规模推广的时机已经成熟。

三、公众客户 FTTH 建设模式分析

1. 已建住宅建筑

已建住宅建筑原则上采用二级分光，一级光分路器集中放置的组网模式进行改造。两级

分光比原则上应以 8×8 模式为主，16×4 模式为辅。

（1）分光分纤箱及二级分光器设置

分光分纤箱按照容量分为 16 路/双槽道、32 路/四槽道，按照安装方式分为壁挂式和壁嵌式。

分光分纤箱原则上应安装在单元楼道内，对于垂直通道为暗管的楼宇可采用壁嵌方式安装，垂直通道为弱电竖井+垂直桥架的楼宇应采用壁挂方式安装。

住户数不大于 16 户的单元，每个单元配置一台双槽道楼道分光分纤箱，初期配置一台 1:8 插片式二级光分路器；对于初期业务发展预期较低的小区，也可每个单元配置一台四槽道楼道分光分纤箱，初期配置一台 1:4 插片式二级光分路器。

住户数大于 16 户的单元，可根据住户分布和垂直弱电通道情况配置多台楼道分光分纤箱，每台分光分纤箱覆盖住户数不超过 32 户，初期配置一台 1:8 插片式二级光分路器。

入户皮线光缆和配线光缆在箱内分别成端，根据业务发展情况将引入光缆、二级光分路器光口、入户皮线光缆进行插接。

（2）一级分光点设置

对于已建住宅小区，应根据住户数情况，选用 144～288 芯光交接箱或中心机房 ODF 作为集中分光点，将多个单元的楼道分光分纤箱进行汇聚，每个一级分光点覆盖住户 512～2048 户。

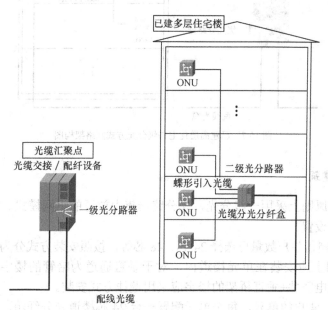

图 15.6　已建多层住宅二级分光方式网络架构图

（3）一级光分路器设置

一级光分路器应集中设置在一级分光点的光交接箱或 ODF 内。

（4）一级分光口预留

按照一级分光点覆盖的楼道分光分纤箱总数，对初设一级光分路器数量进行合理配置，在满足所有初配二级光分路器开通要求的前提下，可适当多配 1～2 台一级光分路器，以及时满足业务快速增长时的扩容需求；对于业务未饱和区域，应根据资源预警，及时扩容一级分光器，一级分光点内应保持预留不少于 4 个一级分光口。

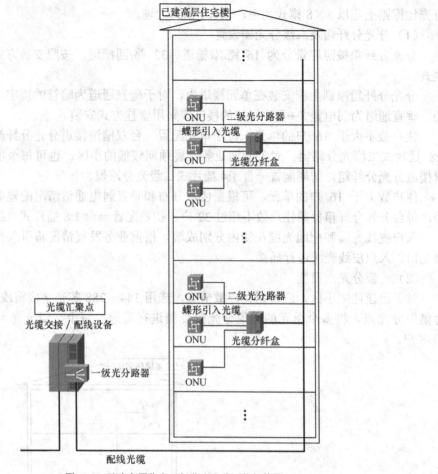

图 15.7　已建高层住宅二级分光方式网络架构图

2. 新建住宅建筑

新建住宅建筑原则上采用一级分光，光分路器集中放置的组网模式。

（1）光分纤箱设置

光分纤箱按照覆盖住户数量可选择 24 芯、48 芯等，按照安装方式分为壁嵌式和壁挂式。

光分纤箱原则上应安装在单元楼道内，对于垂直通道为暗管的楼宇应采用壁嵌方式安装，垂直通道为弱电竖井+垂直桥架的楼宇应采用壁挂方式安装。

住户数不大于 24 户的单元，每个单元配置一台 24 芯楼道光分纤箱。

住户数大于 24 户的单元，可根据住户分布和垂直弱电通道情况配置多台楼道光分纤箱，每台光分纤箱收敛住户数不超过 48 户。

入户皮线光缆和配线光缆在箱内采用熔接方式接续，将住户与一级光网络箱配线端子一一匹配，便于资源管理到户，满足业务自动放装的要求。

（2）一级分光点设置

对于新建住宅小区，应根据住户数情况，选用 144～576 芯光缆交接箱或小区中心机房 ODF 作为集中分光点，将多个单元的楼道光分纤箱进行汇聚，每个一级分光点覆盖住户

128～512 户。

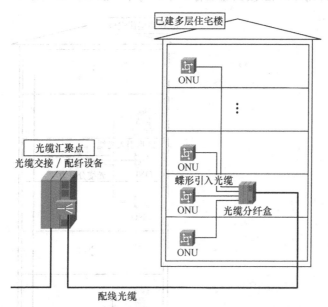

图 15.8　新建多层住宅一级分光方式网络架构图

（3）一级光分路器设置

一级光分路器应选用 1:64 插片式光分路器，集中设置在一级分光点的光交接箱或 ODF 内。

（4）一级分光口预留

按照一级分光点覆盖的总住户数，对初设一级光分路器数量进行合理配置，建议每 256 户初配一台一级光分路器；对于业务未饱和区域，应根据资源预警，及时扩容一级分光器，一级分光点内应保持预留不少于 16 个一级分光口。

3．别墅

别墅小区原则上应采用一级分光，光分路器集中放置的组网模式，如图 15.10 所示。

（1）光分纤箱设置

按照住户分布将不超过 24 户划分为一个组团，每个组团配置一台 24 芯室外壁挂式光分纤箱，不具备安装壁挂式光分纤箱的小区，可采用 1 进 6 出、1 进 12 出帽式接头盒作为熔纤分纤节点。

入户光缆必须采用具备防水外被层的管道光缆，严禁使用普通皮线光缆入户。入户皮线光缆和配线光缆在分纤箱或接头盒内采用熔接方式接续，将住户与一级光网络箱配线端子一一匹配，便于资源管理到户，满足业务自动放装的要求。

新建区域必须在工程阶段完成皮线光缆入户，改造区域尽量在工程阶段实现皮线光缆入户，不能入户的可采用分段布放方式，将入户光缆终结于车库等合理位置，待装机时将入户光缆延伸到位。

（2）一级分光点设置

根据小区住户分布情况和园区总平弱电通道情况设置一级光网络箱。

对于以园区管道为总平弱电通道，建筑形式主要为独栋和联排别墅的小区，由于小区楼间距较大、住户密度相对较小，应根据住户数情况，选用 144～288 芯光交接箱作为集中分光点，将多个组团的光分纤箱/接头盒进行汇聚，每个一级分光点覆盖住户 128～256 户。

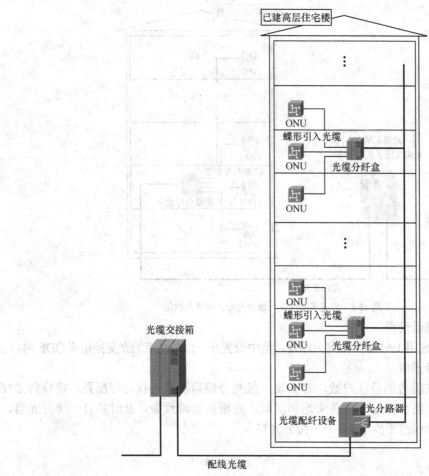

图 15.9　新建高层住宅一级分光方式网络架构图

（3）一级光分路器设置

一级光分路器主要选用 1:64 插片式光分路器，对于部分接入距离较远的小区可采用 1:32 插片式光分路器，集中设置在一级分光点的光交接箱内。

（4）一级分光口预留

按照一级分光点覆盖的总住户数，对初设一级光分路器数量进行合理配置，建议每台一级光网络箱初配一台一级光分路器；对于业务未饱和区域，应根据资源预警，及时扩容一级分光器，一级分光点内应保持预留不少于 8 个一级分光口。

4. 农村

农村区域应依据住户分布情况选择合理的分光方式。对于住户较为分散的自然村落，可采用二级分光，即一级光分路器集中放置、二级光分路器分散放置的组网模式，原则上首选两级 1:8 模式，对于部分接入距离较长的区域，可采用一级 1:8、二级 1:4 模式。对于社会主义新农村等形式的集中居住点，可采用一级分光，光分路器集中放置的组网方式，原则上首选 1:64 模式，对于部分接入距离较长的区域，可适当降低分光比。

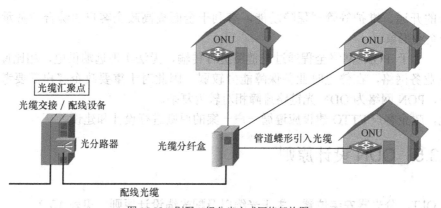

图 15.10　别墅一级分光方式网络架构图

（1）分光分纤箱及二级光分路器设置（见图 15.11）

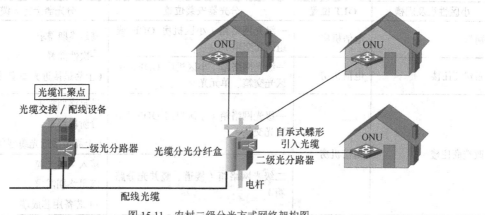

图 15.11　农村二级分光方式网络架构图

　　按照住户分布将居住范围相对集中的住户划分为一个二级分光区，每个二级分光区配置一台四槽道室外架空/壁挂式分光分纤箱，可就近安装在电杆、房屋外墙上，初期配置一台插片式光分路器。

（2）一级分光点设置

　　根据片区住户总量和分布情况部署一台 72 芯架空/壁挂式无跳接光交接箱作为一级分光点，每个一级分光点覆盖 16～32 台二级光网络箱，最大覆盖 512 户住户。

（3）一级光分路器设置

　　一级光分路器主要选用 1:8 插片式光分路器，集中设置在一级分光点的光交接箱内。

（4）一级分光口预留

　　按照一级分光点覆盖的二级光网络箱数，对初设一级光分路器数量进行合理配置，对于业务未饱和区域，应根据资源预警，及时扩容一级分光器，一级分光点内应保持预留不少于 4 个一级分光口。

四、政企客户 FTTO 建设模式分析

　　目前，PON 技术标准及设备已经成熟并规模商用，考虑政企客户的实际业务应用需求，采用 PON 技术作为支撑政企组网的一种新的方式并综合考虑组网建设方案，同时提供

较为完善的开通、维护等管理保障功能，有利于全面提高政企客户的综合业务承载支撑能力，提升企业形象。

但是，由于 PON 网络全程通过光链路进行传输，无法实现远端供电，相比原有基于铜缆的政企业务网络，在停电时业务保障能力较弱，因此对于重要政企客户需要考虑备电措施。此外，PON 网络为 ODN 光链路排障相对较为复杂。

因此，政企客户 FTTO 建设应遵循一户一案的原则进行设计和建设。

15.3.5 ODN 设计原则

一、OLT、分光器安装位置、主干光缆以及配光缆设计原则，见表 15.9。

表 15.9　　　　　　　　　　　　　　　ODN 设计要求

小区性质及规模	OLT 位置	分光器安装位置	分光器上行光缆芯数
别墅	电信机房	一级光网络箱（小区机房 ODF 或组团光交箱）	满足终期需求 一次性部署 （上靠最接近光缆型号）
新建商住楼	电信机房	一级光网络箱（小区机房 ODF、小区光交箱、单元光交箱）	
改造商住楼	电信机房	一级光网络箱（小区机房 ODF、小区光交箱）	满足终期需求 分阶段部署 （上靠最接近光缆型号）
		二级光网络箱（楼道、竖井光分路箱）	接入 4 芯光缆 满足终期需求 +1 芯备用芯成端

二、光纤物理网的规划

（1）光纤物理网原则上以端局覆盖的范围为单位，划分为多个相对独立的主干层光交网格。光纤物理网应是一个统一规划、分区域建设的开放型、全覆盖的网络，通过构建合理的网络结构来实现全业务承载。按照"业务引领，规划先行，分批建设"的策略，光纤物理网络的规划及建设必须承接"网格化"的建设思路，设定主干层光交网格，精确规划网络结构和局点布局，实现以主干光节点为核心的接入光缆网网格架构的搭建和完善。

（2）光纤物理网的结构应以链式递减结构+尾端联络光缆为主，商业、政企客户集中区域可部署环形网络。

（3）为推进 ODN 网络标准化和无跳接化进程，新建光纤物理网在局端应采用光总配线架（MODF），在用户端光节点应采用无跳接光交接箱（MOCC）。

三、一级光网络箱的规划

（1）一级光网络箱须使用符合行业规范要求的 72 芯、144 芯、288 芯、576 芯无跳接光交接箱。

（2）一级光网络箱的覆盖范围应根据选用箱体的分光器下行光口和配线光缆容量，结合周边住户分布进行合理规划。

（3）对于新建小区，在一级分光模式下，现有一级光网络箱最大覆盖住户分别为 128 户（144 芯无跳接光交接箱）、256 户（288 芯无跳接光交接箱）、512 户（576 芯无跳接 ODF）；因此应根据新建小区的住户数选择合适的箱体，基本不考虑跨小区覆盖。

（4）对于改造小区，在二级分光模式（8×8）下，现有一级光网络箱最大覆盖住户分别为 512 户（72 芯无跳接光交接箱）、1024 户（144 芯无跳接光交接箱）、2048 户（288 芯无跳接光交接箱），因此对于住户规模较大的小区，应根据住户分布合理划分分光区，选择合适的箱体，可不考虑跨小区覆盖；对于小区数量较多，单个小区住户较少，小区间有光缆通道的区域，应考虑进行跨小区覆盖，在这种情况下，应根据周边多个小区总的住户情况进行整体规划，每 1000～2000 户设置 1 台 288 芯无跳接光缆交接箱进行能力部署，以提高主干成端、配线光缆及光网络箱的资源利用率。

（5）在使用周边已有的一级光网络箱进行一个新的改造小区覆盖设计时，需根据建设单位的要求，收集该一级光网络箱的相关资料，按照相关要求和指标进行设计。

四、入户光缆线路设计原则

（1）在分光器到单元汇集点之间，应根据收敛用户数采用 4～144 芯市话光缆，从用户多媒体箱或信息插座到单元汇集点之间应采用单芯入户光缆，市话光缆和入户光缆在汇集点汇聚，新建小区建议使用 24～48 芯光分纤箱，使用热熔方式将市话光缆和皮线光缆一次性熔接完成；改造小区建议使用 16～32 路分光分纤箱，在箱内将市话接入光缆成端，并配置一台二级光分路器，根据用户装机情况布放皮线光缆。

（2）汇集点的设置应根据用户分布合理设置，单个汇集点收敛用户数不应超过 48 个。建议在高层住宅楼每 5～8 层设置一个汇集点，在商业写字楼每 1～3 层设置一个汇集点，在别墅小区每 9～12 户采用室外壁挂式光分纤箱或专用接头盒方式汇集。

（3）住宅用户和一般企业用户一户配一根 1 芯光纤。对于重要用户或有特殊要求的用户，应考虑提供保护，并根据不同情况选择不同的保护方式，例如从不同的光分纤箱分别布放一条皮线光缆接入。

（4）入户光缆可以采用蝶形光缆或其他光缆，设计时根据现场环境条件选择合适的光缆，为了方便施工和节约投资，建议在高层住宅、商业楼宇采用室内型单芯蝶形光缆，别墅小区采用管道型单芯蝶形光缆或 4 芯市话光缆。

（5）在楼内垂直方向，宜在弱电竖井内采用电缆桥架或电缆走线槽方式敷设光缆，电缆桥架或电缆走线槽宜采用金属材质制作，线槽的截面利用率不应超过 50%。也可采用预埋暗管方式敷设，暗管宜采用钢管或阻燃硬质 PVC 管，管径不宜小于 $\phi50mm$。直线管的管径利用率不超过 60%，弯管的管径利用率不超过 50%。改造小区尽量利用原有园区管道、暗管、桥架、竖井进行楼栋接入光缆和入户皮线光缆的布放，在原有垂直弱电通道无法使用的情况下，建议打穿楼层板布放硬质 PVC 管作为垂直通道，特殊情况下可采用室外明布方式布放。

（6）楼内水平方向上可通过预埋钢管和阻燃硬质 PVC 管或线槽敷设光缆，管径宜采用 $\phi15～25mm$。在原有水平弱电通道无法使用的情况下应布放 $\phi20～30mmPVC$ 波纹管作为水平通道，特殊情况下可采用墙壁钉固明布方式布放。

（7）入户光缆进入用户桌面或家庭做终结有两种方式：A-86 型光纤面板或家庭综合信息箱。设计时可根据用户的需求选择合适的终结方式，应尽量在土建施工时预埋在墙体内。

（8）楼层分光/分纤箱及用户光缆终端盒安装设计

① 楼层分光/分纤箱必须安装在建筑物的公共部位，应安全可靠、便于维护；

② 楼层分光/分纤箱安装高度，箱体底边距地面 1.5m 为宜；

③ 用户端光纤面板/综合信息箱宜安装固定在墙壁上（底盒嵌入墙体内），盒底边距地坪 0.3m 为宜；

④ 用户家庭采用综合信息箱作为终端时，其安装位置应选择在家庭线布线系统的汇聚点，线路进出和维护方便的位置。箱内的 220V 电源线布放应尽量靠边，电源线中间不得做接头，电源的金属部分不得外露，通电前必须检查线路是否安装完毕，以防发生触电等事故；

⑤ 采用 A86 光纤面板作为光终端盒时，设置位置应选择在隐蔽且便于跳接的位置，并有明显的说明标志，避免用户在二次装修时损坏，同时应考虑为 ONU 提供 220V 电源。

（9）引入壁嵌箱的竖向暗管应安排在箱内一侧，水平暗管可安排在箱体的中间部位，暗管引入箱内的长度不应大于 10～15mm，管子的端部与箱体应固定牢固。

（10）对于没有预埋穿线管的楼宇，入户光缆可以采用专用线槽敷设或沿墙明钉敷设。敷设路由应选择不易受外力碰撞、安全的位置。采用钉固式时应每隔 30cm 用塑料卡钉固定，必须注意不得损伤光缆，穿越墙体时应套保护管。皮线光缆也可以在地毯下布放。

（11）在暗管中敷设入户光缆时，可采用石蜡油、滑石粉等无机润滑材料。竖向管中允许穿放多根入户光缆。水平管宜穿放 1～2 根皮线光缆，从光分纤箱到用户家庭光终端盒宜单独敷设，避免与其他线缆共穿一根预埋管。

（12）明敷引上光缆时应选择在较隐蔽的位置，在人接触的部位，应加装 1.5m 引上保护管。

（13）线槽内敷设光缆应顺直不交叉、不扭转，光缆在线槽的进出部位、转弯处应绑扎固定；垂直线槽内光缆应每隔 1.5m 固定一次。

（14）桥架内光缆垂直敷设时，自光缆的上端向下，每隔 1.5m 绑扎固定，水平敷设时，在光缆的首、尾、转弯处和每隔 5～10m 处应绑扎固定。

（15）在敷设皮线光缆时，牵引力不应超过光缆最大允许张力的 80%。瞬间最大牵引力不得超过光缆的最大允许张力。光缆敷设完毕后应释放张力以使其保持自然弯曲状态。

（16）皮线光缆敷设的最小弯曲半径应符合下列要求：

① 敷设过程中皮线光缆弯曲半径不应小于 30mm；

② 固定后皮线光缆弯曲半径不应小于 15mm。

（17）当光缆终端盒与光网络终端（ONU）设备分别安装在不同位置时，其连接光跳纤宜采用带有金属铠装光跳纤。

（18）当光网络终端（ONU）安装家庭综合信息箱内时，可采用普通光跳纤连接。

（19）布放皮线光缆两端预留长度应满足下列要求：

① 楼层光分路箱一端预留 1m；

② 用户光缆终端盒一端预留 0.5m；

（20）皮线光缆在户外采用挂墙或架空敷设时，可采用自承皮线光缆，应将皮线光缆的钢丝适当收紧，并要求固定牢固。

（21）皮线光缆不能长期浸泡在水中，一般不适宜直接在地下管道中敷设。

（22）入户光缆接续要求

① 光纤的接续方法按照使用的光缆类型确定，使用常规光缆时宜采用热熔接方式，在

使用皮线光缆，特别对于单个用户安装时，建议采用冷接子机械接续方式。

② 光纤接续衰减

a．单芯光纤双向熔接衰减（OTDR 测量）平均值应不大于 0.06dB/芯；

b．采用机械接续时单芯光纤双向平均衰减值应不大于 0.15dB/芯。

③ 皮线光缆进入分光/分纤箱时，在接续完毕后，尾纤和皮线光缆应严格按照分光/分纤箱规定的走向布放，要求排列整齐，将尾纤和皮线光缆有序地盘绕和固定在箱体中。

④ 用户光缆终端盒一侧采用光纤面板时，多余的皮线光缆顺势盘留在 A86 接线盒内，在盖面板前应检查光缆的外护层是否有破损、扭曲受压等，确认无误方可盖上面板。

五、光分路器（OBD）设计

（1）光分路器（OBD）常用的光分路比为：1:2、1:4、1:8、1:16、1:32、1:64 六种，需要时也可以选用 2:N 光分路器。

（2）ODN 总分光比应根据用户带宽要求、光链路衰减等因素确定。光分路器（OBD）的级联不应超过二级。当采用 EPON 时，第一级和第二级光分路器（OBD）的分路比乘积不宜大于总分路比，表 15.10 为光分路器（OBD）常用组合。

表 15.10　　　　　　　　　　光分路器（OBD）的常用分路器组合表

连 接 方 式	第一级分路比	第二级分路比	总 分 路 比
一级分光	1:64	/	64
一级分光	1:32	/	32
二级分光	1:16	1:4	64
二级分光	1:8	1:8	64

分光器设计时必须考虑设备（OLT）每个 PON 口和光分路器（OBD）的最大利用率，满足用户 20M 宽带业务需求，结合目前 EPON 分光比计算，具体需求 PON 口带宽如表 15.11 所示。

表 15.11　　　　　　　　　　PON 口带宽需求（20Mbit/s）

连 接 方 式	一级分路比	上行带宽需求（20Mbit/s）	并发数（70%）
一级分光	1:64	1.28G	0.9G
一级分光	1:32	0.64G	0.45G

满足用户 50M 高清业务需求，结合目前 EPON 分光比计算，具体需求 PON 口带宽如表 15.12 所示。

表 15.12　　　　　　　　　　PON 口带宽需求（50Mbit/s）

连 接 方 式	一级分路比	上行带宽需求（50Mbit/s）	并发数（70%）
一级分光	1:64	3.2G	2.24G
一级分光	1:32	1.6G	1.12G

根据目前 OLT 每个 PON 口 1.25G 带宽，用户 70%并发数计算，应在宽带业务需求较大，高清视频业务需求较小的中、低品质楼盘区域选择 1:64 分光器；在宽带业务及高清业务需求较大的高、中品质楼盘区域扩容 PON 口到 10G 并采用 1:64 分光器。

（3）为了控制工程初期建设的投资，在用户对光纤到户的需求不明确时，特别对于采用一级分光结构、集中安装光分路器的光分配网络，光分路器可按照覆盖范围内户数的20%～30%配置，设计时必须预留光分路器的安装位置，便于今后扩容，分光器下行的大对数接入光缆应按照一户一芯的原则进行配置，按最终用户数一次敷设到位，并全部与入户皮线光缆接好。

（4）对于有明确需求的住宅小区、高层建筑、高档别墅区等，如对光纤到户的需求达到系统容量的 60%以上时，光分路器可以一次性配足。

（5）对于商务楼、办公楼、企业、政府机关、学校等，具有自备自维局域网的用户，可提供光分路器端口，光缆宜布放到用户局域网机房。

（6）对于高档宾馆、学生公寓等，应根据用户需要，采用光纤到客房、光纤到桌面的方式，光分路器应一次配足。

（7）在 FTTH 模式下各级分光器应采用插片式分光器，并使用免跳纤方式，配线光缆和皮线光缆成端后直接插入分光器下行光口。

（8）光分路器应安装在符合规定的无跳接光交接箱、分光分纤箱内。

六、活动连接器配置原则

（1）由于受系统光功率预算的限制，设计中应尽减少活动连接器的使用数量。建议在 OLT 机柜（1 个）、MODF（2 个）、物理网 MOCC（1 至 2 个）、园区 MOCC（1 个）、以及用户室内光纤面板（1 个）处采用活动连接器，楼道分纤箱采用一次熔接到位的方式，将活接头控制在5～7 个左右。

（2）活动连接器的型号应一致。采用单纤两波方式时，可采用 PC 型。当采用第三波方式提供 CATV 时，无源光网络全程应采用 APC 型的活动连接器。

（3）在用户光缆终端盒中，光适配器宜采用 SC 型，并带保护盖。面板应有警示标志提醒操作人员或用户保护眼睛。

七、跳纤配置原则

OLT PON 口至 MODF 设备侧采用集束尾纤连接，在 OLT 新建/扩容工程设计阶段一次性设计到位；一级分光器上行至 MODF 线路侧的各级跳纤在 ODN 工程设计阶段一次性设计到位；一级分光器下行、二级分光器上下行均采用免跳纤方式设计。

八、户内通信配套部署原则

（1）每户住宅应设置家庭综合信息箱。

（2）为满足智能家居信息化需求，书房、客厅、卧室等主要生活区域均应设置信息点。

（3）各信息点数据接口必须使用点到点方式汇聚到家庭综合信息箱。

九、光通道衰耗控制

1. 光通道衰耗的计算

ODN 的光功率衰减与 OBD 的分路比、活动连接数量、光缆线路长度等有关，设计时必须控制 ODN 中最大的衰减值，使其符合系统设备 OLT 和 ONUPON 口的光功率预算要求。

ODN 光通道衰减所允许的衰减定义为 S/R 和 R/S 参考点之间的光衰减，以 dB 表示。包括光纤、光分路器、光活动连接器、光纤熔接接头所引入的衰减总和。在设计过程中应对无源光分配网络中最远用户终端的光通道衰减核算，采用最坏值法进行 ODN 光通道衰减核算，如图 15.12 所示。

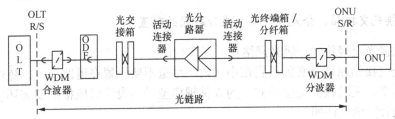

图 15.12 ODN 光通道模型

计算时相关参数取定如下：

（1）光纤衰减取定：

1310nm 波长时取 0.35dB/km。

1490nm、1550nm 波长时取 0.21dB/km。

（2）光纤活动连接器插入衰减取定：0.5dB/个。

（3）光纤熔接接头衰减取定：

分立式光缆光纤接头衰减取双向平均值为每个接头 0.06dB。

带状光缆光纤接头衰减取双向平均值为每个接头 0.12dB。

（4）计算时光分路器插入衰减参数取定见表 15.13。

表 15.13　　　　　　　　　　　　　　分光器典型插入衰减参考值

分光器类型	1:2	1:4	1:8	1:16	1:32	1:64
FBT 或 PLC	≤4.1dB	≤7.4dB	≤10.5dB	≤13.8dB	≤17.1dB	≤20.4dB

（5）光纤富余度（Mc）

当传输距离≤5 公里时，光纤富余度不少于 1 dB。

当传输距离≤10 公里时，光纤富余度不少于 2 dB。

当传输距离>10 公里时，光纤富余度不少于 3 dB。

2. 全程光通道衰耗要求

目前部署的 EPON 网络上下端均采用 PX20+光模块，在 OLT-ONU 之间可提供 30dB 的全程光功率预算。工程阶段预留全程富余度为 2.5dB，因此全程设计衰耗不大于 27.5dB。

十、光缆线路测试

对光缆线路的测试分二个部分：分段衰耗测试和全程衰耗测试。

（1）采用 OTDR 对每段光链路进行测试。测试时将光分路器从光线路中断开，分段对光纤段长逐根进行测试，测试内容包括在 1310nm 波长的光衰减和每段光链路的长度，并将测得数据记录在案，作为工程验收的依据。

（2）全程衰减测试采用光源、光功率计，对光链路 1310nm、1490nm 和 1550nm 波长进行测试，包括活动光连接器、光分路器、接头的插入衰减。同时将测得数据记录在案，作为工程验收的依据。测试时应注意方向性，即上行方向采用 1310nm 测试，下行方向采用 1490nm 和 1550nm 进行测试。不提供 CATV 时，可以不对 1550nm 进行测试。

十一、ODN 器件配置及现场设计应用细则

1. 无跳接光交接箱、分光分纤箱、光分纤箱的配置

（1）无跳接光交接箱（一级光网络箱）配置建议

无跳接光交接箱原则上必须设置在小区内，尽量不要设置在道路上，以免造成道路上各类电信箱体过多。无跳接光交接箱共分为 6 种规格型号，设计时应根据安装环境选用匹配的箱体，并在设计图纸上注明。

① 72 芯无跳接光交接箱（室外壁挂式、架空式）

容量：主干 12 芯，配线 72 芯，光口 64 口。

尾纤定长：800±50mm。

应用场景：城郊结合部、农村区域薄覆盖。

覆盖能力：城郊结合部、农村二级分光下，最小 128 住户（8×4），最大 256 住户（16×4）。

② 144 芯无跳接光交接箱（室内壁挂式，室外落地式）

容量：主干 24 芯，配线 144 芯，光口 128 口。

尾纤定长：1000±50mm。

覆盖能力：新建一级分光下，144 住户，开通能力：128 用户；改造二级分光下：最小 512 住户（16×4），最大 1024 住户（8×8）。

③ 288 芯无跳接光交接箱（室外落地式）

容量：主干 48 芯，配线 288 芯，光口 256 口。

尾纤定长：1200±50mm。

覆盖能力：新建一级分光下 288 住户，开通能力 256 用户；改造二级分光下：最小 1024 住户（16×4），最大 2048 住户（8×8）。

④ 576 芯无跳接光交接箱（室内机架式，室外落地式）

容量：主干 48/96 芯，配线 576 芯，光口 512 口。

尾纤定长：2000±50mm（机架式），1200±50mm（落地式）。

覆盖能力：新建一级分光下 576 住户，开通能力 512 用户；改造二级分光下，最小 2048 住户（16×4），最大 4096 住户（8×8）（原则上 576 无跳接光交接箱不用于改造场景）。

576 芯无跳接光交接箱只能应用于有且仅有一个集中配线设备安装点（机房或地面指定安装点）的新建小区场景，若有多个可选择配线设备安装点时，应使用 144/288 芯无跳接光交接箱分片覆盖；在使用 576 芯无跳接光交接箱时，按照正反两面（落地式）/左右两区（机架式）分区使用和管理，光分路器和主干光缆均应按照分区管理范围内的需求进行分别配置，严禁跨面/跨区跳纤。

（2）分光分纤箱（二级光网络箱）的配置

分光分纤箱分为室内型和室外型，其功能、规格、型号、使用方式完全一致，视具体安装环境选择使用，选用室外型箱体时应在设计图纸上注明（如 GW00101 32W），未注明则

默认为室内型。

①　16 芯楼道分光分纤箱

容量：接入 2-4 芯，皮线 16 芯，光口 16 口（8×2）。

覆盖能力：改造二级分光下，最大 16 住户。

②　32 芯楼道分光分纤箱

容量：接入 4 芯，皮线 32 芯，光口 32 口（8×4）。

覆盖能力：改造二级分光下，最大 32 住户。

（3）光分纤箱的配置

①　24 芯楼道光分纤箱

容量：接入最大 24 芯，皮线最大 24 芯。

覆盖能力：新建一级分光下：最大 24 住户。

②　48 芯楼道光分纤箱

容量：接入最大 48 芯，皮线最大 48 芯

覆盖能力：新建一级分光下，最大 48 住户。

2．各级光缆的使用及配置建议

（1）配线光缆（物理网光交接箱—园区无跳接光交接箱）

①　配线光缆的材料

配线光缆原则上使用目前使用的常规光缆，如 GYXTW，GYTA。

②　配线光缆的芯数和分次布放建议

配线光缆在物理网光交接箱侧应按照相关规范的规定，按照 12 芯的整倍数布放。

a．新建场景

新建场景下，由于无跳接光交接箱满配需接入光缆芯数不超过 12 芯，因此建议一次布放到位。如果一个项目需安装多台 144 芯或 288 芯无跳接光交接箱，在 1:64 一级分光模式下建议每个箱体接入 6 芯，经过一次接头汇成 12 或 24 芯光缆接入物理网光交接箱，使用 576 芯无跳接光交接箱时应对两面/两区分别配置配线光缆。

b．改造场景

改造场景下，由于无跳接光交接箱满配需接入光缆芯数均可能超过 12 芯，因此建议分两次布放到位，第一次布放满配需求量的 50%，待后期再扩容 50%（即 144 芯无跳接光交接箱采用 12+12 方式，288 芯无跳接光交接箱采用 24+24 方式）。

（2）接入光缆（园区无跳接光交接箱—楼道箱）

①　接入光缆的材料

接入光缆使用目前使用的常规光缆，如 GYXTW，GYTA、GYFTY。

所有室外安装的箱体均应做接地保护。

②　接入光缆的芯数和配置建议

按照无跳接光交接箱的使用特点，交接箱成端及光分纤箱侧宜选用芯数为 12 芯的整倍数的光缆，光分路箱侧均使用 4 芯光缆。

在无跳接光交接箱成端容量满足的前提下，原则上每个光分路箱成端 4 芯光缆，分配 4 芯芯序；在无跳接光交接箱成端容量较紧张的情况下，每个光分路箱接入 4 芯光缆，芯序按照满配需求+1 芯维护备用的方式分配；在无跳接光交接箱成端容量非常紧张的情况下，可适

当调大部分初配二级分光器的分光比，每个光分路箱接入 4 芯光缆，芯序按照满配需求+1 芯维护备用的方式分配。

（3）入户光缆

① 入户光缆的材料

入户光缆选用基于 G.657A2 纤芯的非金属加强件的单芯入户光缆，根据不同布放方式（室内、室外、管道）选择相应的入户光缆型号，例如：

GJXFH-1B6A2（普通入户光缆，楼内布放使用）

GYJXFCH-1B6A2（自承式入户光缆，空中布放使用）

GYJXFHA-1B6A2（管道用入户光缆，管道布放使用）

② 入户光缆的芯数和配置建议

在住宅区域 FTTH 建设建设下，入户光缆原则上按照一户一芯进行配置；在商业楼宇 FTTO 建设模式下，可根据实际应用场景选用 2 芯/4 芯入户光缆。

3．垂直通道部署方案

在 FTTH-ODN 整体设计方案中应包括垂直光缆部署通道的设计方案，并明确说明垂直通道的位置、建设和使用情况。

（1）新建场景

新建场景下应在设计图纸和方案中体现垂直通道现状和使用情况：

① 竖井、桥架。

② 暗管。

（2）改造场景

改造场景下应在设计图纸和方案中说明垂直通道现状和使用情况，无法利旧的应说明垂直通道建设的形式的位置、并在预算中计列相关工时及材料用量：

① 竖井、桥架。

② 暗管（箱体位置靠近原有分线盒）。

③ 楼内新建明管暗线（须标明垂直管安装位置，箱体安装首选住户层一、二楼，次选休息平台二、三楼），垂直管径，D32PVC 平管，24 户以上选用 D50PVC 平管。

④ 楼外垂直布线（明线布放或楼外明管部署），楼内水平布线，箱体位置选择在休息平台二、三楼；入户光缆应采用自承式皮线光缆。

⑤ 楼内全程钉固，箱体位置首选住户层一、二楼，次选休息平台二、三楼。

⑥ 楼外全程钉固，箱体可采用室外型，安装在楼宇外墙方便汇聚皮线光缆的位置。

（3）改造场景应用选择

为保证 FTTH 业务及 IPTV 业务放装的便利性，应充分结合用户房屋结构，综合考虑原有室内布线汇聚点及客厅 IPTV 业务安装点位，在设计阶段由设计人员和该小区装维人员共同勘察，由装维人员确认放装时的皮线光缆入户方式（原有暗管、空调孔、钻孔等），再由设计人员确定分光箱的安装位置（楼道内、楼背面墙体）；进场施工前，须由建设管理、设计、施工、监理四方共同按照前期的勘察资料相互交底，确认现场具体的垂直管道施工方案。

4.　结合用户家庭信息箱安装位置进行新建项目 FTTH 设计

在 FTTH 新建项目查勘时，应同时对用户家庭信息箱的安装位置、箱体大小进行确认，进而确定 ONU 安装方式。

5.　光缆接头盒的选用原则

在选用光缆接头盒时，必须严格遵守如下规定：

① 二进二出的接头盒（最小）适用于一进三出以下的接头。

② 三进三出的接头盒适用于一进五出以下的接头。

③ 四进四出的接头盒（最大）适用于一进七出的接头。

④ 接头盒的进线孔和出线孔只能穿放一根光缆，严禁一孔穿放两根以上的光缆。

FTTX 工程制图方法和规范

16.1 任务目标

（1）了解 FTTX 工程制图规范要求。

（2）能够熟练使用 AutoCAD 进行 FTTX 工程图纸的绘制。

16.2 任务分析

FTTX 工程图纸是在对 FTTX 施工现场仔细勘察和认真搜索资料的基础上，通过图形符号、文字、文字说明及标注来表达具体工程性质的一种图纸。它是 FTTX 工程设计的重要组成部分，是指导 FTTX 工程施工的主要依据。FTTX 工程图纸里面包含了诸如路由信息、设备配置安放情况、技术数据、主要说明等内容。

本任务主要讲述 FTTX 工程制图的总体制图要求，各 FTTX 设备、箱体、线路图标规范要求，建筑物环境制图要求等。通过使用 AutoCAD 实操画图练习，按照 FTTX 工程制图的规范要求来完成模拟 FTTX 工程图纸的绘制，达到掌握 FTTX 工程制图技能的目的。

16.3 相关知识

16.3.1 FTTX 工程图纸的绘制基本要求

制图软件要求统一使用 AutoACD R14 或以上的版本，推荐使用以 AutoCAD 为应用平台的通信工程制图辅助系统软件，如"成捷迅——线路绘图及设计软件"、"天津网天信息技术有限公司——通信工程制图及辅助设计系统"。

图纸幅面的规格及图签格式必须符合国家相关标准的规定，应优先采用幅面代号为A0、A1、A2、A3、A4 的基本幅面，具体规格见表 16.1。必要时，允许加长幅面。

表 16.1　　　　　　　　　　图纸的基本幅面尺寸（单位：mm）

幅面代号	A0	A1	A2	A3	A4
L×B	841×1198	594×841	420×594	297×420	210×297
c		10			5
a			25		

图框由内外两框组成，外框用细实线绘制，大小为幅面尺寸，内框用粗实线绘制，内外框周边的间距尺寸与图框格式有关。图框格式为留有装订边（a），格式图框周边尺寸 a、c 如图 16.1、图 16.2 所示。但应注意，同一工程中的图纸尽量采用同一种格式。

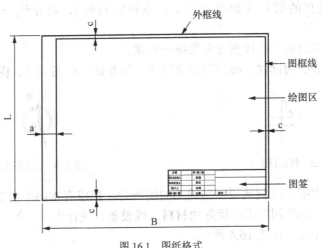

图 16.1　图纸格式

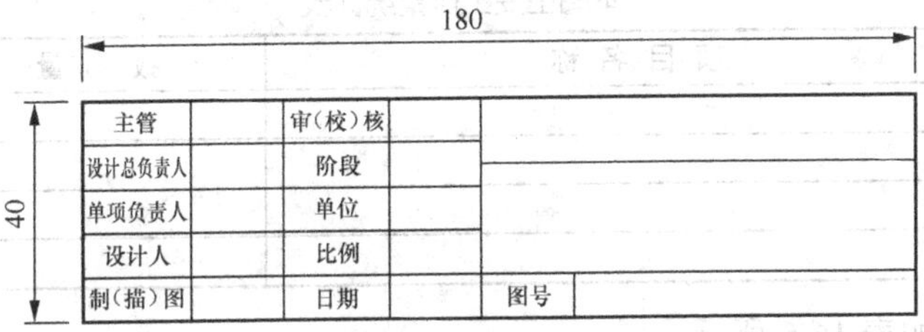

图 16.2　图签格式

　　图线参照国家对技术制图的相关标准（表 16.2），将工程制图中的图线做相应的统一。

表 16.2　　　　　　　　　　　　　　　　图线的一般要求　　　　　　　　　　（单位：mm）

名称	形　式	宽　度	主要用途
粗实线		0.6	一般在管线工程中表示新建设施
细实线		0.2	在管线工程中表示原有设施，及标注尺寸线、引出线、辅助线等
虚线			管线工程中表示待建或规划工程设施，以及线缆钉固和管道敷设时表示的人（手）孔等。新建与原有参照以上两条标准
点划线			轴线、对称中心线、分界线等

　　接图时必须严格按绘制内容方向坐标以便进行衔接，不得随意更改方向。

表 16.3　　　　　　　　　　　　　　　　接图线常用符号

序　号	图　形　符　号	说　　明
1	A　　　　　　　　A′	本张图纸内接图线
2	接×××-3/5	相邻图纸接图线。其中××× 为工程编号或图纸名称，3/5 表示 5 张总图的第 3 张图纸

绘制图纸时，对相关的通信设施进行标注或说明，必须直观、清晰、准确。标注的文字不得重叠，在过密时，可采用引出标注的方式。一张图中有过多的信息时，可分图层标注，如一张图纸中标撑点、分线盒，另一张图纸中标电缆段等。

图纸中大量重复的信息（如电缆类型、电杆材料等），可作统一的说明，不必一一标注。

图纸中标注文字或数字的排列方向要统一和谐。

为使图纸有良好的阅读性，必须有指北标志（指北针）如图 16.3、图 16.4 所示。

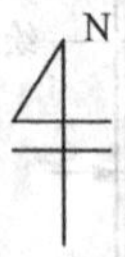

图 16.3　指北标志 1

图 16.4　指北标志 2

在每个单项工程中，绘制从设计到竣工的图纸时，都应有本图主要工作量的统计。如果工程中有拆除部分，也应同时列出拆除的材料（或设备）统计表。

主要工作量统计表，如表 16.4 所示。

表 16.4　　　　　　　　　　　　　本图主要工作量统计表

序　号	项 目 名 称	数　　量	单　位
1			
2			
3			
4			

拆旧统计表，如表 16.5 所示。

表 16.5　　　　　　　　　　　　拆旧材料（或设备）数量统计表

序　号	材料（或设备）规格名称	数　　量	单　位
1			
2			
3			
4			

在迁改、割接、抢险等工程中，属地局应提供相关管线资源的资料。在无资料或资料不完整时，设计单位在不违反设计原则的情况下，对原有设施的信息可采用自编码的方式，但要做相应的说明；待竣工后，由施工单位在竣工资料中提供完整准确的数据信息。

图纸中的所有图形符号按现行颁布的国家标准或相关主管部门的要求绘制。标注单位、尺寸时，应严格遵照国家标准对有关单位、尺寸注法的规定标注，做到正确、齐全、清晰、合理。

图纸中所涉及对象的名称和编码必须统一命名，是唯一标识。图纸内容表述的信息必须规范、准确、清晰，便于存档。

16.3.2　电缆线路图

电缆线路工程图纸可分为主干线序图、配线线序图、电缆设施平面图等。

电缆线路图中标注的地形、街道、建筑物（名称、栋数、单元、楼层或房间号等）、设备及其属性等信息，必须与杆路图中描述的信息相对应。

电缆网资源的主要内容包括配线架（MDF）、交接箱（J）、电缆（包括走向）、接续点、分线盒连续线序，电缆网资源的附属设施包括人（手）井、管道、电杆、吊线、撑点。

本地网资源管理系统中，对图纸中描述电缆类通信设施的信息要求如下。

一、配线架（MDF）

配线架图形符号如图 16.5 所示。

局站名称及机房编码：按《命名及编码规范》要求的格式填写。

电缆配线架编码：按《命名及编码规范》要求的格式填写。

局站名称及机房编码		
电缆配线架编码		
直列号	电缆编号	电缆线序

图 16.5　配线架

直列号：本次占用端子所在的直列编号。

电缆编号：在原有电缆已占用的编号后，按顺序依次编排。

电缆线序：电缆起始和终止的物理线序，即电缆实际线对数。

二、交接箱（J）

交接箱（J）的图形符号如图 16.6 所示。

架空式　　　落地式　　　壁嵌式

图 16.6　交接箱图形符号

三、交接箱资料标注

交接箱资料标注如图 16.7 所示。

A：交接箱编号

B：交接箱容量

C：主干电缆编号及线序

D：配线电缆编号及线序

E：交接箱地址

F：交接箱名称

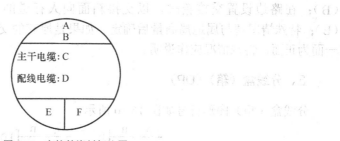

图 16.7　交接箱资料标注图

在工程中与交接箱有关联的电缆敷设，无论新建的或原有的，都要绘制出交接箱成端占用图。交接箱成端占用图（原有交接箱，新放 400 对配线），如图 16.8 所示。

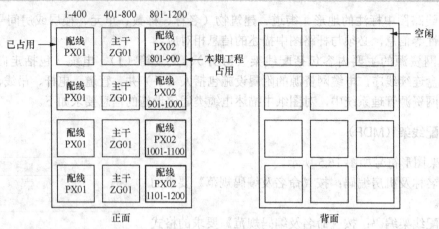

图 16.8 电缆交接箱成端占用图（400 对）

交接箱成端占用图（原有交接箱，新放 200 对配线），如图 16.9 所示。

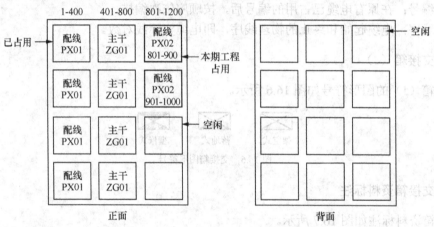

图 16.9 电缆交接箱成端占用图（200 对）

四、电缆交接箱 A、B 面（即正、背面）的定义

电缆交接箱应根据设备所处的位置，以及周围环境的情况来确定朝向面的名称，同时要注意考虑操作的安全性、方便性。一般以面向建筑物的一面为正面（A），另一面为背面（B）；在路边设置交接箱时，以交接箱面向人行道的一面为正面（A），另一面为背面（B）；特殊情况请与属地局商量后确定。如果是原有的交接箱，按成端配线线序 1～800 的一面为正面，特殊情况应作说明。

五、分线盒（箱）（DP）

分线盒（箱）图形符号如图 16.10 所示。

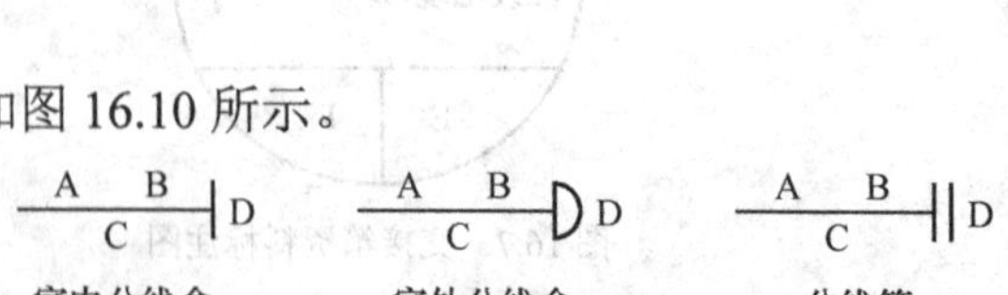

$$\frac{A \quad B}{C} | D \qquad \frac{A \quad B}{C} D D \qquad \frac{A \quad B}{C} || D$$

室内分线盒　　　　室外分线盒　　　　　分线箱

A: 分线盒的编号 B: 分组盒容量 C: 线序 D: 安装位置的名称

图 16.10 分线盒（箱）

六、电缆

根据用途可分为中继电缆（ZJ）、主干电缆（ZG）、配线电缆（PX）、联络电缆（LL）。

电缆的绘制要求：主干电缆从配线架（MDF）一直到交接箱（J）的主干侧，配线电缆从交接箱（J）一直到分线盒（DP）处，并且标示出起始线序与终止线序、接头类型及编码、预留标志，标称线对，线径、电缆段长度。

在现行工程中，电缆的接续不在预留点或分线设备处进行接续时，电缆以及电缆相应的附属设施的名称和编码，按照此电缆所属范围内，已占用的编码后面的序号开始命名及编码。

电缆的敷设经过管道与人（手）井时，须标明管道与人（手）井位置名称、长度，并绘制出电缆占孔图（如图 16.11 所示），标明穿入的管孔（子管）占用编号；如果电缆的敷设经过引上点，须标明引上点位置名称，绘制电缆占孔图，标明穿入的引上管孔（子管）占用编号。

PX02：601-800(C2)　　PX02：601-800(C1)

解放路 #004～　　　　　解放路 #005～
解放路 #005　　　　　　解放路 #005- 引 01

敷设管道电缆占孔图　　　敷设引上电缆占孔

图 16.11　管道占孔图

工程中须安装有气塞接头/气闭头（QS）、气压传感器门（SR）、气门（QM）时，要在图纸中标明名称及编码，其他相关的信息根据需要可统一说明。

16.3.3　光缆线路图

光缆工程图纸可分为光缆纤芯分布图、管道及杆路平面图等。

光缆网资源内容包括光配线架（ODF）、光交接箱（GJ）、光分纤箱（GF）、综合配线箱（ZHX）、光终端盒（GB）、光缆（包括走向）、接续点以及附属设施。

在图纸中标注的地形、街道、建筑物（名称、栋数、单元、楼层或房间号等）、设备及附属设施的信息，必须与杆路图中描述的信息相对应。

本地网资源管理系统中，对图纸描述光缆类通信设施的信息要求如下。

一、光配线架

光配线架（ODF）的图形符号如图 16.12 所示。

局站名称及机房编码			
光配线架编码			
光配线架容量			
框号	端号	光缆编号	光缆纤序

图 16.12　光配线架

局站名称及机房编码：按《命名及编码规范》要求的格式填写。

光配线架编码：按《命名及编码规范》要求的格式填写。

框号：本次占用端口所在的框号。

端号：在所占用机框中的端口号。

光缆编号：在原有光缆已占用的编号后，按顺序依次编排。

光缆线序：光缆起始和终止的物理纤序，即光缆缆实际纤芯数。

说明：在环状光缆中的端别，可在 ODF 图形符号框中的光缆编号后加（A）或（B），如 ZGG05（A）。公用纤芯也应在 ODF 架的图形符号框中标注。

在光缆网为树状拓扑结构时，ODF 图形符号框中内容填写格式，如图 16.13 所示。

在光缆网为环型拓扑结构时，ODF 图形符号框中内容填写格式，如图 16.14 所示。

东效十陵局二楼 T01			
DJJ.SLJ/ODF01-01			
432 芯 ODF 架			
框号	端号	光缆编号	光缆纤序
1	1-72	ZGG01	1-72
2	1-72	ZGG01	73-144
3	1-72	ZGG01	145-216
4	1-72	ZGG01	217-288

图 16.13 ODF 图 1

东效十陵局二楼 T01			
DJJ.SLJ/ODF02-01			
432 芯 ODF 架			
框号	端号	光缆编号	光缆纤序
1	1-12	公用纤芯 ZGG05(A)	1-12
	13-72	ZGG05(A)	13-72
2	1-72	ZGG05(A)	73-144
3	1-12	公用纤芯 ZGG05(B)	1-12
	13-72	ZGG05(B)	13-72
4	1-72	ZGG05(B)	73-144

图 16.14 ODF 图 2

接箱的 1 号主干光缆与光配线架关联的逻辑。

光缆纤序，即占用光配线架第 1 框端口号为 25～72。

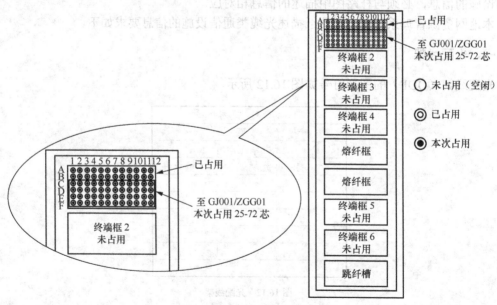

图 16.15 成端占用放大示意图

二、光交接箱

光交接箱（GJ）图形符号如图 16.16 所示。

图 16.16　光交接箱图形符号

光交接箱资料标注如图 16.17 所示。图中：

A：光交接箱编号
B：光交接箱容量
C：主干光缆编号及纤序
D：配线光缆编号及纤序
E：光交接箱地址
F：光交接箱名称

图 16.17　光交接箱资料标注图

说明：在环状光缆中的端别，可在光交接箱图形符号框中的光缆编号后加（A）或（B），如 ZGG05（A）。公用纤芯也应在光交接箱的图形符号框中标注。

在光缆网为树状拓扑结构时，光交接箱图形符号框中内容填写格式，如图 16.18 所示。

在光缆网为环型拓扑结构时，光交接箱图形符号框中内容填写格式，如图 16.19 所示。

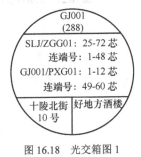

图 16.18　光交箱图 1

图 16.19　光交箱图 2

光交接箱 A、B 面（即正、背面）的定义：光交接箱也应根据设备所处的位置，及周围环境情况来确定朝向面的名称，同时要注意考虑操作的安全性、方便性。一般以面向建筑物的一面为正面（A），另一面为背面（B）；在路边设置交接箱时，以交接箱面向人行道的一面为正面（A），另一面为背面（B）；特殊情况请与属地局商量后确定。如果是原有交接箱，按成端纤序 1～12 芯的一面为正面，特殊情况应作说明。

光交接箱成端占用图，如图 16.20 所示。

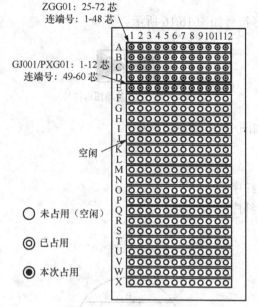

图 16.20　光交箱成端占用图

其中 ZGG01：25-72 芯，表示连接本交接箱的 1 号主干光缆逻辑纤序为 25～72 芯。1～48 芯为物理纤序，即 1 号主干光缆的实际纤芯数。

GJ001/PXG01：1-12 芯，表示 1 号光交接箱下的 1 号配线光缆的物理纤序，即实际纤芯数。49～60 为逻辑纤序，即本交接箱的 1 号配线光缆占用的端口号。

三、光分纤箱

光分纤箱（GF）图形符号如图 16.21 所示。

光分纤箱资料标注如图 16.22 所示。图中：

A：光分纤箱编号

B：光分纤箱容量

C：（进）配线光缆编号及纤序

D：（出）配线光缆编号及纤序

E：光分纤箱地址

F：光分纤箱名称

图 16.21　光分纤箱图形符号

图 16.22　光分纤箱资料标注图

光分纤箱成端占用图，如图 16.23 所示。其中 GJ001/PXG01：25～72 芯，表示连接本分纤箱的 1 号配线光缆逻辑纤序为 49～60 芯。

1～12 芯为物理纤序，即 1 号主干光缆的实际纤芯数。

1～4 芯，表示用户光缆的物理纤序，即实际纤芯数。13～16 为逻辑纤序，即本分纤箱的用户光缆占用的端口号。

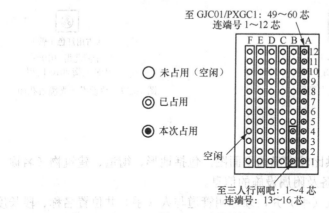

图 16.23　光分纤箱成端占用图

四、综合配线箱

综合配线箱（ZHX）图形符号如图 16.24 所示。

图 16.24　综合配线箱图形符号

五、光终端盒

光终端盒（GB）图形符号如图 16.25 所示。

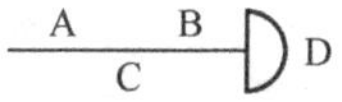

图 16.25　光终端盒图形符号

图中 A：光终端盒的编号　B：光终端盒容量　C：线序　D：为上层交接箱配线光缆的纤序

六、光缆

根据光缆用途可分为中继光缆（ZJG）、主干光缆（ZGG）、配线光缆（PXG）、联络光缆（LLG）。

标明光缆的名称、光纤类型、光纤模式、光纤结构、起始线序组、终止线序组、预留标志、标称容量、光缆段长度。

光缆在盘留时，在图纸上必须标明盘留的位置和盘留长度。

如果光缆的敷设经过管道与人（手）井，须标明管道与人（手）井位置名称、长度，绘制光缆占孔图（见图 16.26 与图 16.27），标明穿入的管孔（子管）占用编号；如果光缆的敷设经过引上点，须标明引上点位置名称，绘制光缆占孔图，标明穿入的引上管孔（子管）占用编号。

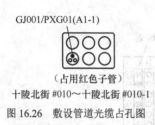

图 16.26　敷设管道光缆占孔图

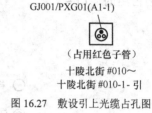

图 16.27　敷设引上光缆占孔图

七、管道及杆路平面图

根据现场实际情况，提供比较准确的平面图，包括地形、街道、建筑物（名称、栋数、单元、楼层或房间号等）、设备及附属设施的信息。

线缆敷设经过的管道与人（手）井，须标明管道与人（手）井位置名称、段长度；线缆敷设经过引上点时，须标明引上点位置名称、引上管材质、规格、数量、长度；敷设方式为直埋时，要标明埋式管的材质、规格、数量、长度。

标明交接箱附近参照物的具体名称。

八、电杆

电杆（P）图形符号如图 16.28 所示。

图 16.28　电杆图形符号

电杆的命名说明：电杆名称标识可采用道路、地理位置的名称，及子区域和局站名称来命名。

九、吊线

吊线（DX）的命名说明：吊线名称标识可采用道路、地理位置的名称，及子区域和局站名称来命名。在同一路由中，若吊线的程式、承载的线缆、以及延伸的方向不发生变化，可将此吊线部分视为一个吊线段。吊线图例见图 16.29。

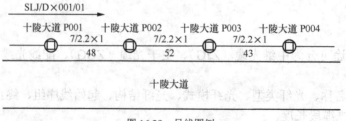

图 16.29　吊线图例

十、撑点

在施工图设计中，撑点（C）的编码可采用自编号的形式。待工程竣工后，由录入人员完成撑点信息的编码工作。

图纸中撑点信息的描述，如图 16.30 所示。

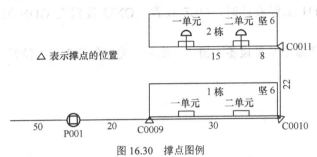

图 16.30　撑点图例

十一、管道图

管道线路工程图纸可分为管道平面图、管道纵断面图等。

管道网资源的主要内容包括管道闸、人（手）井、管孔、管道。

在图纸中标注地形、街道、建筑物名称、设备及其属性等信息。

十二、人（手）井

人井图形符号如图 16.31 所示。

图 16.31　人井图形符号

在电缆网或光缆网工程中，为使图纸便于阅读，人（手）井的图形符号可采用简画法，如图 16.32 所示。

图 16.32　简化人井图形符号

十三、管孔

管孔是用来敷设光、电缆等的设施。各种管在人井的内壁上表现为一个或多个的管孔。一个管孔中可以穿放多个子管。独立的异型多孔管材在人井的内壁上视为一个管孔，其自身具备的若干孔视为子孔。

问题与思考

1. FTTX 工程设计的主要流程？

2. ODN 全程光衰的预算方法？

3. 在进行 FTTH 工程设计时，OLT 设置、ONU 设置及 ODN 网络规划相关的规范要求？

4. FTTX 工程图纸中常见设备、箱体、线缆、光器件的表示方法？

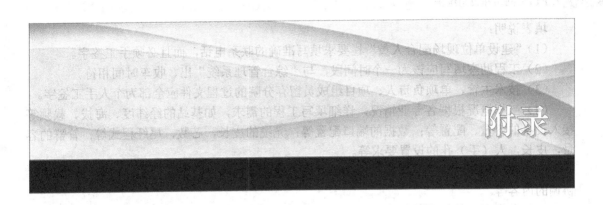

附录 1　勘察报告格式规范要求

勘察报告

分院：　　　　　　　　　填表人：　　　　　　　　　填写时间：

设计编号		工程名称			
建设单位		建设单位管理员		建设单位现场配合人员（签字）	
		联系电话		联系电话	
工程专业		勘察时间		工程地理位置	
技术主管		单项负责人		项目组成员	
工程方案勘察记录	工程概况				
	建设单位要求				
	勘察存在的问题	日期：　　年　　月　　日			
勘察事后记录	日期：　　年　　月　　日				

填表说明：

（1）"建设单位现场配合人员"栏要求填写准确的联系电话，而且必须手工签字。

（2）工程勘察填写应该为一个时间段，与"综合管理系统"出、收车时间相符。

（3）技术主管、单项负责人、项目组成员留存分院的过程文件应全部为个人手工签字。

（4）工程概况根据各专业情况，详细填写工程的需求，如基站的经纬度、海拔、载频等接入设备的容量、配置等；数据的端口配置等；光缆的皮长，芯数，尾纤程式等；管群的容量，皮长，人（手）孔的设置要求等。

（5）建设单位的要求主要是指设计中可能无法完成的内容，需与建设单位的上级沟通、协调的内容等。

（6）勘察存在的问题是指在本次工程中可能影响工程进度或质量，需与建设单位沟通确认的内容或需要调整的内容。

（7）勘察事后记录是指工程勘察完成后，建设单位提出的对建设方案改变的要求，需记录通知变化的时间、建设单位相关人员及联系电话，或设计人员与建设单位就设计方案变动的通话时间、建设单位相关人员及变化内容的记录。

（8）工程备注指勘察、设计过程中的一些重要内容的记录。

附录2 设计文本格式规范要求

设计文本格式规范要求以某运营商现网工程为例说明。

2010年某分公司第一批FTTH更新改造工程

（常规）（股份）（FTTB+LAN改造）线路

设计编号：GL102337

工程信息表1

	信息名称	工 程 相 关 信 息			
基本信息	工程名称	2011 年某分公司第一批 FTTH 更新改造工程 （常规）（股份）（FTTB+LAN 改造）线路			
	设计编号	GL102337			
	委托书编号	SJWT-11-SCCD0-1020307909			
	设计性质	一阶段设计			
	工程地点	新津山水半岛小区、静水楼台小区			
	建设单位	××公司			
	工程概述	本工程是××公司根据资源现状，为了满足宽带接入市场发展的需要，保障××公司通信市场的占有率，而安排实施的一项 PON-FTTH 接入光缆线路工程。本工程包括新津山水半岛小区、静水楼台小区共 2 处 FTTH 接入光缆线路的建设			
		本工程共覆盖家庭住户 800 户，新建 FTTH 下行光口 96 个，敷设各型光缆 11.1 皮长公里，合 121.8 芯公里，新设 288 芯光缆交接箱 1 台，144 芯无跳接光缆交接箱 1 台，楼道光分路箱 96 台，分光器 103 台			
		项目总投资 320844 元；平均每户投资为 401 元/户			
	设计单位	××公司			
	完成日期	2011 年 5 月 6 日			
人员信息	公司负责人				
	分管负责人				
	总工程师				
	部门负责人				
	设计总负责人				
	技术负责人				
	单项负责人	××			
	设计人	××			
	一审				
	二审				
	三审				

工程信息表 2

	信息名称	单 位	数 量	备 注
主 要 工 作 量 信 息	技工工日	个	749.39	
	普工工日	个	321.61	
	施工测量	100m	96.88	
	敷设各型市话光缆	千米条	××××	
	穿放引上光缆	条	2	
	市话光缆成端接头	芯	448	
	市话光缆接续	头	28	
	用户光缆测试 12 芯以下	段	2	
	安装无跳接光交接箱	台	2	
	安装楼道光分路箱	台	96	
	安装分光器	台	103	

	信息名称	单 位	数 量	备 注
主 要 工 程 费 用 信 息	工程总投资	元	320844	
	户均造价	元/户	401.00	覆盖住户数：800 户
	建设单位管理费	元	2116.20	
	需要安装的设备费	元	29713.82	
	其中：利旧设备	元		
	材料费	元	103056.10	
	其中：利旧材料	元		
	施工费	元	149698.00	
	勘察设计费	元	21731.62	
	其中：勘查费	元		
	设计费	元		
	监理费	元	9311.28	
	协调费	元	3000.00	

设计文件分发表

序号	送 交 单 位	全套（份）	概预算（份）	图纸（份）	器材表（份）
1	××公司	8			
2	××公司	1			

续表

序号	送 交 单 位	全套（份）	概预算（份）	图纸（份）	器材表（份）
合计		9			

备注

分发单位	联系人	联系电话	联系地址

一、设计说明

1. 概述

本工程是××公司根据资源现状，为了满足宽带接入市场发展的需要，保障××公司通信市场的占有率，而安排实施的一项 PON-FTTH 接入光缆线路工程。本工程包括新津山水半岛小区、静水楼台小区等共 2 处 FTTH 接入光缆线路的建设。

该工程项目编号：11J03QC3727SCCD0，立项投资为：××万元。

我公司受××分公司网络发展部委托，负责"2011 年××分公司第一批 FTTH 更新改造工程（常规）（股份）（FTTB+LAN 改造）线路"项目的设计及文本编制，设计委托时间 2011 年 5 月 6 日，设计委托书编号：SJWT-11-SCCD0-1020307909。

根据委托书要求，本工程按一阶段（施工图）进行设计。

本工程共敷设各型光缆 11.1 皮长公里，光缆纤芯公里 121.8 芯公里，工程总投资 320844 元。

2. 设计依据

（1）××分公司网络发展部委托编制《2011 年××分公司第一批 FTTH 更新改造工程

（常规）（股份）（FTTB+LAN 改造）线路》的设计委托书（SJWT-11-SCCD0-1020307909）。

（2）新津分公司提出的相关建议。

（3）××公司 2010 年 2 月前后派设计人员现场查勘、实地测量，分公司派人密切配合并收集的相关资料。

（4）中华人民共和国工业和信息化部 2010 年 10 月 1 日发布执行的《通信线路工程设计规范》（YD5102—2010）。

（5）原信息产业部发布的《架空光（电）缆通信杆路工程设计规范》（YD5148—2007）。

（6）原信息产业部发布的《电信工程制图与图形符号》YD/T5015—2007。

（7）建设部发布的《综合布线系统工程设计规范》GB50311—2007。

3. 设计内容、范围及分工

（1）设计内容及范围

本工程为 2011 年××新津分公司第一批 FTTH 更新改造工程（常规）（股份）（FTTB+LAN 改造）线路，属宽带接入光缆投资项目，设计内容及范围包括本次工程光缆的敷设、接续、测试及相关光交接设备、光分路器的安装和测试。

（2）设计分工

本工程为 FTTH 光分配网（ODN）设计，上端与设备安装设计的分工以 OLT 的 PON 口为界，下端与用户入户线设计的分工以楼道光分纤箱的熔接点和楼道分光分纤箱的二级分光器下行光口为界，设备引出跳纤的活动连接器至楼道箱之间的光缆线路由本设计负责（如果是电信自行投资的入户光缆，则下端分工界面为家庭信息箱，设计范围包括入户皮线光缆）。

4. FTTH 建设方案

本工程为了解决××市新津山水半岛小区、静水楼台小区的宽带通信需求，采用 FTTH 建设模式，结合公司下发的光纤到户（FTTH）建设指导意见，在新津山水半岛小区、静水楼台小区共 2 处新建配线、接入和入户光缆。共覆盖住户数 800 户，新建 FTTH 接入端口 96 个。具体建设方案如下。

（1）ODN 实施方案

ODN 结构的选择原则如下。

在选择 ODN 结构时，应根据用户性质、用户密度的分布情况、地理环境、管道资源、原有光缆的容量，以及 OLT 与 ONU 之间的距离、网络安全可靠性、经济性、操作管理和可维护性等多种因素综合考虑。

ODN 以树形结构为主，分光方式可采用一级分光或二级分光，但不宜超过二级，设计时应充分考虑光分路器的端口利用率，根据用户分布情况选择合适的分光方式。

一级分光适用于新建商务楼、高层住宅等用户比较集中的地区或高档别墅区。

二级分光适用于改造住宅小区，特别是多层住宅、高档的公寓、管道资源比较缺乏的地区。

FTTH 组网典型方案如附图 2.1 所示。

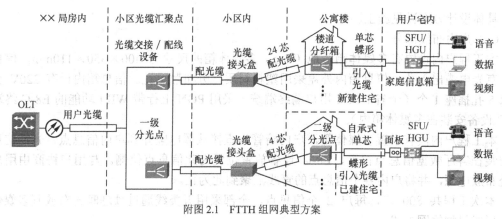

附图 2.1 FTTH 组网典型方案

光分路器设置在用户光缆网中的位置有如下 4 种情况。

① 当采用一级分光方式，光分路器设在驻地网时，光分路器可安装在室内或室外，室内安装位置包括电信交接间、小区中心机房、楼内弱电井、楼层壁嵌箱等位置。光分路器上连光缆可分别来自一级光交接箱、二级光交接箱或光分配箱三种形式。此种方式主要适用于已建成的用户光缆网、小区规模较大且用户密度较高而集中、如高层住宅或商务楼等，也适用于用户驻地有条件设置光分路器，并有足够的管道资源的小区，例如高档别墅区等。

② 当采用一级分光方式时，光分路器可设在主干层或配线层，光分路器原则上安装在小区光交接箱或光分配箱内。这种方式适合于用户非常分散的情况及新建的用户光缆网。

③ 当采用二级分光方式时，一、二级光分路器均设在驻地网时，第一级光分路器可安装在小区中心机房、电信交接间或小区光交接箱，第二级光分路器可安装在楼内弱电井、楼层壁嵌箱等位置，光分路器上连光缆可分别来自一级光交接箱、二级光交接箱或光分配箱三种形式，此种方式比较适合于改造多层或高层住宅楼等。

④ 当采用二级分光方式时，第一级光分路器也可安装在小区光交接箱或分配箱内，第二级光分路器设在驻地网。此种方式主要适用于接入分散的、组合成小群的用户。

本工程包括××小区，小区明细及建设方案详见设计图纸和小区明细及建设方案详表。

（2）ODN 器材的配置

① 分光器配置

本工程采用总分光比 1:64，采用二级分光方式，工程建设时分光器规格型号选用了 1:16 和 1:4。日后扩容时可使用 1:8 分光器。

② 箱体配置

本工程选用箱体规格型号如附表 2.1 所示。

附表 2.1　　　　　　　　　　选用箱体规格型号

序号	箱　体	型　号	备　注
1	一级光网络箱	GW-144D\GW-288D\GW576D 无跳接光交接箱（或 ODF 架）	
2	二级光网络箱	GW-16D\GW-32D	
3	光分纤箱	GF-24D\GF-48D	
4	光纤信息插座盒	86 光纤信息插座盒（86mm×86mm）	户内有多媒体箱的情况，不能再配置 86 光纤信息插座盒

具体设计方案详见施工图。

（3）户内布线部分

本工程户内设置有多媒体箱距地 0.3m，多媒体箱的尺寸为 400×350×110mm，信息箱内留有光电缆出入孔，信息箱内外盖采用塑料材质，分布散热孔。信息箱内设有 220V 交流电源 5 孔插座 1 个（全省 FTTH 用户端终端统一采用 PON 上行带 WIFI 功能的 E8-C 终端，E8-C 设备安装在多媒体箱内）。

本工程户内没有设置多媒体箱，户内暗管为直接从弱电竖井到户内信息点，光纤信息插座安装在客厅数据信息点位置，E8-C 设备放置位置为此信息点位侧。与用户协商由用户在此处布放电源，并将户内各个信息点的管线汇聚到此为止。

本次工程共 800 户，每户 2 个信息点，全部采用五类线通过预埋暗管布放到多媒体箱内，形成星型组网方式。

5. 主要工程量（见附表 2.2）

附表 2.2 　　　　　　　　　　　　　主要工程量

序　号	项　目　名　称	单　　位	数　　量	备　　注
1	技工工日	个	749.39	
2	普工工日	个	321.61	
3	施工测量	100m	96.88	
4	敷设各型市话光缆	千米条	×××	
5	穿放引上光缆	条	2	
6	敷设入户光缆	百米条	×××	
7	市话光缆成端接头	芯	448	
8	市话光缆接续	头	28	
9	用户光缆测试 12 芯 以下	段	2	
10	安装无跳接光交接箱	台	2	
11	安装楼道光分路箱	台	96	
12	安装分光器	台	103	

本工程共需投入技工 749.39 个，普工 321.61 个。

6. ODN 主要器件选用技术标准

（1）光缆光纤光缆的选择要求

● 光纤类型

① 市话光缆中光纤宜采用 G.652D 单模光纤。

② 当需要使用弯曲不敏感光纤时，宜选用模场直径与 G.652D 光纤相匹配的 G.657 单模光纤。

● 光缆结构

本工程新设光缆使用位置为本地用户接入段及入户段。配线光缆和接入光缆采用基于 G.652D 纤芯生产的光缆，适用于架空及管道布放。入户光缆拟采用基于 G．657A2 纤芯生产的入户型光缆，适用于室内布放，其主要技术指标要满足"G.652D、G.657A 单模光纤主要技

术要求"（见附表2.3）和"接入网用光缆的主要技术要求"（见附表2.4）的相关要求。

附表2.3　　　　　　　　　G.652D、G.657A 单模光纤主要技术要求

光　纤

参　　数	表　　述	参　数　值	
		G.652D	**G.657A2**
模场直径	波长	1310nm	1310nm
	标称值范围	8.6～9.5μm	8.6～9.5μm
	容差	±0.6μm	±0.4μm
包层直径	标称值	125μm	125μm
	容差	±1μm	±0.7μm
同心度误差	最大	0.6μm	0.5μm
包层不圆度	最大	1.00%	0.80%
截止波长	最大	1260μm	1260μm
宏弯损耗	半径	30mm	15mm
	圈数	100	10
	在 1550nm 最大值	0.5dB	0.03dB
承受应力	最大	0.69GPa	0.69GPa
色度色散系数	$\lambda 0min$	1300nm	1300nm
	$\lambda 0max$	1324nm	1324nm
	S0max	0.092ps/nm2km	0.092ps/nm2km

附表2.4　　　　　　　　　接入网用光缆的主要技术要求

光　缆

参　　数	表　　述	参　数　值	
		G.652D	**G.657A**
衰减系数	1310nm～1625nm 最大值	0.36dB/km	0.36dB/km
	在 1383±3nm 最大值	不大于 1310nm 的值	不大于 1310nm 的值
	在 1550nm 最大值	0.22dB/km	0.22dB/km
PMDQ	M	20 段光缆	20 段光缆
	Q	0.01%	0.01%
	最大 PMDQ	0.2ps/√km	0.2ps/√km

单盘架空、管道及皮线光缆主要技术性能

项　　目		单　　位	技　术　指　标			备　　注
			GYTA、GYXTW、GYFTY	GJXFH	GJYXFCH	
抗张强度	长期	N	≥600	≥60	≥300	
	短期	N	≥1500	≥100	≥600	
抗压强度	长期	N/100mm	≥300	≥300	≥300	
	短期	N/100mm	≥1000	≥1000	≥1000	
允许弯曲半径	长期	D（缆外径）	10D	15mm	120mm	D 为光缆外径
	短期	D（缆外径）	20D	30mm		

续表

项　目	单　位	技　术　指　标			备　注
		GYTA、GYXTW、GYFTY	GJXFH	GJYXFCH	
光缆外护层厚度	mm	2.0/1.9/1.8			标称值/平均值/最小值
外护层绝缘电阻	MΩ.km	≥2000			浸水 24 小时测试 500V DC
外护层介电强度	Kv	≥15			浸水 24 小时，2 分钟 DC
标准盘长	m	2000			可根据配盘需要确定

（2）光分路器

本次工程选用的光分路器为平面波导型（PLC）1:4、1:8、1:16、1:32、1:64 插片式光分路器，其主要光学性能符合附表 2.5 要求。

附表 2.5　　　　　　　　　　平面波导型（PLC）光分路器光学特性

序号	参　　数		分光器规格					
			1:2	1:4	1:8	1:16	1:32	1:64
1	工作波长（nm）		1260－1650					
2	插入损耗（dB）	最大值	4.1	7.4	10.5	13.8	17.1	20.4
3	分光均匀性（dB）	最大值	0.8	0.8	0.8	1.0	1.5	2.0
4	回波损耗（dB）	最小值	50	50	50	50	50	50
5	偏振相关损耗（dB）	最大值	0.2	0.2	0.2	0.3	0.3	0.5
6	方向性（dB）	最小值	55	55	55	55	55	55
7	温度稳定性（−40～85℃）（dB）	最大值	0.6	0.6	0.6	0.8	1	1

（3）光缆接头盒主要技术性能

本工程所选用的光缆接头盒应符合 YD/T 814.1—2004《光缆接头盒.第一部分.室外光缆接头盒》的有关规定。

（4）光网络箱、光分纤箱和光纤信息插座

本工程所选用的一级光网络箱、光分纤箱、二级光网络箱、应符合公司关于 FTTH 箱体的有关规定。

7.　光缆线路的敷设要求

（1）光缆线路敷设的一般要求

光缆线路敷设应严格按照中华人民共和国工业和信息化部 2010 年 10 月 1 日发布的《通信线路工程验收规范》（YD5121—2010）、原信产部《架空光（电）缆通信杆路工程设计规范》（YD5148—2007）有关规定执行。

架空线路与其他设施间隔距离要求：

① 杆路与其他设施的最下水平净距应符合附表 2.6 的规定。

附表 2.6   杆路与其他设施的最下水平净距表

其它设施名称	最小水平净距（m）	备 注
消火栓	1.0	指消火栓与电杆距离
地下管、缆线	0.5～1.0	包括通信管、缆线与电杆间的距离
火车铁轨	地面杆高的 4/3 倍	
人行道边石	0.5	
地面上已有其他杆路	地面杆高的 4/3 倍	以较长标高为基准
市区树木	0.5	缆线到树干的水平距离
郊区树木	2.0	缆线到树干的水平距离
房屋建筑	2.0	缆线到房屋建筑的水平距离

注：在地域狭窄地段，拟建架空光缆与已有架空线路平行敷设时若间距不能满足以上要求，可以杆路共享或改用其他方式敷设光缆线路，并满足隔距要求。

② 架空光缆在各种情况下架设的高度，应不低于附表 2.7 的规定。

附表 2.7   架空光缆架设的高度表

名 称	与线路方向平行时		与线路方向交越时	
	架设高度（m）	备 注	架设高度（m）	备 注
市内街道	4.5	最低缆线到地面	5.5	最低缆线到地面
市内里弄（胡同）	4.0	最低缆线到地面	5.0	最低缆线到地面
铁路	3.0	最低缆线到地面	7.5	最低缆线到地面
公路	3.0	最低缆线到地面	5.5	最低缆线到地面
土路	3.0	最低缆线到地面	5.0	最低缆线到地面
房屋建筑物			0.6	最低缆线到屋脊
			1.5	最低缆线到房屋平顶
河流			1.0	最低缆线到最高水位时的船桅顶
市区树木			1.5	最低缆线到树枝的垂直距离
郊区树木			1.5	最低缆线到树枝的垂直距离
其他通信导线			0.6	一方最低缆线到另一方最高线条
与同杆已有缆线间隔	0.4	缆线到缆线		

③ 架空光缆交越其他电气设施的最小垂直净距，应不小于附表 2.8 的规定。

附表 2.8   架空光缆线路与其他电气设施交越最小垂直净距表

其他电气设施名称	最小垂直净距（m）		备 注
	架空电力线路有防雷保护设备	架空电力线路无防雷保护设备	
10kV 以下电力线	2.0	4.0	最高缆线到电力线条
10～35kV 电力线（含 35kV）	3.0	5.0	最高缆线到电力线条
35～110kV 电力线（含 110kV）	3.0	5.0	最高缆线到电力线条
110～220kV 电力线（含 220kV）	4.0	6.0	最高缆线到电力线条
220～330kV 电力线（含 330kV）	5.0		最高缆线到电力线条
330～500kV 电力线（含 500kV）	8.5		最高缆线到电力线条

续表

其他电气设施名称	最小垂直净距（m）		备　注
	架空电力线路有防雷保护设备	架空电力线路无防雷保护设备	
供电线接户线（注1）	0.6		
霓虹灯及其铁架	1.6		
电气铁道及电车滑接线（注2）	1.25		

注：1. 供电线为被覆线时，光（电）缆也可以在供电线上方交越。

　　2. 光（电）缆必须在上方交越时，跨越档两侧电杆及吊线安装应做加强保护装置。

　　3. 通信线应架设在电力线路的下方位置，应架设在电车滑接线的上方位置。

墙壁光缆与其他管线的最小净距要求：

墙壁光缆应尽量避免与电力线、避雷线、暖气管、锅炉及油机的排气管等容易使电缆受损害的管线设备交叉与接近。墙壁电缆与其他管线的最小净距要求见附表 2.9、附表 2.10。

附表 2.9　　　　　　　　　　　　墙壁电缆与其他管线间距

管线种类	平行净距（m）	垂直交叉净距（m）
电力线	0.20	0.10
避雷引下线	1.00	0.30
保护地线	0.20	0.10
热力管（不包封）	0.50	0.50
热力管（包封）	0.30	0.30
给水管	0.15	0.10
煤气管	0.30	0.10
电缆线路	0.15	0.10

附表 2.10　　　　　　　　　　　楼内通信线缆与电力电缆的间距

类　别	与楼内线缆接近状况	最小净距（mm）
380V 电力电缆 < 2kVA	与缆线平行敷设	130
	有一方在接地金属线槽或钢管中	70
	双方都在接地金属线槽或钢管中	10（注）
380V 电力电缆 2～5kVA	与缆线平行敷设	300
	有一方在接地金属线槽或钢管中	150
	双方都在接地金属线槽或钢管中	80
380V 电力电缆 >5kVA	与缆线平行敷设	600
	有一方在接地金属线槽或钢管中	300
	双方都在接地金属线槽或钢管中	150

注：当 380V 电力电缆的容量 <2kVA，双方都在接地的金属线槽，即两个不同的线槽或同一线槽中用金属板隔开，且平行长度≤10m 时最小间隔可以是 10mm。

（2）管道光缆的敷设

① 施工应严格按照设计指定的管孔进行施工，对于因泥沙或其他杂物堵塞的管孔应进

行必要的清理或清洗，清理干净后方可进行下道工序。

② 本工程新设光缆光交接箱至 OLT 的主干光缆采用子管保护，其他均为接入段光缆，为有效利用管道资源，在管道中布放时不采用子管保护。

③ 管道光缆敷设采用人工布放，为减小布放的牵引张力，整盘光缆布放时可由中间向两边布放，并在每一人孔内安排 1～2 人做辅助牵引，转弯人孔应设导向滑轮。

④ 光缆在人孔内采用光缆卡环定固在人孔侧壁托架与上覆之间的位置，钉固要牢固、平直、安全、美观。

⑤ 在人孔内，如遇其他光缆在同一侧敷设，应视具体占用管孔位置，合理安排本工程光缆的敷设、固定位置，原则上不允许发生交叉、扭绞现象，也不可误伤其他光缆。

⑥ 为便于维护，识别光缆。每人孔内光缆应挂 2 块标志牌，牌上的字迹应清晰、整齐、一目了然。

（3）架空光缆的敷设

① 本工程光缆线路采取人工敷设方式布放，布放时应选择晴朗天气，组织足够的精壮劳力，加强组织，统一指挥，步调一致，严禁扭曲、浪涌、拖拉、背扣等现象。遇有长杆档、飞线跨越杆或障碍跨越杆时，应密加滑车及采取必要的防护措施，文明施工。以免光缆沉余太大，损伤光缆。

② 架空光缆每杆伸缩弯预留光缆 0.2m，每 500m 预留光缆 5m，利用光缆盘留支架安装在电杆与吊线上。盘留支架在安装时均应安装牢靠、平整、规格统一，光缆盘留圈应圆滑，大、小、松紧一致。光缆在盘留圈上的绑扎应牢固。

③ 光缆在吊线上的固定一般地段采用专用挂钩吊挂，当坡度大于十分之三时，应采取绑扎法吊固光缆。但无论采取何种方式，均要求光缆布放应顺畅、平整、挂钩或绑扎点间距要均匀，整齐统一。光缆靠杆处留有余弯，并用ϕ18/20mm 塑料软管保护。

（4）蝶形光缆的敷设

① 楼内垂直方向蝶形光缆的布放：小区楼内均有弱电竖井并安有电缆桥架或垂直暗管。蝶形光缆沿桥架或暗管敷设，自光缆的上端向下，每隔 1.5m 绑扎固定，绑扎时应按每层分组进行绑扎标识，以防自重力对纤芯带来的伤害。

② 楼内水平方向蝶形光缆的布放：弱电竖井到每户的家居综合箱预埋ϕ25mm 钢管，蝶形光缆沿暗管布放，竖井内从桥架到入户暗管处要增加金属软管对蝶形光缆进行保护。

③ 在敷设蝶形光缆时，牵引力不应超过光缆最大允许张力的 80%，瞬间最大牵引力不得超过光缆最大允许引力 100N。光缆敷设完毕后应释放张力保持自然弯曲状态。蝶形光缆敷设的最小弯曲半径应符合下列要求：

a．敷设过程中蝶形光缆弯曲半径不应小于 40mm；

b．固定后蝶形光缆弯曲半径不应小于 15mm；

c．蝶形光缆在光分纤箱向内自然顺直，无扭绞现象，并绑扎至横铁上。

④ 蝶形光缆在光分纤箱一端预留 1m，预留光缆应整齐盘绕，绑扎在光缆盘留架上，并有统一、清楚的标识。户内光缆终端一端预留 0.5m。

（5）光缆布放端别

本工程光缆线路 A、B 端见各图，A 端、B 端纤芯按照序号及颜色一一对应。

（6）光缆配盘

① 光缆类型和使用地段应与本设计相符。

② 按到货单盘光缆长度合理安排使用地段，使光缆接头数最少，余出光缆最短。

③ 配盘时，架空光缆接头位置的安排，宜安排在电杆附近。避免安排在道路、河渠、水塘、沟坎等维护不便或易受损伤的地方。

（7）光缆接续

光缆金属护层和加强芯在接头盒内应有可靠的强度连接，连接构件电气绝缘良好，余留光纤在接头盒内排列整齐，光缆接头盒连接要求牢固可靠绝缘、气闭性能要好。

光纤接续方法及要求如下。

① 光缆光纤接续采用熔接法时应使用高精度的光纤熔接机进行接续施工，熔接后测量1310nm、1550nm 窗口处附加衰减值：

光纤带光纤接续附加衰减平均值不大于 0.12dB，最大值不大于 0.38dB。

单纤光纤接续附加衰减最大值不大于 0.06dB，最大值不大于 0.12dB。

② 光纤单纤冷接方式接头附加衰减最大值不大于 0.15dB，最大值不大于 0.03dB。

（8）全程光通道衰减核算

ODN 的光功率衰减与 OBD 的分路比、活动连接数量、光缆线路长度等有关，设计时必须控制 ODN 中最大的衰减值，使其符合系统设备 OLT 和 ONU PON 口的光功率预算要求。

本小区为 EPON 上行，PON 口为 PX20+光模块，允许的最大光通道损耗为 27.5dB。

- 核算公式：

$$ODN\ 光链路衰减 = \sum_{t=1}^{s} Li + \sum_{t=1}^{s} Ki + \sum_{t=1}^{s} Mi + \sum_{t=1}^{s} Fi(dB)$$

$$ODN\ 光链路衰减\ + Mc\ \leq\ 系统允许的衰减$$

公式中，$\sum_{t=1}^{s} Li$ 为光通道全程 n 段光纤衰减总和；

$\sum_{t=1}^{s} Ki$ 为 m 个光活动连接器插入衰减总和；

$\sum_{t=1}^{s} Mi$ 为 f 个光纤熔接接头衰减总和；

$\sum_{i=1}^{s} Fi$ 为 h 个光分路器插入衰减总和；

Mc 为光纤富余度。

- 计算时相关参数取定：

① 光纤衰减取定：

1310nm 波长时，取 0.36dB/km。

1490nm 波长时，取 0.22dB/km。

② 光活动连接器插入衰减取定：0.5dB/个。

③ 光纤熔接接头衰减取定：

a. 分立式光缆光纤接头衰减取双向平均值为每个接头 0.08dB。

b. 带状光缆光纤接头衰减取双向平均值为每个接头 0.2dB。

c. 冷接子双向平均值为每个接头 0.15dB。

④ 光纤富余度（Mc）：

a. 当传输距离≤5 公里时，光纤富余度不少于 1 dB。

b. 当传输距离≤10 公里时，光纤富余度不少于 2 dB。

● 光缆全程衰减计算：

本工程涉及多个小区，分别进行全程衰减计算，计算结果如附表 2.11 所示。

附表 2.11   光缆全程衰减计算结果表

序号	小区名称	全程传输距离（km）	全程光功率衰耗值（dB）
1	××市××区××小区	5.914	26.88
2			
3			
4			
5			
6			
7			
8			
9			

备注：全链路详细信息见施工图。

通过核算，最远小区全程光通道衰减加上富余度 2.5dB，符合系统设备 OLT 和 ONU PON 口的光功率预算 30dB 要求。

8. 光分路器的安装要求

本工程中光分路器配置如前面 ODN 方案，对于一级分光器，安装位置为小区一级光网络箱；二级分光器，安装位置为单元/楼道二级光网络箱。

9. 光网络箱、光分纤箱的安装要求

FTTH 工程一般选用的一级光网络箱为 144 芯壁挂式/144 芯落地式/288 芯落地式/576 芯落地式/576 芯机柜式无跳接光交接箱，二级光网络箱为 16 芯/32 芯室内型分光分纤箱，光分纤箱为 24 芯/48 芯室内型光分纤箱。

10. 光纤信息插座盒安装要求

FTTH 工程采用标准 86 光纤信息插座盒（86mm×86mm）情况下，安装时光纤信息插座的光接口要正对地面。

户内有多媒体箱的情况，原则上不能再配置 86 光纤信息插座盒，入户蝶形光缆需预留不小于 0.5m，要求施工单位按照弯曲半径不应小于 30mm 盘留固定在箱体内，同时做好入户光纤标记。

11. 光网络箱、光分纤箱接地要求

为避免维护人员和线路设备遭受雷击的危害，本工程设计的所有光交接箱均应按照规范做好接地。验收时应按照要求检查、测试。

本工程设计二级光网络箱体安装在建设物内，且进出箱体光缆均为非金属时，箱体可不用进行接地。

12. 其他需要说明的问题

（1）施工前应进行施工测量：核对图纸，复查路由位置等，确定图纸与实际无误后方可领料施工，以免造成浪费。

（2）工程施工时应和相关单位和负责人充分协调，避免发生不必要的纠纷和负责事故。

（3）本工程部分架空和墙壁光缆利用原有吊线附挂，施工时应检查原有吊线和杆路强度，在满足要求的前提下方可进行施工，并采取必要的安全防护措施。

（4）光缆在施工过程中必须严加保护，布放时不得在地面上拖拉。严禁车压、人踩、重物冲砸，严防铲伤、划伤、扭折、背扣等人为损伤。

（5）施工中应严格按相关规范进行操作，加强对施工人员及民工的思想教育和管理，保证质量，杜绝各类事故的发生。

（6）在各种复杂地形布放时应严密组织密切配合，并配备良好的通信联络工具，保证布缆人员动作协调一致。

（7）由于设计是根据勘察期间收集的资料进行的，施工时可能会有少许勘察时不能预见的变化，如果变化不大，施工及监理单位应在保证工程质量的前提下，根据实际情况作合理变通；如果变化较大，需进行设计修改，请施工单位及时通知设计单位进行变更，避免工程质量及工程进度受到影响。

（8）施工时应注意对其他通信设施的保护，避免发生障碍。

二、预算编制说明

1. 概述及投资分析

本预算为《2011 年××分公司第一批 FTTH 更新改造工程（常规）（股份）（FTTB+LAN 改造）线路》一阶段施工图预算，项目预算总投资为 320844 元，其投资分项比例见附表 2.12。

附表 2.12　　　　　　　　　　　　　投资预算及分项比例

序号	项　　　目	金　　额	占工程总投资的百分比
一	工程预算总投资	320844	100.00%
二	需要安装的设备费	29714	19.70%
三	建筑安装工程费	252446	59.24%
四	工程其他费用	38684	21.06%
五	勘察设计费	21732	15.22%
六	工程监理费	9311	4.56%

本工程共新建 FTTH 接入端口 96 个，覆盖 800 户，平均端口（按 FTTH 下行光口总数计算）造价 334 元/个，平均每户投资为 401 元/户。

2. 预算编制依据

（1）《2011 年××××分公司第一批 FTTH 更新改造工程（常规）（股份）（FTTB+LAN 改造）线路》施工图。

（2）工信部文件，工信部规[2008] 75 号《关于发布〈通信建设工程概算、预算编制办法〉及相关定额的通知》及附件。

（3）工信部 2008 年 5 月颁发的《通信建设工程预算定额. 第四册.通信线路工程》。

（4）原国家计委、建设部文件，计价格（2002）10 号《工程勘察设计收费管理规定》的通知及附件。

（5）建设单位管理费参照财政部《基本财务管理规定》财建[2002]394 号执行。

（6）计办价格（2002）1153 号国家计委办公厅、建设部办公厅"关于《工程勘察收费管理规定有关问题》的补充通知"。

（7）参照国家计委、国家环境保护总局《关于规范环境影响咨询收费有关问题的通知》计价格（2002）125 号规定。

（8）财政部、国家税务局下发的《财政部、国家税务局关于营业税若干政策的通知》（财税[2003]16 号）。

（9）信息产业部《关于通信线路工程中的电缆、光缆费用计列有关问题的通知》（信规函[2003]13 号）。

（10）建设工程监理费参照发改委、建设部《关于建设工程监理与相关服务收费管理办法规定》[2007]670 号文的通知。

（11）安全生产费参照财政部、国家安全生产监督管理总局《高危行业企业安全生产费用财务管理暂行办法》财企[2006]478 号文通知。

3. 有关费用的取定标准及计算方法

（1）FTTH 设计预算相关定额套用说明

本 FTTH 工程设计中相关定额的取定按照工信部 2008 年 5 月颁发的《通信建设工程预算定额：第四册.通信线路工程》中的相关定额和标准计取。

本 FTTH 工程设计的皮线光缆按照链路测试计算工作量；光分纤箱至局端的光缆均要按照段落做中继段测试，不做偏振模色散测试。

（2）各种材料业务加成费

根据××分公司网络发展部的有关规定，本工程所用主要材料及电缆、光缆（属设备）只计取 0.50%的采购及保管费；并将光缆、电缆的费用纳入工程材料费用中，作为计取辅助材料费的依据。

（3）有关费率、费用的取定标准

本工程根据××分公司的设计要求，按施工地点距施工企业所在地不足 35 公里计取相关费率。

（4）建设用地及综合赔补费

本工程根据建设方设计要求暂不计列，如有发生需按实决算。

（5）建设单位管理费

本工程根据××分公司的设计要求，建设单位管理费费率按照定额标准的 50%计列。

（6）勘察设计费

本设计为一阶段施工图设计，根据国家计委、建设部文件[计价格（2002）10 号]文《工程勘察设计收费管理规定》和××分公司网发部的有关规定，勘察、设计阶段系数按 0.8 计取，设计难度系数为 0.85，施工图预算编制费系数按 0.1 计取，勘察设计费采用内插值法进行计算，计算结果见附表 2.13。

附表 2.13　　　　　　　　勘察设计费计算表

序号	专业	名称	项　目	计算依据、公式及结果
1	市话线路	勘察费	勘察长度（km）	9.688
			收费基价勘察长度（km）	10
			收费基价（元）	2000
			内插收费单价（元）	1530
			计算公式	[15770+(49.923−10)×1130]×0.80
			小计（元）	12234
		设计费	计费额（元）	320844
			收费基价计费额（元）	0.00
			收费基价（元）	0.00
			内插收费率（%）	4.50
			计算公式	[0+(531415)×0.045]×0.80×0.85×(1+0.1)
			小计（元）	9498
2	勘察设计费总计（元）			21732

（7）工程监理费

参照国家发改委、建设部[2007]670 号文，关于《建设工程监理与相关服务收费管理规定》的通知进行计算。

按国家发展改革委、建设部《建设工程监理与相关服务收费管理规定》[2007]670 号文件计列，其施工监理服务收费基价按附表 2.14 计取。

附表 2.14　　　　　　　　施工监理服务收费基价

序　号	计费额（万元）	收费基价（万元）
1	500	16.5
2	1000	30.1
3	3000	78.1

本工程计费额为 1474674.00 元，复杂程度系数为 1.0，专业系数为 1.0。

本工程监理费采用内插值法进行计算，斜率为 16.5÷500=0.033，故本工程监理费为：1474674×0.033×1.0×1.0=48664.24 元。

4. 其他有关问题的说明

（1）主要材料损耗

本工程主要材料损耗均按工信部 2008 年 5 月编发的《通信建设工程预算定额.第四册.通信线路工程》中《附录二.主要材料损耗率及参考容重表》进行计算的。

（2）机械台班费

机械台班费是按工信部 2008 年 5 月关发布《通信建设工程施工机械仪表台班费用定额》计列。

附录 3 缩略语

英文缩写	英文名称	中文名称
ATM	Asynchronous Transfer Mode	异步转移模式
BRAS	Broadband Remote Access Server	宽带远程接入服务器
CATV	Cable Tele Vision	有线电视
DBA	Dynamic Bandwidth Allocation	动态宽带分配
DDN	Digital Data Network	数字数据网
DHCP	Dynamic Host Configuration Protocol	动态主机分配协议
DSL	Digital Subscriber Line	数字用户线
DSLAM	DSL Access Multiplexer	数字用户线接入复用器
EPON	Ethernet Passive Optical Network	基于以太网方式的无源光网络
FD	Floor Distributor	楼层配线设备
FR	Frame Relay	帧中继
FTTB	Fiber to the Building	光纤到大楼
FTTH	Fiber to the Home	光纤到户
FTTV	Fiber to the Village	光纤到村
IAD	Integrated Access Device	综合接入设备
IP	Internet Protocol	互联网协议
IPTV	Internet Protocol Tele Vision	网络电视
LAN	Local Area Network	局域网
MDU	Multi-Dwelling Unit	多住户单元
MPLS	Multi-Protocol Label Switching	多协议标签交换
MTU	Multi-Tenant Unit	多商户单元
OAM	Operation, Administration &Maintenance	操作、管理和维护
ODF	Optical Fiber Distribution Frame	光配线架
ODN	Optical Distribution Network	光分配网络
OLT	Optical Line Terminal	光线路终端
ONU	Optical Network Unit	光网络单元
OSI	Open System Interconnection	开放系统互联
PON	Passive Optical Network	无源光网络
POTS	Plain Old Telephone Service	传统电话业务
PPPoE	Point-to-Point Protocol over Ethernet	基于以太网的点对点协议
PRI	Primary Rate Interface	基群速率接口
PSTN	Public Switched Telephone Network	公共交换电话网
PWE3	Pseudo Wire Emulation Edge-to-Edge	边缘到边缘的伪线仿真
QoS	Quality of Service	服务质量
RF	Radio Frequency	射频

英文缩写	英文名称	中文名称
SNMP	Simple Network Management Protocol	简单网络管理协议
SNI	Service Node Interface	业务节点接口
SR	Service Router	业务路由器
TDM	Time Division Multiplex	时分复用
TE	Terminal Equipment	终端设备
TO	Telecommunications Outlet	信息点
UPT	Unshielded Twisted Pair	非屏蔽对绞线
UNI	User Network Interface	用户网络接口
VLAN	Virtual Local Area Network	虚拟局域网
VoIP	Voice over Internet Protocol IP	IP 电话
VPN	Virtual Private Network	虚拟专用网
Vr.m.s	Vroot.mean.square	电压有效值

参 考 文 献

[1] Gerd Keiser. Fttx Concepts And Applications[M]. 1th edition.USA:Wiley-IEEE Press，2006.

[2] 李巍，刘册．光纤到户(FTTH)安装调试[M]．北京：中国劳动社会保障出版社，2009.

[3] 孙维平．FTTX 与 PON 系统工程设计与实例[M]．北京：人民邮电出版社，2013.

[4] 张鹏，阎阔．FTTX PON 技术与应用[M]．北京：人民邮电出版社，2010.

[5] 中国电信集团公司．EPON/GPON 技术问答[M]．北京：人民邮电出版社，2010.